青海省多年冻土区热融地质灾害调查研究

魏　刚　邢爱国 等　著

科　学　出　版　社

北　京

内 容 简 介

本书对青藏高原多年冻土区热融地质灾害进行了系统调查研究，包括冻土的分布特征、发育特征，热融地质灾害赋存环境、诱发条件、形成机理、分区评价以及对生态环境的影响等关键科学技术问题。全书共六章，第一章介绍了青藏高原冻土以及热融地质灾害，并对其赋存、孕育环境、分布特征、影响因素以及诱发条件进行了总结，建立了冻土地温分布模型；第二章对已有数据热融灾害点进行了总结、分类、分析，阐明了热融地质灾害的发育特征及分布情况；第三章利用冻土水热力耦合数值模型，模拟了多年冻土斜坡在气候因素影响下的水热力演化过程，揭示了发生在斜坡上的热融地质灾害失稳机制；第四章根据野外调查，结合多年冻土的分布发育特征及其他因素，将青海省热融地质灾害根据易发程度及潜在危害进行了分区评价；第五章探究了热融地质灾害对生态环境的影响，构建了生态环境脆弱性评价模型，并用该模型对青海省全省进行了评价，为该地区热融地质灾害的动态监测提供了可靠依据。

本书可供从事地质灾害防治、地震地质、工程地质、岩土工程、重大工程与城镇建设等领域的科研和工程技术人员参考，也可供有关院校教师和研究生参考使用。

审图号：GS 京（2025）051 号

图书在版编目（CIP）数据

青海省多年冻土区热融地质灾害调查研究 / 魏刚等著. -- 北京 : 科学出版社, 2025. 4. -- ISBN 978-7-03-080376-4

Ⅰ. P694

中国国家版本馆 CIP 数据核字第 2024KX0037 号

责任编辑：崔　妍 / 责任校对：韩　杨

责任印制：肖　兴 / 封面设计：无极书装

科学出版社出版

北京东黄城根北街 16 号

邮政编码：100717

http://www.sciencep.com

北京中科印刷有限公司印刷

科学出版社发行　各地新华书店经销

*

2025 年 4 月第　一　版　开本：787×1092　1/16

2025 年 4 月第一次印刷　印张：11 1/4

字数：260 000

定价：178.00 元

（如有印装质量问题，我社负责调换）

《青海省多年冻土区热融地质灾害调查研究》编辑委员会

主　　编：魏　刚

副 主 编：邢爱国　王凤林

编写人员：夏泽军　武新宁　张中琼　曹生鸿　王钱款

曹成刚　白文洪　刘亦威　沈凌凯　孙靖雨

朱恺悦　李春孝

前　　言

青海省位于青藏高原东北部，总面积 72.23 万 km^2，山脉高耸，地形多样，河流纵横，湖泊棋布，因境内有国内最大的内陆咸水湖——青海湖而得名，也是长江、黄河、澜沧江等大江大河发源地，又称“三江源”，素有“中华水塔”之美誉，是联结西藏自治区、新疆维吾尔自治区与内地的纽带。

青海省属于高原大陆性气候，具有气温低、昼夜温差大、降雨少而集中、日照长、太阳辐射强等特点。冬季严寒而漫长，夏季凉爽而短促，故该省冻土分布广泛，省内多年冻土主要分布于三江源、祁连山等高海拔地区，主体呈连续片状、岛状分布。据中国科学院西北生态环境资源研究院 2019 年统计显示，青海省域内多年冻土区面积约 $35.38\times10^4km^2$，约占青海省总面积的 50%，在该区域，由于地面的反复冻结与融化而引起的冰缘作用，多年冻土活动层和多年冻土层上部成为冰缘地貌的主要场所并诱发热融地质灾害。据已有数据统计，青海省内共发育 529 处热融灾害，具有分布广泛、危害大等特点，2017 年 9 月 7 日果洛州玛沁县拉加镇思肉欠村发生热融滑塌，转化成泥石流冲击掩埋该村 3 户（9 人）牧户住宅，导致 2 人死亡，1 人重伤，6 人轻伤，造成直接经济损失约 800 万元，2020 年 8 月 29 日乌兰县铜普镇发生灾害，融冻泥流淹埋牧户 32 只羊，毁坏 45 亩草场，直接经济损失 185 万元。在已有地质灾害经济损失现状评估的基础上，对各类地质灾害可能形成的威胁范围进行了初步预测，初步统计了威胁范围内的居民点，省道、国道等重要设施，牛羊等重要财产，在此基础上进行了地质灾害进行损失预测评估，威胁财产 112535.54 万元，威胁人口总计 738 人。

国家高度重视青海省地质灾害防治工作，2022 年 8 月 10 日青海省人民政府办公厅印发地质灾害防治方案的通知，对地质灾害防范重点、地质灾害防治体系建设、地质灾害防治工作等进行了进一步的要求及专项部署。

本书根据青海省多年冻土区热融地质灾害调查研究成果编撰而成。在分析青海省辖区多年冻土分布情况及热融地质灾害孕灾条件，收集、整理已有地质灾害类型、数量与危害的基础上，对热融地质灾害进行了深入的分析总结。采用现场调查、工程地质测绘、模型构建、数值模拟、理论研究等手段，对受地质灾害威胁严重的祁连山片区、黄河源柴南缘片区、长江源澜沧江源片区等区域开展调查，查明冻土特征、气候变化、地形地貌、水温植被环境以及人类工程活动等因素对地质灾害形成与诱发的影响，分析地质灾害特征与分布规律，采用地质分析、构建地灾评价模型、数值模拟等方法开展典型、重大地质灾害稳定性与成灾机理研究，并对潜在的热融地质灾害进行深入探讨，定性和定量相结合法开展地质灾害易发性，危险性评价及地灾害风险评估，提出地质灾害防治建议，以及重大地质灾害治理工程建议。

全书共六章，第一章介绍了青藏高原冻土以及热融地质灾害，并对其赋存、孕育环境、分布特征、影响因素以及诱发条件进行了总结，建立了冻土地温分布模型；第二章对已有数据热融灾害点进行了总结、分类、分析，阐明了热融地质灾害的发育特征及分布情况；

第三章利用冻土水热力耦合数值模型，模拟了多年冻土斜坡在气候因素影响下的水热力演化过程，揭示了发生在斜坡上的热融地质灾害失稳机制；第四章根据野外调查，结合多年冻土的分布发育特征及其他因素，将青海省热融地质灾害根据易发程度及潜在危害进行了分区评价；第五章探究了热融地质灾害对生态环境的影响，构建了生态环境脆弱性评价模型，并对青海省全省进行了评价，为该地区热融地质灾害的动态监测提供了可靠依据。

本书研究撰写过程中，承蒙诸多专家、领导及同行鼎力相助，谨此致以衷心感谢。

特别感谢周保教授级高级工程师对野外调研与室内研究等环节的悉心指导，其中凝结了他的大量心血，在此深表最诚挚的谢意！感谢中国科学院西北生态环境资源研究院吴青柏研究员、蒋观利研究员的专业指导和热情帮助；感谢长安大学卢玉东教授和郑策博士对研究工作的大力协助；感谢中国地质科学院闫金凯博士提供的重要支持。

诚挚感谢青海省各级领导、专家及同行一路以来的支持与帮助：青海省自然资源厅地质勘查管理处唐太明处长、张正兴副处长；青海省水文地质工程地质环境地质调查院张啟兴副院长、胡贵寿正高级工程师、辛元红正高级工程师；青海省有色第一地质勘查院周金喜院长、李彬正高级工程师；青海省第三地质勘查院赵勇副院长；青海省地质环境监测总站马涛副站长。

最后，谨向所有关心、支持与帮助过本研究工作的单位和个人，致以最诚挚的谢意！

望本书能对地质灾害防治、地震地质、工程地质、岩土工程、重大工程与城镇建设等领域贡献绵薄之力。由于编者学术水平有限，书中难免有不妥之处，敬请读者批评指正。

作　者

2024 年 10 月

目　录

第一章　热融地质灾害赋存环境及诱发条件

本书论述重点为人类活动和气候变化条件下形成热融滑塌、融冻泥流、热融沉陷等灾害。这些灾害的形成受到诸多因素的影响，大体上可以归结为外部因素和内部因素两个方面，热融地质灾害的赋存环境是内部因素，主要包含多年冻土的本身的性质、地貌岩性以及表征岩层同大气之间热交换条件的因素，包括植被、水文等；诱发条件则是外部因素，一般包括气象、人类活动等。热融地质灾害的发生不仅是单一因素的影响，而是内外部因素共同作用的结果，内部因素影响热融地质灾害特征，外部因素则控制和制约内部因素。

第一节　多年冻土发育特征与热融地质灾害

青藏高原位于亚洲大陆中南部，西起帕米尔高原，东至横断山地区，北接昆仑山、阿尔金山、祁连山，南抵喜马拉雅山。绝大部分地区位于我国境内，包括西藏自治区、青海省以及新疆维吾尔自治区、甘肃、四川和云南等省的一部分，范围为 26°00′12″N～39°46′50″N，73°18′52″E～104°46′59″E，面积约 $2.58\times10^6km^2$（图 1-1），占我国陆地总面积的约四分之一。青藏高原周围大山环绕，南有喜马拉雅山，北有昆仑山和祁连山，西为喀喇昆仑山，东为横断山脉。高原内还有唐古拉山、冈底斯山、念青唐古拉山等。这些山脉海拔大多超过 6000m，喜马拉雅山等不少山峰超过 8000m。高原内部被山脉分隔成许多盆地、宽谷，湖泊众多，青海湖、纳木湖等都是内陆咸水湖。由于海拔高、面积巨大、地质年代年轻，又具有独特的自然环境，青藏高原在全球环境变化中占有重要地位，被称为地球的“第三极”。青藏高原的宏观地貌格局是边缘高山环绕、峡谷深切，内部由辽阔的高原、高耸的山脉、棋布的湖盆、宽广的盆地等大的地貌单元排列组合而成。高原的主体部分以高原面为基础，随着总体地势从西北向东南逐渐倾斜，海拔由 5000m 以上渐次递降到 4000m 左右，由低山、丘陵和宽谷盆地组合而成。高原面以上，纵横延展着许多高耸的巨大山系，构成高原地貌的骨架；在高原面中间，镶嵌着众多的盆地和湖泊；高原面之下，交织着性质不同的内外流水系。岩溶、风沙、火山和冰缘现象等地貌类型也在这种大格局下发育。

青藏高原地势高亢，面积广阔，跨越 13 个纬度和 31 个经度，相同的海拔高度、不同纬度的地区里气候的差异非常大，与同纬度的东部平原相比，气候寒冷干燥，风速也最大，气温日较差是东部平原的两倍左右，同时，因受强烈大陆性气候的影响，气温的年较差也比较大，无论冬夏，等温线都在高原上形成闭合冷中心，也是我国夏季最凉的地区。高原面上最冷月平均气温低达-10℃～-15℃，多年平均气温-3℃～-13.2℃。青藏高原具有自己独特的气候特征，自南向北可划分为热带、亚热带、高原温带、高原亚寒带和高原寒带等气候带。青藏高原的降水主要受暖湿西南季风的支配，在降水量上，呈现由南向北逐渐减少的趋势。在青藏高原多年冻土区降水量小（300～550mm/a），且多集中在暖季（5～9 月）的降水量占全年总降水量的 90%以上。青藏高原年平均降水量表现出由东南向西北递减的趋势。高原东南部年降水量多在 1000mm 以上，最高在雅鲁藏布江中下游地区。而高原西北地区的年降水量只有几十毫米。高原年降水场可分出 7 个多雨区和 4 个少雨区，多雨区分布在高原西南、雅鲁藏布江下游、高原东南、川西、三江源区、青海湖区、巴颜喀拉山以东松潘地区，少雨区分布在柴达木盆地、怒江以东地区、喜马拉雅山脉北麓和羌塘高原。

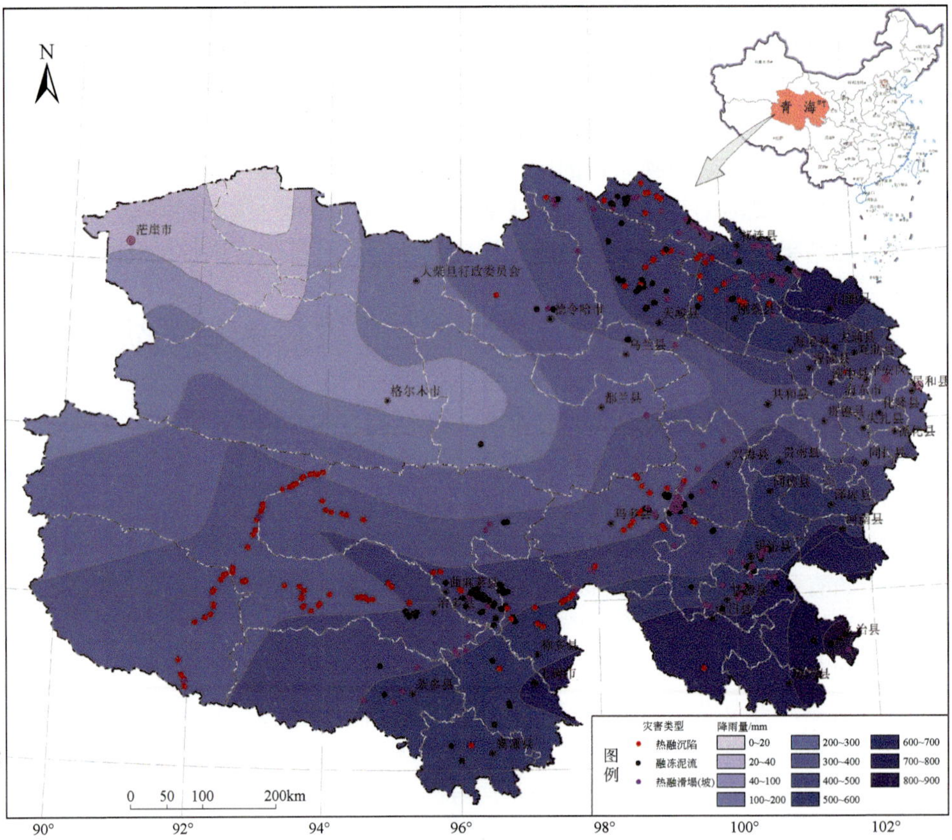

图 1-1　青海省年降雨量加灾害空间分布

青海省位于青藏高原东北部，山脉高耸，地形多样，河流纵横，湖泊棋布，同时也是长江，黄河、澜沧江等大江大河发源地。青海省东北部由阿尔金山、祁连山数列平行山脉和谷地组成，平均海拔 4000m 以上，蕴藏着丰富的冰雪资源。位于达坂山和拉脊山之间的湟水谷地，海拔在 2300m 左右，地表为深厚的黄土层。西北部的柴达木盆地，是一个被阿尔金山、祁连山和昆仑山环绕的巨大盆地，海拔 2600～3000m，东西长 800km，南北宽 200～300km，面积 20 万 km^2，盆地南部多为湖泊、沼泽，并以盐湖为主。南部是以昆仑山为主体并占全省面积一半以上的青南高原，平均海拔 4500m 以上，分布在玛沁县的阿尼玛卿峰，海拔 6282m。

全省地势自西向东倾斜，最高点（昆仑山的布喀达坂峰 6860m）和最低点（民和下川口村约 1650m）海拔相差 5210m。青海省地貌以山地为主，兼有平地和丘陵。青海属于高原大陆性气候，具有气温低、昼夜温差大、降雨少而集中、日照长、太阳辐射强等特点。

冬季严寒而漫长，夏季凉爽而短促。各地区气候有明显差异，东部湟水谷地，年平均气温在 2～9℃，无霜期为 100 至 200 天，年降雨量为 250～550mm，主要集中于 7～9 月。柴达木盆地年平均温度 2～5℃，年降雨量近 200mm。东北部高山区和青南高原温度低，除祁连山、阿尔金山和江河源头以西的山地外，年降雨量一般在 100～500mm。青海地处中纬度地带，太阳辐射强度大，光照时间长。

该省冻土分布广泛，省内多年冻土主要分布于三江源、祁连山等高海拔地区，主体呈连续片状、岛状分布。据中国科学院西北生态环境资源研究院 2019 年统计显示，青海省域内多年冻土区面积约 $35.38\times10^4km^2$，占青海省总面积约 50%。三江源西部主要为大片连续多年冻土，三江源东部和祁连山区主要为局部中小片状较连续多年冻土，大片连续多年冻土和中小片状多年冻土外围多为岛状多年冻土带和季节性冻土区。因纬度、气候等差异，多年冻土下界海拔在不同区域存在较大差异，例如，祁连山地区多年冻土下界 3480m，且往西下界有所升高；昆仑山西大滩一带多年冻土下界 4180m，鄂拉山温泉地区多年冻土下界 4180m，巴颜喀拉山地区多年冻土下界 4530m。

青海多年冻土发育于青南高原和祁连山地区，根据 2021 年调查工作，青海省多年冻土区内发育热融地质灾害点 529 处，其中热融滑塌 143 处，融冻泥流 242 处、热融沉陷 144 处。目前仍威胁包括国道、省道等主干公路、青藏铁路及当地人民群众生命财产，估算冻融地质灾害威胁人口约 738 人、财产 112535 万元，高原冻土的融化加剧冻土区域的地面不稳定，引发更多多年冻土区地质灾害问题。

（1）玉树、果洛州多年冻土热融灾害的危害逐年增加

青海省青南高原属于全球典型的脆弱生态系统区，自然生态环境极易遭受破坏且难以通过自身的演替过程得以恢复，在全球气候变暖的大背景下，青南高原冻土退化的主要表现是地温升高，不衔接冻土与融化夹层增加，多年冻土分布下界升高等。冻土退化的主要原因有全球气候变暖、青藏高原气温增暖显著、降水量增加、人为影响因素、地震等。据 2015 年统计，在过去 30 年间，青藏高原多年冻土缩减了 $24\times10^4km^2$，减少了 16%，气候变化导致青藏高原多年冻土区各类地质灾害发育。青海省内近年来典型的热融灾害如：2017 年 8 月 30 日，果洛州玛沁县拉加镇思肉欠村发生热融地质灾害，致该村 3 户（9 人）牧户住宅被热融地质灾害后转化为泥石流灾害冲击掩埋，导致 2 人死亡；2017 年 9 月 7 日，玉树州称多县扎朵镇直美村中卡社牧场发生融冻泥流灾害，使附近 9 户（40 人）牧户进行转移；国道 G214 玛多至玉树高速，G109 昆仑山至唐古拉公路由于冻土热融灾害，导致局部路面开裂、凹陷或受热融地质灾害、泥流影响，给交通出行带来不便或交通中断。

（2）祁连山地区热融地质灾害的危害

祁连山地区位于青海省岛状冻土向片状冻土过渡的地带，多年冻土广泛分布，冻土区冻土热融地质灾害发育，对牧民草场、林区及部分景区造成危害。如：2015 年 11 月 18 日 15 时八宝镇东村一溜槽沟沟脑东侧发生热融滑塌，后转化为泥流，顺沟向下游移动造成 247 亩草场被毁，经济损失约 37 万元。祁连小东索融冻泥流灾害对祁连县阿咪东索景区道路造成危害，并堵塞了河道，对景区的地表生态以及人类的生命财产构成严重危害。

一、青藏高原多年冻土的发育历史

多年冻土一般是指温度在0℃或0℃以下，并含冰的各种岩土体。按冻结时长，冻土包括多年冻土、季节冻土和短时冻土。多年冻土是指持续冻结两年或两年以上的冻土，季节冻土是指冷季冻结、暖季融化的冻土，而短时冻土则指仅在冷季存在数小时或数天的冻土。

通俗地讲，年内吸热量小于放热量，则土体处于冷却状态。若一年中夏半年的热量全部用于土体融化，而冬半年的热量部分用于融化土体的冻结，其余热量则用于降低土体温度，保持这种状态两年以上，就会形成多年冻土。相反，若一年中夏半年的热量部分用于冻结土体融化，其余热量用于土壤加热，冬半年的热量全部用于土体的冻结，则形成季节冻土。

与季节冻土在冻结和融化二态中周期转换不同，多年冻土温度剖面更为复杂。多年冻土由多年冻土层和多年冻土活动层两部分组成。多年冻土层的上界面称为多年冻土上限，多年冻土层的下界面称为多年冻土下限，上限与下限之间土层称为多年冻土层，其厚度为多年冻土层厚度。多年冻土上限与地表之间土层称为多年冻土活动层，其厚度为多年冻土活动层厚度。季节融化层指每年冷季冻结，暖季融化，年平均地温<0℃的地壳表层，其下卧层为多年冻土层（图1-2）。多年冻土层通常持续冻结，但多年冻土活动层则在暖季融化、冷季冻结。

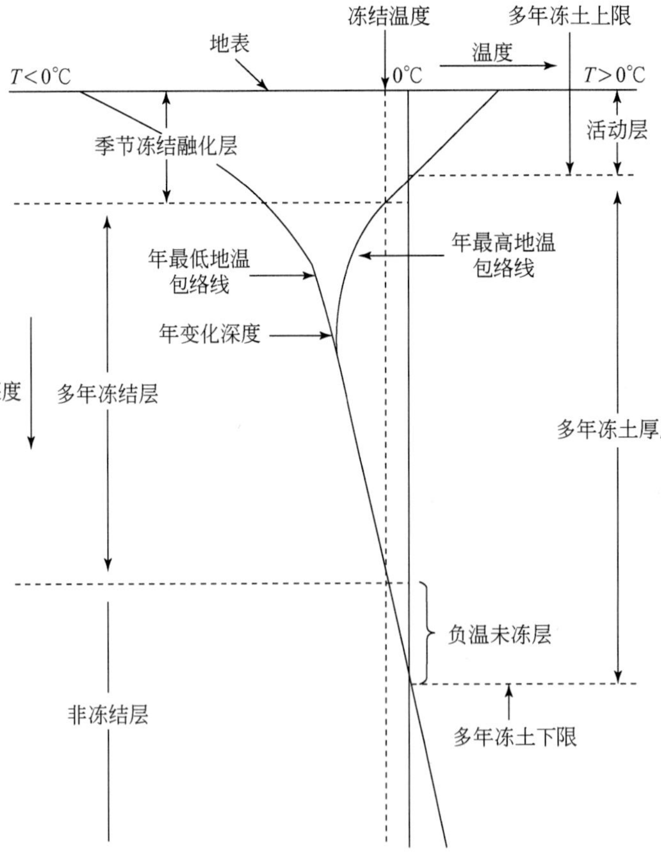

图1-2 多年冻土指标剖面

多年冻土活动层是多年冻土的重要组成部分，厚度数十厘米至数米不等，多年冻土与大气间的热交换都通过活动层来进行的。随着气温变化，多年冻土活动层内土体每年都会发生冷季冻结和暖季融化的过程；在冻结和融化过程中，多年冻土活动层内的土体也会发生水分迁移和成冰过程，同时也伴随着复杂的生物地球化学循环过程，因此，多年冻土活动层内往往富集大量有机质，且在多年冻土上限与多年冻土活动层底部之间往往形成厚层地下冰。

青藏高原现代多年冻土是在特殊的自然条件下所形成的，晚近地壳的大幅度强烈隆升造就的极高地势所导致的地区性寒冷气候的影响。在现今全球性气候转暖的趋势下，地处中、低纬度青藏高原的多年冻土正处在新的发展阶段。高原多年冻土的形成与分布主要是受垂直带性规律控制，而气候水平带性影响则退居于次要位置。晚近地质时期青藏地区的大规模强烈隆起，不仅使本区成为现今地球上最宏伟、最年轻的大高原，也是造就本区独特自然景观——包括多年冻土在内的具有决定意义的内在原因。青海省多年冻土是青藏高原多年冻土的重要的组成部分。

受快速隆升和第四纪以来冰期、间冰期气候变化的影响青藏高原的冻土经历了多次变化。距今 1.1～0.6Ma，高原平均海拔上升到 3500m，多年冻土只发育在高山区；距今 0.8～0.6Ma 的盛冰期时，青藏高原的年均气温为-12～-4℃，多年冻土广泛发育，尤其是在高原西部；随后的间冰期非常温暖，除少数极高山区外高原多年冻土几乎完全消失；末次盛冰期时（距今 32000～16000a），青藏高原多年冻土下界比现在低 1000～1400m。全新世大暖期时（距今 9000～5000a），除极高山区外青藏高原上的冻土大面积消退。

近年来，随着全球变暖多年冻土显著退化。多年冻土退化主要表现在三个方面：①多年冻土活动层厚度增大；②多年冻土温度升高、厚度变薄；③多年冻土面积萎缩，热融灾害发育。在我国，由于青藏高原高寒高海拔的地理特性，其对全球气候变化的反馈也更为灵敏，这也导致青藏高原多年冻土呈现显著的退化态势。40 年来，青藏高原年均气温平均上升了 0.3～0.4℃，多年冻土的退化迹象明显，主要表现为地温升高、活动层加厚、冻土不衔接和融区的增加和扩展等。近半个世纪以来，青藏高原多年冻土活动层厚度平均以 20～80cm/10a 的速率增加，10m 以内的浅层地温以 0.1～0.5℃/10a 的速率升高，20～40m 深度的深层地温以 0.2℃/10a 的速率升温，小于 30m 的多年冻土厚度大约减小了 2m 左右，且青藏高原多年冻土分布下界海拔升高了 50～200m，导致青藏高原多年冻土面积从 20 世纪 80 年代的约 160 万 km^2，缩减到当前的约 106 万 km^2，可见青藏高原的高海拔对气候变化有显著的放大作用，加剧了多年冻土退化，多年冻土的主要退化形式为地下冰的消融、低温冻土向高温冻土转化引发各种热融灾害，如热融滑塌、融冻泥流、热融沉陷等。

二、多年冻土分布地带性

不同类型冻土在水平空间上的分界线即为冻土分布边界。受区域小气候、地形、水文及土壤植被等因素影响，冻土分布极为复杂。实践中很难找出严格意义上的分布边界，通常用冻土分布区面积划分冻土分布。

青藏高原多年冻土的研究主要集中在青藏公路和青康公路沿线，青藏公路穿越昆仑山地段多年冻土分布下界在海拔 4150～4250m，南坡则在海拔 4450～4560m 出现多年冻土，青藏公路穿越惊仙谷北口往南直到唐古拉山南端的安多附近，除局部有大河融区和构造地热融区外，多年冻土连续分布。由安多往南至藏南谷地为岛状多年冻土，安多以南的岛状冻土带南北宽达 100km 以上，比北部昆仑山区宽得多。南部高原面一般海拔较低，且由北向南降低，表现出明显的高度地带性和纬度地带性。多年冻土下界高度并非随纬度减小而单调递增，而是从赤道开始，下界值随纬度增大而升高，至极值点后，转而随纬度增大而降低。该极值点的纬度值为 25°22′N，相应的多年冻土下界的最大值为 5078m。研究表明：在 40°N 以北降水量增大造成年平均气温上升，而在 40°N 以南降水量增大反而引起年平均气温下降。40°N 以南，当由大陆性气候向亚大陆性气候过渡时，雪线和多年冻土下界均下降，但多年冻土下降的幅度比雪线小；当由亚大陆性气候向海洋性气候过渡时，雪线继续下降。但随着雪盖的作用逐渐明显，多年冻土下界转而上升。在 40°N 以北，当由大陆性气候向亚大陆性气候过渡时，多年冻土下界上升而呈现与雪线相反的变化趋势；当由亚大陆性气候向海洋性气候过渡时，随着雪盖的影响逐渐增大，多年冻土下界的上升幅度亦相应增加。

所以，高海拔多年冻土的分布具有明显的三向地带性：由热量南北差异引起的纬度地带性；由距海洋远近和大气环流特点造成的水分状况不同所产生的干燥度地带性；由热量和水分随高度变化造成的垂直带性。

三、多年冻土的影响因素

多年冻土的分布和发育受多种因素的影响，如地中热流、岩性、地形等。研究表明：在高山区，多年冻土温度较低，多年冻土厚度大，多年冻土含冰量高，地温曲线一般为正梯度类型，多年冻土处于基本稳定状态。在丘陵区和高平原区，多年冻土温度较高，一般大于-1.0℃，多年冻土厚度一般小于 70m，许多地区多年冻土处于不稳定状态或退化状态。在河谷地区和构造活动剧烈地区，受河流流水作用和构造地热作用影响，多年冻土温度高、厚度薄，部分地区有河流融区和构造融区发育。通过对青藏公路沿线多年冻土的调查发现：土壤颗粒较细、地表水分含量充足、植被发育良好的地段最有利于多年冻土的发育和保存。在青藏高原地区，暖季植被能够阻止部分热量进入土层，降低地表温度；在冷季，植被能减少土层热量散发，有助于保持地表温度。植被的存在有利于保持活动层以及其下多年冻土层的稳定，植被的退化会导致进入土层的热量发生变化引起季节冻结和融化的变化，并对多年冻土产生影响。在多年冻土区的沙漠化地段，多年冻土层上限强烈下降、多年冻土温度升高、冻土层退化，一些地段甚至变为季节冻土区或融区。不足 10cm 厚的积雪对地温影响不是很明显，地温和气温的变化趋势几乎一致；在暖季当积雪的厚度 10cm 以上而且积雪持续时间 10 天，与气温相比积雪对地温变化的隔热绝缘作用较明显，影响土壤热通量的变化，保持地温。冷季厚层积雪会对多年冻土浅层土壤有显著的保温作用，而积雪融化会降低地表土壤温度，进而影响下部多年冻土。青藏高原地表温度除了主要受海拔、植被、降水等因素的影响外，同时它又受雪盖和地质构造等局地因素的显著影响。局地因素对地温的影响具有双重性，在不同域值条件下，它可增高或降低地温。随时空尺度变化，局地因素的影响变化很大。

四、青藏高原及青海省多年冻土分布

（一）青海省多年冻土地温分布模型的建立

多年冻土地温分带主要依据三个主要指标：多年冻土的年平均地温、多年冻土厚度和多年冻土在平面和垂直剖面上的连续程度。高海拔多年冻土的分带选择上述三个指标中的能量指标——多年冻土年平均地温作为分带指标，它有利于反映出高海拔多年冻土的特征，且它也是多年冻土与大气圈热交换水平的指标，能较好地反映多年冻土的地带性和区域性因素的综合影响。年平均地温不仅对应有一定的多年冻土厚度，以及一定的平面分布的连续性及垂直剖面上的衔接特征，而且在工程意义上反映多年冻土的稳定性。青藏高原多年冻土是高海拔多年冻土，其分布具有明显的三向地带性：由热量南北差异引起的纬度地带性；由距海洋远近和大气环流特点造成的水分分布状况不同产生的干燥度地带性；有热量和水分随高度变化的造成的垂直地带性。因此，根据收集到的青藏铁路/公路沿线167组实测数据，根据其经纬度，在降水数据集中提取该点的年平均降水数据，并根据公式1计算大陆度。

$$C=\arctan(H/(\mathrm{Pt}\times 10)) \tag{1-1}$$

式中：C为大陆度（°），H为海拔（单位为m），Pt年降雨量（单位为mm）。将计算得到的降水数据进行重排，制作相应的栅格文件。通过公式（1-1）计算青藏高原范围内的大陆度，

在已获得数据基础上，建立了年平均地温与海拔、纬度、大陆度的回归统计模型（公式1-2）。为进一步开展青藏高原多年冻土年平均地温的空间建模打下基础。

青藏高原地温模型拟合结果：

$$\mathrm{Tcp}=55.5-0.95224L-0.00531H+0.025468C \tag{1-2}$$

式中：Tcp为多年冻土年平均地温（℃），L为纬度（°）。H为海拔高度（m），C为大陆度（°）。相关系数：0.667。该统计模型通过0.001的F检验，显著性高，能够较好地反映青海省多年冻土地温带的空间分布特征。

根据模型计算的结果，与实测数据166组进行对比，如图1-3所示，计算值与实测值的绝对误差在−1.02～0.88之间，计算值与实测值的绝对误差小于−0.5～0.5之间数据占总计算值的84%，计算值与实测值的绝对误差在−0.25～0.25数据占总的39.5%（图1-3）。所以，计算结果基本可以反映青藏高原和青海省多年冻土地温分布的特征。

（二）青海省多年冻土区域分布特征

青藏高原冻土区是世界中、低纬度地带海拔最高、面积最大的冻土区，其范围北起昆仑山，南至喜马拉雅山，西抵国界，东缘横断山脉西部、巴颜喀拉山和阿尼玛卿山东南部。青藏高原既高又大的特点决定着高原冻土的存在和广泛发育。其西北高、东南低的地势结构和气温与降水西北低、东南高的分布，制约着高原冻土发育的差异性。西北部和北部为高原冻土最发育的地区，随着地势向周围地区倾斜，冻土发育程度相应变差。

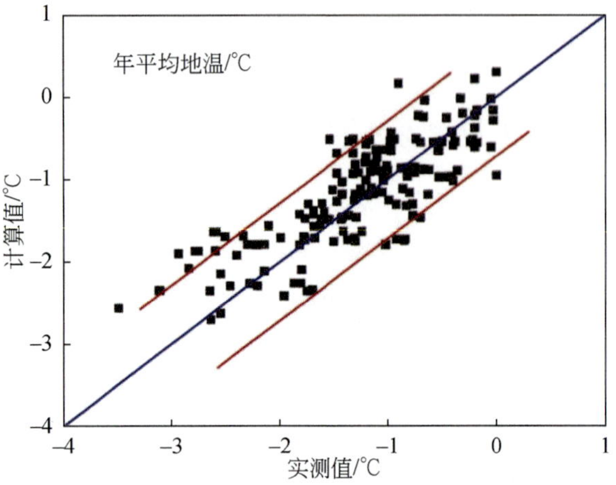

图 1-3 青藏高原多年冻土地温实测值与计算值比较

根据地理位置，青藏高原多年冻土分为西昆仑高山片状冻土区、羌塘高原大片连续多年冻土区、昆仑山高山片状冻土区、阿尔金山祁连山山地片状冻土区、青南高原片状多年冻土区、横断山高山峡谷岛状冻土区、冈底斯山念青唐古拉山片状冻土区、喜马拉雅山极高山岛状多年冻土区 8 个多年冻土区。西昆仑高山片状冻土区沿喀喇昆仑山和西昆仑山分布，是青藏高原多年冻土分布的北界限。此处很多山峰均在 7000m 以上，广大的地面在 6000m 以上，高海拔是此处多年冻土形成的控制因素。此处多年冻土下界海拔为 3600～3880m。南界比北界的下界海拔高约 150m。羌塘高原大片连续多年冻土区主要分布在西昆仑山南侧，省道 301 北侧。主要分布在西藏阿里地区和那曲地区的班戈、尼玛县境内，是青藏高原地区最大的一片多年冻土。此处的多年冻土厚度大，温度低。此处多年冻土南界海拔为 4650～4800m，从西往东，多年的冻土下界海拔逐渐上升。该多年冻土的东界，多年冻土 4400～4570m，从北到南多年冻土下界海拔升高。昆仑山高山片状冻土区位于柴达木盆地南侧，沿昆仑山分布，此处多年冻土下界海拔为 3820～4100m。阿尔金山祁连山山地片状冻土区先沿阿尔金山后转向 NW-SE 方向的祁连山区，此区多年冻土构成青藏高原冻土分布的东北部边界。此处多年冻土下界海拔为 3550～3800m，从阿尔金山往祁连山多年冻土下界海拔不断升高。青南高原片状多年冻土区主要分布在巴颜喀拉山和阿尼玛卿山的山麓以及山间盆地，本区冻土分布基本连续，局部有融区，在地形起伏大的高山区有岛状多年冻土出现。此处多年冻土下界海拔为 4410～4800m，主要受地形的控制，从西到东多年冻土海拔下界变化较大。横断山高山峡谷岛状冻土区，受海拔和纬度控制，分布在横断山山区高海拔地区和山前缓坡和山间洼地。此处多年冻土下界海拔为 4950～5400m。在该区西北部，多年冻土下界海拔在 4950～5100m 左右，在该区东南部，多年冻土下界海拔较高。冈底斯山念青唐古拉山片状冻土区，沿冈底斯山念青唐古拉山由西到东呈带状分布，在雅鲁藏布江谷地季节冻土区北侧，此处多年冻土西段下界海拔为 4910～5290m，东段为 5040～5380m。喜马拉雅山极高山岛状多年冻土区沿喜马拉雅山脉分布，该区地势高峻，山脊海拔 6000～7000m 以上，有许多座 7000～8000m 以上的山峰，冻土分布受海拔控制。多年冻土西段 4950～5300m，东段 5170～5560m。

1. 三江源地区

三江源位于青海省南部，青藏高原腹地，坐标范围为 89°45′E～102°23′E、31°39′E～36°12′E，总面积约 28.92×10^4km^2。表 1-1 分别统计了三江源以及各分区不同冻土类型的面积和所占比例，可以看出长江源区以多年冻土为主，占比 71.80%；黄河源区多年冻土占 46.83%；澜沧江源区多年冻土区仅占 10.95%，而对于整个三江源区而言，多年冻土占比 54.83%，略多于季节冻土 45.17%。

表 1-1　三江源季节冻土和多年冻土的面积及所占比例

源区	长江源	黄河源	澜沧江	三江源
季节冻土（占比）/km^2	5893.14（28.20%）	6655.32（53.17%）	5170.62（89.05%）	17719.08（45.17%）
多年冻土（占比）/km^2	15006.53（71.80%）	5862.57（46.83%）	635.53（10.95%）	21504.63（54.83%）

2. 祁连山地区分布特征

祁连山特殊的地理位置、高耸的地势决定了其多样的气候类型，也决定了祁连山多年冻土分布的复杂性和特征的多样性。区内多年冻土空间上呈现出以哈拉湖为中心向四周扩散的分布格局。哈拉湖至祁连山外围山区多年冻土连续分布，外围山区多年冻土受山体、河谷的地形控制逐渐呈不连续分布，直至过渡到季节冻土区。祁连山区多年冻土面积约为 7.98 万 km^2，从多年冻土普遍发育区域向季节冻土区过渡的区域发育岛状多年冻土，过渡区面积约为 1.45 万 km^2（图 1-4）。

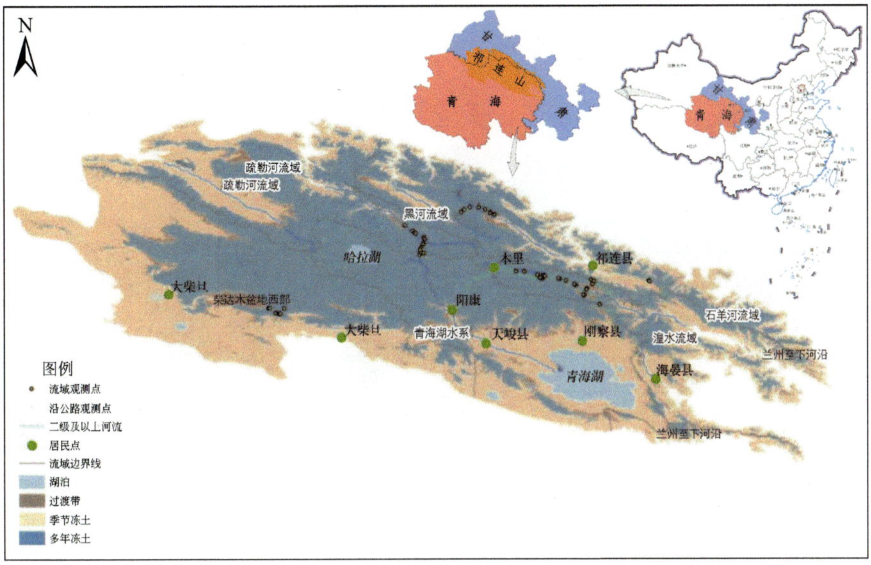

图 1-4　祁连山多年冻土分布图

（三）青海省多年冻土分布及年平均地温特征

依照程国栋院士对青藏高原山地多年冻土进行分类，分为极稳定型多年冻土带（年平均低温 MAGT＜−5.0℃）、稳定型多年冻土带（−5.0℃≤MAGT＜−3.0℃）、亚稳定型多年冻土带（−3.0℃≤MAGT＜−1.5℃）、过渡型多年冻土带（−1.5℃≤MAGT＜−0.5℃）、不稳定型多年冻土带（−0.5℃≤MAGT＜0.5℃）、季节冻土带（MAGT≥0.5℃）。极稳定型多年冻土带（年平均地温 MAGT＜−5.0℃）主要分布在羌塘盆地和祁连山区的部分地区，主要分布在海拔 6000m 以上的地区，面积为 0.7×10^4km^2，占多年冻土面积的 2.04%（表 1-2）。稳定型多年冻土带（−5.0℃≤MAGT＜−3.0℃）主要分布在羌塘盆地大片连续多年冻土区，和其他高山多年冻土区，面积为 4.76×10^4km^2，占多年冻土面积的 13.4%。亚稳定型多年冻土带（−3.0℃≤MAGT＜−1.5℃）主要分布在羌塘盆地大片连续多年冻土区和其他高山多年冻土区，面积为 11.2×10^4km^2，占多年冻土面积的 31.3%。稳定型和亚稳定型多年冻土带占青藏高原多年冻土区的 44.7%。过渡型多年冻土带（−1.5℃≤MAGT＜−0.5℃）主要分布在羌塘盆地的边缘和祁连山高山冻土区的低海拔地区，面积为 9.2×10^4km^2，占多年冻土面积的 25.9%。不稳定型多年冻土带（−0.5℃≤MAGT＜0.5℃）主要分布在青南高原片状多年冻土区，主要分布在下界附近，面积为 9.8×10^4km^2，占多年冻土面积的 27.4%。多年冻土面积占青海省面积的 50.0%（图 1-5）。季节冻土带（MAGT≥0.5℃）主要分布在高山峡谷、柴达木盆地、青海省东部。面积为 35.6×10^4km^2，占青藏高原面积的 50%。

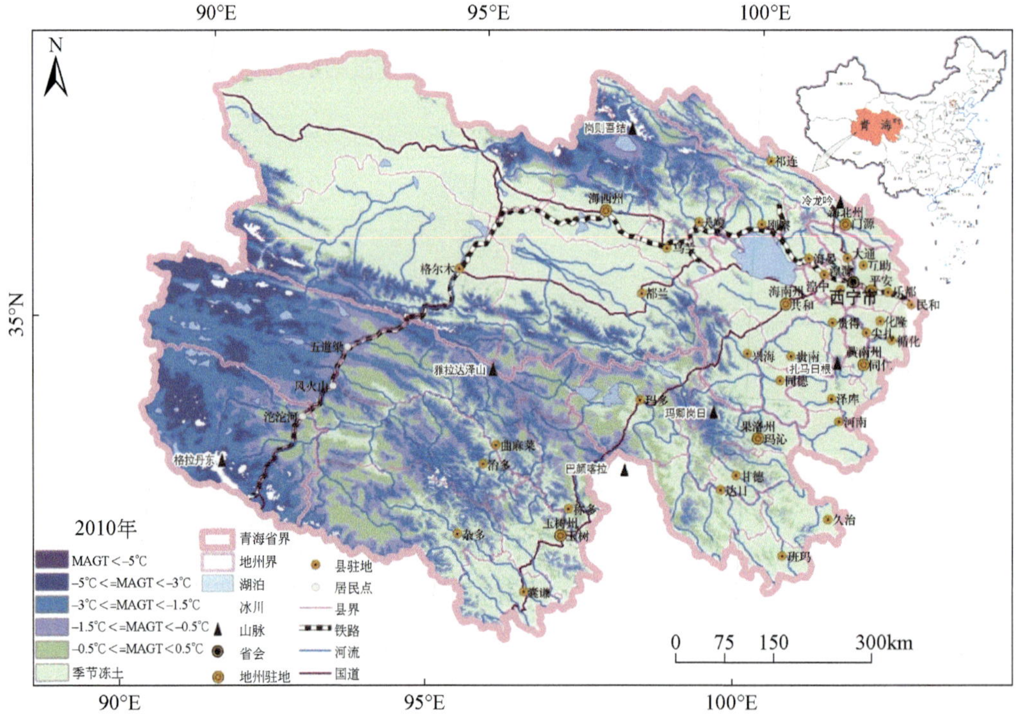

图 1-5 青海省多年冻土分布及年平均地温变化

表 1-2 2010 年青海省多年冻土分布（$\times10^4km^2$）

冻土类型	面积
极稳定多年冻土	0.72
稳定多年冻土	4.76
亚稳定多年冻土	11.18
过渡型多年冻土	9.24
极不稳定多年冻土	9.77
季节冻土带（含多年冻土融区）	35.67

五、多年冻土特征与热融地质灾害

多年冻土不仅受气候、地质地貌、水文和植被生态等诸多因素影响；反过来，多年冻土的存在和变化，也对以上诸因素产生影响。在多年冻土与各因素互动的过程中，处于正负温度交替变化状态下的浅表层岩土体由于温度、应力和水分迁移及相变而引起的地层变形、变位等外在表观，称为冰缘现象；当冰缘现象对经济社会活动产生影响的时候，通常发生热融地质灾害。热融地质灾害（Thermal geological hazard）在多年冻土区由于热融作用形成的各类地质灾害，包括热融滑塌、融冻泥流和热融沉陷。热融滑塌（thaw slumping）是指在多年冻土区，分布在自然坡面的饱冰松散土体，受热融化后，在重力作用下，沿着多年冻土上限附近的冰面下滑的现象。融冻泥流（thaw mudflow）又叫冻融泥流、泥流、土溜、土滑、冰滑等，融冻泥流指多年冻土区坡地上，饱冰、富冰、多冰松散冻结层风化消融后，在重力作用下沿冰面发生缓慢流动或蠕动的现象。热融沉陷（thaw settlement）是指地下饱冰、富冰或多冰冻土受热融作用下形成的负地形，又称热喀斯特地貌，热融作用是多年冻土中的冰融化后土体发生收缩、沉陷的过程。热融沉陷主要发生在平坦地面，形成沉陷漏斗、洼地、沉陷盆地，积水后成为热融湖。

多年冻土不同于其他土体的显著特征在于土体含有地下冰及土壤负温等，因此热融地质灾害的发生与多年冻土本身的含冰量、冻土地温等密切相关，且青藏高原多年冻土的主要特点是高温和高含冰量（周幼吾，2000）。因此，本书选择地下冰、年平均地温这两项多年冻土自身性质分别论述与热融地质灾害的关系。

（一）地下冰

多年冻土地下冰作为一种特殊的存在形式，对多年冻土的环境、生态、演化过程均有很大影响，当多年冻土融化时，地下冰的分布、含量对地形侵蚀过程和水文过程的发展会产生强烈的影响，大量地下冰的存在增强了土壤对侵蚀、沉降和热的敏感性。因此，多年冻土区所形成的一系列包括热融地质灾害等特殊地貌过程，都与地下冰密切相关。

所谓地下冰是指在自然条件下埋藏在地表下任何厚度土、岩层内部的冰的总称，包含与土层冻结过程相伴而被冻结的冰（胶结冰、空隙冰、分凝冰等），侵入冻土层中的侵入冰和裂隙冰，发育于地下洞穴中的洞穴冰，以及被埋藏于土层下的河冰、湖冰、冰锥冰、冰川冰乃至于积雪等（秦大河等，2014）。地下冰主要分布在岩石圈上部 0～30m 深度内（秦大河，2014），普通土壤的孔隙率和持水能力按体积计约为 20%～40%，由于冻结时水的膨胀或冰的分凝形成过程，多年冻土区的土壤可能含有更高体积百分比的冰。

青海省多年冻土区地下冰含量最高为 65%，冻土工程中常根据冻土中地下冰含量情况进行分类（表 1-3），多年冻土主要分为少冰冻土、多冰冻土、富冰冻土、饱冰冻土和含土冰层五种类型，青海省大部分区域的多年冻土为富冰冻土和饱冰冻土，约占青海省多年冻土区面积的 75.6%，而含土冰层约占多年冻土区面积 0.194%。高含冰量的冻土主要分布在三江源腹地、祁连山东部，气候变化和工程活动较为活跃的区域；而低含冰量的冻土区主要分布在西北部，气候变化和工程活动不活跃的区域。

表 1-3　多年冻土工程分类

类别	体积含冰量	融沉性
少冰冻土	$V<10\%$	不融沉
多冰冻土	$10\%<V<25\%$	弱融沉
富冰冻土	$25\%<V<40\%$	融沉
饱冰冻土	$40\%<V<60\%$	强融沉
含土冰层	$V>60\%$	融陷

根据青海地下冰发育情况与热融地质灾害分布图（图 1-6），多年冻土融化诱发热融灾

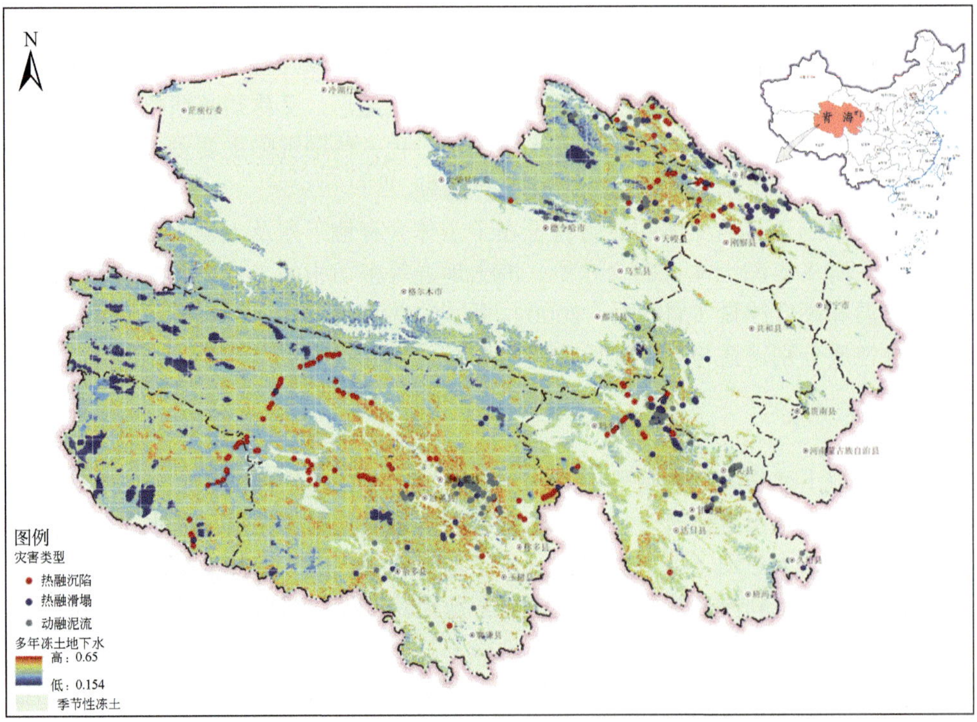

图 1-6　青海省多年冻土区地下冰发育情况与热融地质灾害分布图

害主要分布在高含冰量冻土区，长江源区主要集中在曲麻莱、治多附近（五道梁到风火山区），黄河源区主要集中在玛多县、甘德县，祁连山片区分布在祁连县、天峻县木里地区，而杂多县、德令哈市，扎陵湖、鄂陵湖附近这些含冰量较低的区域热融地质灾害发育情况较差或不发育。这主要是由于高含冰量的多年冻土在融化过程中更易发生土体压密、水分排出等过程，从而产生土体收缩、沉陷或迁移等一些热融灾害。

（二）年平均地温

多年冻土区地温季节变化波动为零的深度被称为地温年变化深度，这一深度处的年平均温度被称为多年冻土年平均地温。年平均地温是反映多年冻土存在与否的直接指标，也可以反映多年冻土自身的物理性质、力学性质、工程稳定性、发生热融灾害的可能性等。此外，年平均地温也能较好地反映冻土地带性和区域性因素的综合影响，故其也是冻土分带划分的主要指标之一。

根据多年冻土地温分类方法（表 1-4），多年冻土分为不稳定型、过渡型、亚稳定性、稳定型、极稳定型 5 类。省内极稳定型冻土主要分布在哈拉湖地区、昆仑山地区及青南南部高原，约占多年冻土面积的 2.49%，稳定性和亚稳定型冻土区主要分布在青南南部高原、可可西里，约占多年冻土面积的 15.49%、30.57%；过渡型和不稳定型冻土区主要出现在长江、黄河流域的河谷地带及祁连县附近，约占 26.93%、24.52%（图 1-7）。

表 1-4 多年冻土地温分类表

类别	极稳定性	稳定性	亚稳定型	过渡型	不稳定型
温度/℃	$T<-5$	$-5\leqslant T<-3$	$-3\leqslant T<-1.5$	$-1.5\leqslant T<-0.5$	$-0.5\leqslant T<0.5$

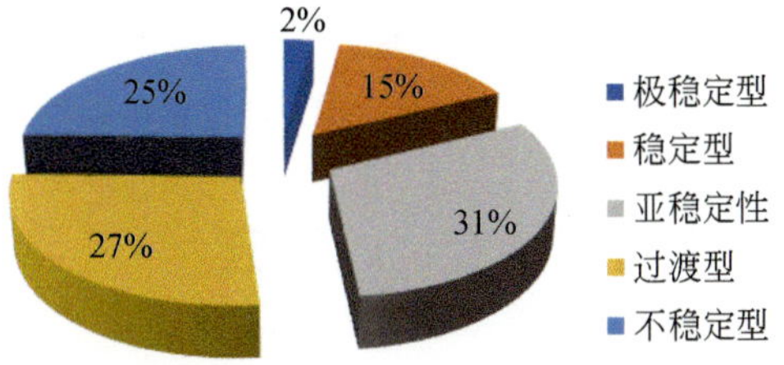

图 1-7 青海省多年冻土类型占比图

结合青海省地温带与热融地质灾害分布图（图 1-8），已调查出的热融滑塌、融冻泥流、热融沉陷灾害主要发育于极不稳定型、不稳定型冻土区内，少量分布于过渡型冻土内，整体极不稳定型、不稳定型及过渡型冻土的分布对热融地质灾害的形成影响较大。

结合多年冻土含冰量与冻土地温看，楚玛尔河高平原、秀水河和北麓河盆地、沱沱河盆地、通天河盆地除融区外，以高温高含冰量冻土为主，热熔地质灾害发育程度较高。昆仑山山区、风火山山区和唐古拉山区则是以低温冻土为主，含冰量一般在山间谷地由于水分补给条件较好多分布高含冰量冻土，而在山脊地区由于地形坡度和起伏度较大，一般含冰量较低，热融地质灾害发育程度较低。综上，冻土本身性质对地质灾害的影响主要表现在两个方面：一方面是冻土类型与热融地质灾害发生关系密切，灾害体总体上呈现，冻土含冰量较大地段，热融地质灾害较为发育，含冰量小的地段热融地质灾害发育较低，甚至不发育；另一方面是年平均地温与热融地质灾害的关系比较密切，灾害体总体上呈现，高温冻土地段热融地质灾害较为发育，低温冻土地段灾害发育程度相对较低。

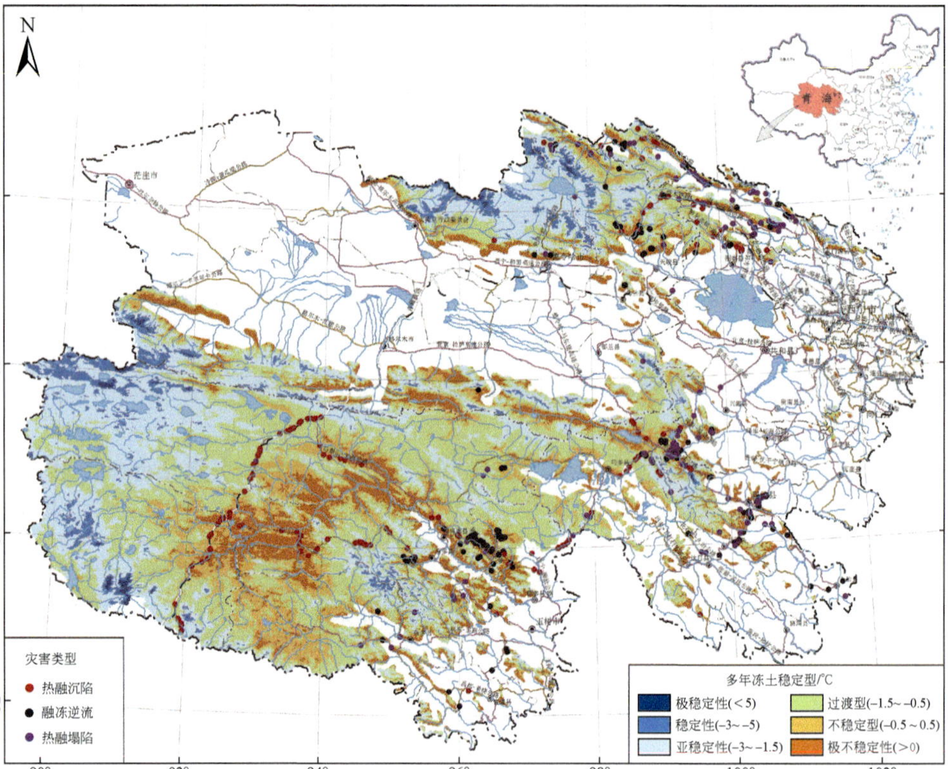

图 1-8 青海省多年冻土区稳定类型与热融地质灾害分布图

六、青海省多年冻土对气候变化的响应

（一）多年冻土退化概况

当前在温室气体的影响下全球气候正在升高已是不争的事实，青藏高原气候普遍在升高，是全球气候变化的启动器和放大器，青藏高原气候变化高于全球平均值。IPCC 报告显示，“全球表面温度预计在 1990～2100 年间升高 1.4～5.8℃”。《中国西部环境演变评估》一书中阐述青藏高原的气候变化的结果，采用的国际上通用的全球和中国气候模式，主要考虑气候的自然变化和人类活动造成的气候变化两个方面的综合影响。到 2050 年，青藏高原可能很明显变暖约 2.2～2.6℃。气候变暖导致青藏高原多年冻土正在发生变化。

多年冻土是土体与大气之间相互作用的产物，是岩石圈和大气圈系统发生热交换过程中形成的，多年冻土的发生、发展过程主要受气候因素的制约和控制。近年来，青藏公路沿线天然状态下多年冻土地温监测结果表明，20 世纪 70 年代到 90 年代青藏公路沿线的季节冻土、融区及岛状多年冻土区的地温升高了 0.3～0.5℃，连续多年冻土区年平均地温升高了 0.1～0.3℃。西大滩地带，1983 年钻探揭示多年冻土底板埋深约为 24～25m，现在地温监测结果显示多年冻土底板埋深为 20m，年平均地温上升约-0.2～-0.3℃。年平均地温在 0～-0.5℃地温带中，冻土正在迅速变暖和变薄，多年冻土消失速度较快。60 年代青藏公路沿线北部下界附近西大滩 11.4～16.0m 深度上有多年冻土，但在 1975 年在同一地点的钻探没有发现多年冻土。惊仙谷多年冻土下限在 20 年间上升 10～15m，年平均地温已上升 0.5～0.8℃。天然状态下北界向南退化 0.5～1.0km，南界向北退化 1～2km。在多年冻土分布的南北界，公路两侧 50m 范围内和路基下冻土退化速率明显高于天然条件。在工程作用下，多年冻土北界向南退化约 5～8km，南界向北退化约 9～12km。

（二）基于未来气候情景的冻土退化

基于 BCC-CM1 气候模式对中国大陆地区温度变化进行估计。BCC-CM1 气候模式针对中国大陆地区人口规模、社会发展水平、能源供应和技术发展的适应程度等分为三个框架水平即 A1B 情景、A2 情景、B1 情景。A1B 情景经济快速增长，气温预测表现出 21 世纪上半叶增加较快，随着人口减少，气温上升幅度减小。A2 情景以区域经济发展为主，气温持续上升。B1 情景是一种可持续的经济发展模式，气温上升速度较慢。气候变暖条件下，青藏高原气温在不同气候情景下以不同速率增加。A1B 情景下青藏高原平均气温增长速率为 0.04℃/a。A2 情景下青藏高原平均气温增长速率为 0.052℃/a。B1 情景下青藏高原平均气温增长速率为 0.023℃/a，其气温上升幅度小于 A1B 情景、A2 情景。

根据模型计算在 2050 年青海省多年冻土将在不同气候情景下发生不同程度的退化。如图 1-9～图 1-11 所示。在 A1B 情景下，极稳定多年冻土，稳定多年冻土和亚稳定多年冻土显著退化，分别退化了 54.5%、51.7%和 34.8%。面积分别为 $0.33×10^4km^2$、$2.29×10^4km^2$ 和 $7.29×10^4km^2$。过渡型多年冻土和极不稳定多年冻土面积分别为，$11.4×10^4km^2$ 和 $12.0×10^4km^2$，多年冻土面积分别增加了 23.8%和 23.1%。极稳定多年冻土、稳定多年冻土和亚稳定多年冻土面积减少了 $6.75×10^4km^2$，过渡型和极不稳定多年冻土面积增加了 $4.45×10^4km^2$。多年冻土面积减少了 $2.29×10^4km^2$。过渡型和极不稳定多年冻土增加主要是稳定亚稳定多年冻土的退化。在 B1 情景下，极稳定多年冻土、稳定多年冻土、亚稳定多年冻土和过渡型多年冻土显著退化，分别退化了 35.2%、24.3%、9.9%和 1.3%。面积分别为 $0.56×10^4km^2$、$3.94×10^4km^2$、$10.3×10^4km^2$ 和 $9.1×10^4km^2$。极不稳定多年冻土面积分别为，$10.5×10^4km^2$，多年冻土面积增加了 7.9%。极稳定、稳定、亚稳定和过渡型多年冻土面积减少了 $2.06×10^4km^2$，极不稳定多年冻上面积增加了 $0.78×10^4km^2$。多年冻土面积减少了 $1.28×10^4km^2$。气温的升高幅度降低，多年冻土地温升高速率减低，但是过渡型多年冻土同样出现了升温。升温速率的降低的同时，多年冻土依然在退化，幅度越大，低温多年冻土退化更显著。在 A2 情景下，极稳定多年冻土，稳定多年冻土，亚稳定多年冻土和过渡型多年冻土显著退化，分别退化了 65.1%、57.0%、47.8%和 2.5%。面积分别为 $0.31×10^4km^2$、$2.29×10^4km^2$、$6.06×10^4km^2$ 和 $9.0×10^4km^2$。极不稳定多年冻土面积分别为，$9.8×10^4km^2$，多年冻土面积增加了 0.5%。极稳定，稳定，亚稳定和过渡型多年冻土面积减少了 $8.25×10^4km^2$，极不稳定多年冻土面积增加了 $0.04×10^4km^2$。多年冻土面积减少了 $8.2×10^4km^2$。气温升高幅度越大，多年冻土的升温越显著，当时大面积低温多年冻土退化成高温冻土，高温冻土退化称为季节冻土。

多年冻土的退化主要是从低温多年冻土向高温多年冻土退化，且以低温多年冻土升温的退化比高温多年冻土退化成季节冻土的范围更大。过渡型多年冻土和极不稳定多年冻土向季节冻土的退化过程中复杂的相变和水热的非线性变化更加显著。但是气温升高依然是高海拔山地多年冻土退化的重要的驱动要素。

表 1-5 2050 年青海省多年冻土分布（$\times 10^4 km^2$）

冻土类型	A2 情景	A1B 情景	B1 情景
极稳定多年冻土	0.31	0.33	0.31
稳定多年冻土	2.29	2.30	2.29
亚稳定多年冻土	6.06	7.29	6.06
过渡型多年冻土	9.00	11.44	9.0
极不稳定多年冻土	9.82	12.0	9.8
季节冻土带（含多年冻土融区）	43.8	37.9	43.9

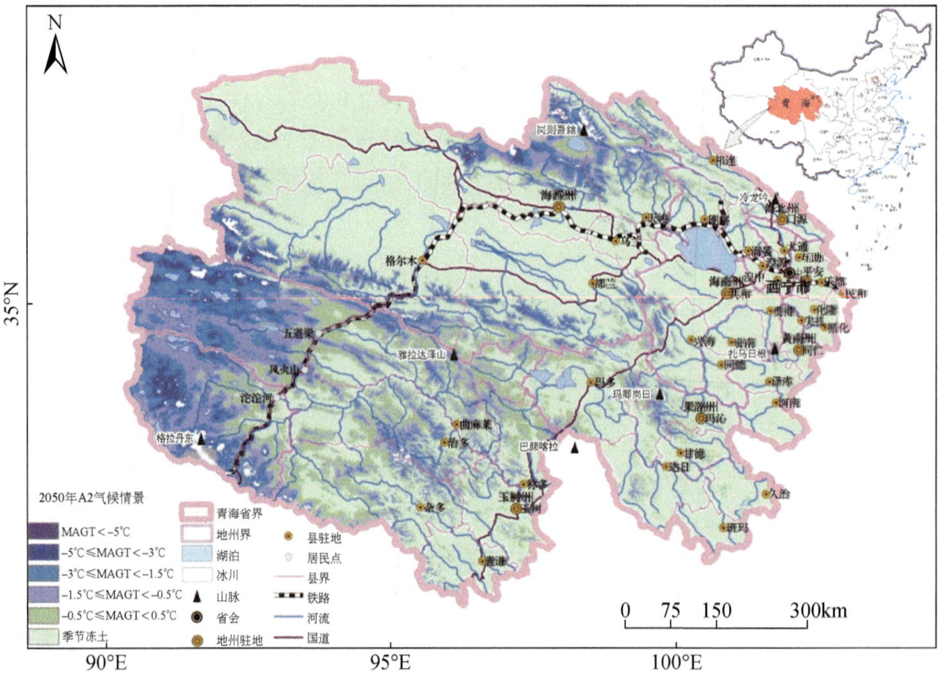

图 1-9 2050 年 A2 情景青海省多年冻土的分布和年平均地温升高

七、青藏铁路沿线冻土变化

（一）多年冻土上限附近温度变化

图 1-12 给出了青藏铁路沿线各场地多年冻土上限附近年平均温度的变化，从图 1-12 可以看出，2006 年到 2012 年间各场地多年冻土上限附近年平均温度存在显著的差异，除

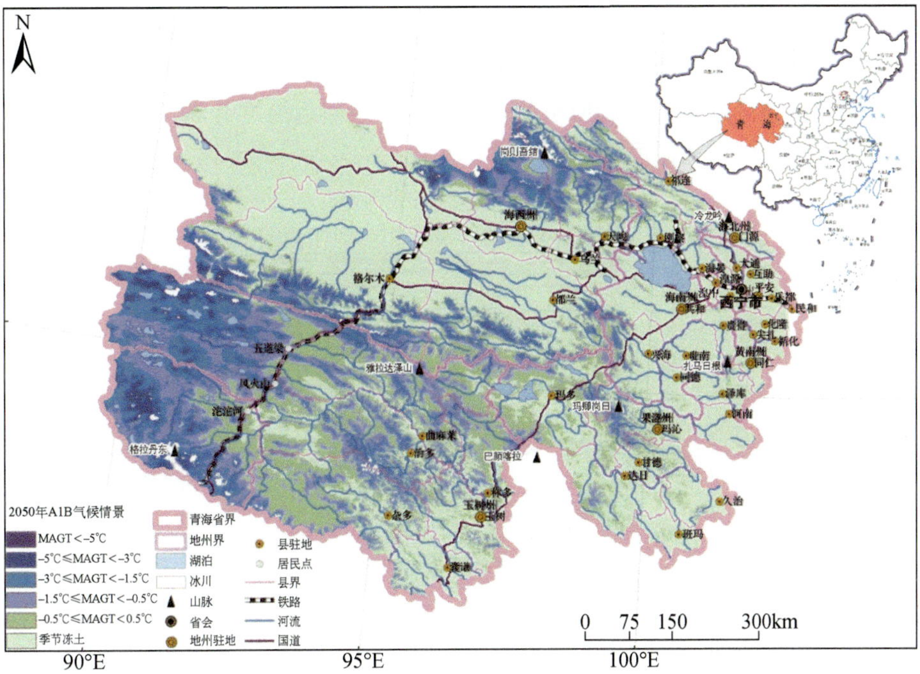

图 1-10　2050 年 A1B 情景青海省多年冻土的分布和年平均地温升高

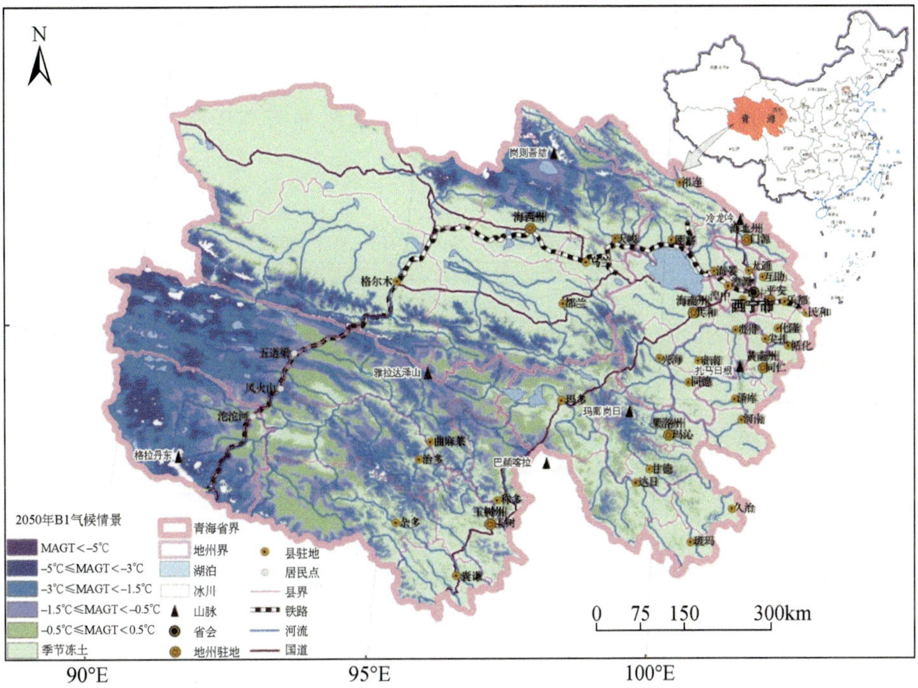

图 1-11　2050 年 B1 情景青海省多年冻土的分布和年平均地温升高

开心岭场地外，其余场地多年冻土上限附近温度升温趋势不显著。多年冻土上限附近温度升高趋势不明显，可能与年降水量增加的影响。地表温度降低应使多年冻土上限附近温度降低，而夏秋季节降水量的增加应引起多年冻土上限附近温度升高，气温降低和降水增加总的使多年冻土上限附近温度变化不显著。

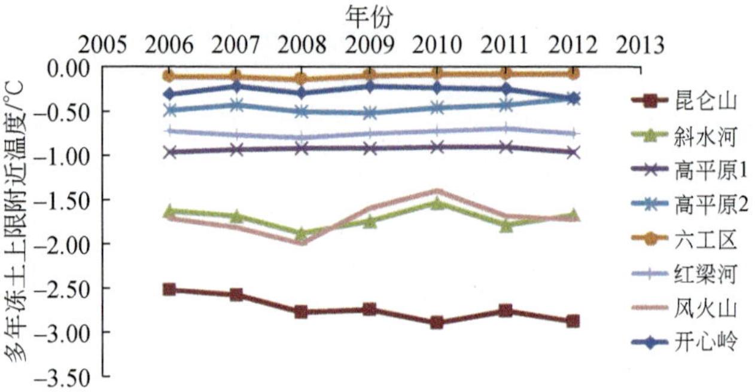

图 1-12 多年冻土上限附近温度变化

（二）6m 深多年冻土温度变化

图 1-13 给出了青藏铁路沿线场地 6m 深度冻土年平均温度自 2006 年到 2012 年的变化特征，从图 1-11 可以看出，各场地 6m 深度多年冻土具有微弱的升温趋势，年升温速率从 0.009℃/a 到 0.034℃/a，所有场地平均年升温率为 0.0167℃/a。根据各场地多年冻土年平均地温来看，6m 深度冻土温度与年平均地温呈反相关关系，即年平均地温越低，升温速率越高，表现出中高山区 6m 深度冻土年平均温度升温速率显著高于高平原区和盆地区，具有显著的空间差异性（图 1-14）。

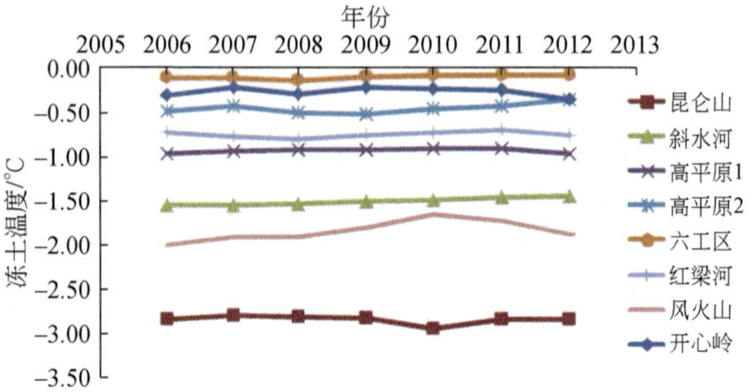

图 1-13 青藏铁路沿线 6m 深多年冻土年平均温度变化

（三）多年冻土年平均地温变化

图 1-15 给出了青藏铁路沿线场地多年冻土年平均温度自 2006 年到 2012 年的变化特征，从图 1-14 可以看出，各场地多年冻土年平均地温具有微弱的升温趋势，年升温速率从 0.009℃/a 到 0.0235℃/a（图 1-16 所示），所有场地平均年升温率为 0.0135℃/a。根据各

场地多年冻土多年年平均地温与升温速率的关系来看（图 1-17），冻土年平均地温升温速率与多年年平均地温呈反相关关系，年平均地温越低，升温速率越高，表现出中高山区多年冻土年平均温度升温速率显著比高平原区和盆地区要高，具有显著的空间差异性。昆仑山区和风火山区多年冻土年平均地温升温速率是最高的，但这两个高山区多年冻土年平均地温是最低的。

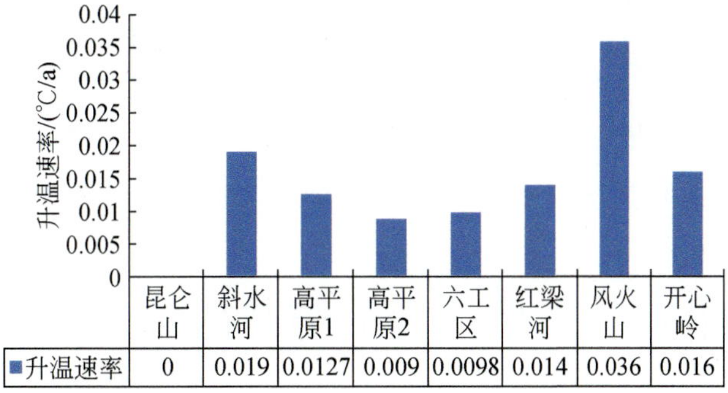

图 1-14　青藏铁路沿线 6m 深度冻土升温速率

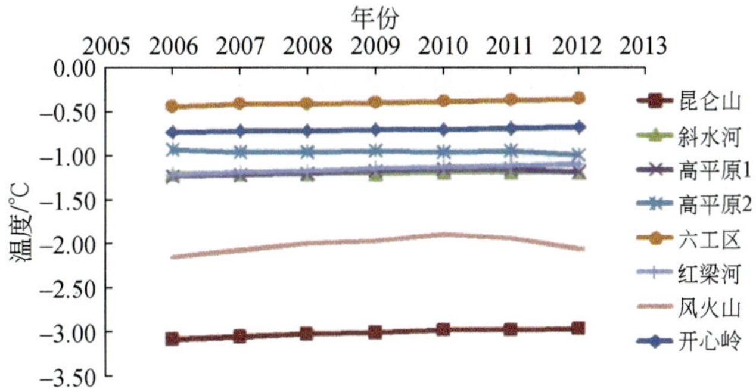

图 1-15　青藏铁路多年冻土年平均地温变化

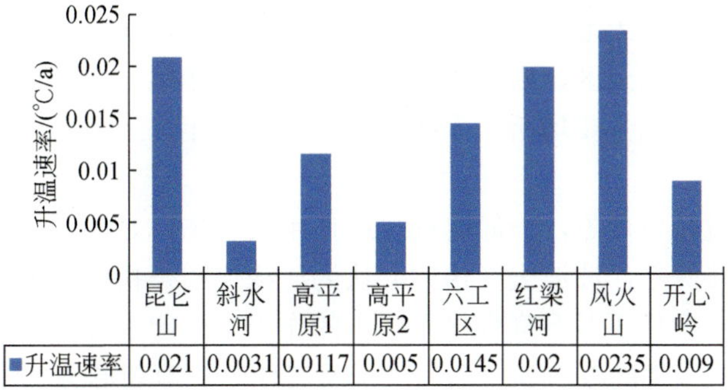

图 1-16　青藏铁路多年冻土年平均地温升温速率

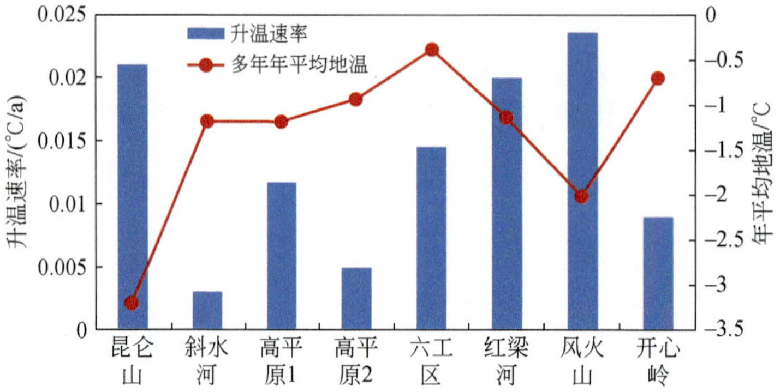

图 1-17　多年冻土年平均地温多年平均值与升温速率关系

第二节　地形地貌与热融地质灾害

青海省位于青藏高原的东北部，地势高亢，海拔超过 3000m 的高原、山地面积占省区总面积的 4/5 以上。地貌复杂多样，山脉众多，全省多年冻土分布面积约 35.38×10^4km^2，占全省面积的 50%，冻土下界大部分地区接近 4000m，多发育于盆地边缘，阶地前缘及山间沟谷地带。青南高原和祁连山地，是省域内的两大多年冻土发育区。

一、多年冻土区地貌特征

青海省多年冻土区是由高原山系、河谷、盆地及各级水系相间组成的高原地貌群，海拔多在 4500m 以上，宏观上讲，地貌的走向受板块构造控制，山系均为近北西西走向，盆地和谷地受山系和次级构造控制，走向一致；广布于山谷和盆地内的水系，纵横交织成网状，以各自的分水岭为界，流向主河流水系。青南高原绝大部分腹部为大面积连续多年冻土区，北部的祁连山地也是多年冻土较为发育的地区，占祁连山地总面积 43%（郭鹏飞等，1995）。根据地貌成因类型，可将省内地貌分为构造地貌、流水地貌、湖泊地貌、冰川地貌、冰缘地貌、风成地貌、黄土地貌及其他地貌类型，这其中，在与冻土发育密切相关典型的冰缘作用只出现在多年冻土区，由于地面的反复冻结与融化，使多年冻土活动层和多年冻土层上部成为冰缘地貌的主要场所，因而高原和高山多年冻土下界以上的地区是以冰缘作用为主的地带。

冻土地貌地质过程及现象，一般也称冰缘作用及形态，是强调冰缘作用过程及其形态形成与冻土存在直接关系。波波夫（1958）认为冰缘作用是指在寒冷气候环境下，由岩石中水分的冻结与负温条件下温湿度变化而产生的作用，引起水分迁移、冰的形成及融化、岩土变形及位移，沉积物的改造等一系列过程及其伴生的地貌形态（周幼武，2000）。任何一种冻土地貌形态类型均受自然因素的影响和制约，首先是水热条件，主要是温度和含水性，其使冰缘类型的分布具有地带性；其次是地质构造、岩性、水文地质和地形地貌条件，这些因素使冰缘类型的分布呈区域性特征。

冰缘地貌类型的分布具有地带性。冰雪覆盖的高山地区，冰缘作用受到抑制，因而通常将雪线与多年冻土下界之间地区称为高山冰缘作用带。在冰缘作用带的各种冰缘地貌类型分布及其组合，由于水热组合不同，形成了垂直分带水平方向上的分异。

高山冰缘作用带可以分为三个带，上部为寒冻风化和雪蚀作用带，也叫“秃峰带”，其冰缘地貌有冰缘岩柱、冰裂石林、石海、石河、岩屑坡、雷蚀洼地和高山阶地等，在细粒物质组成的缓坡上可能有成型地面。中带为融冻泥流和融冻分选作用带，一般位于山坡中部，地面以坡地为主，有泥流阶地、草坡滑塌，缓坡地上有石环斑土、多边形土等成型地面。下部为冻胀作用和热融作用带，有泥炭丘、冰丘、热融滑塌、热融洼地等。各带宽度一般在 100～500m，但因水热条件和地形变化有时下部两带合为一带。

二、多年冻土区冰缘地貌

青海省多年冻土范围大且分布较广，冰缘环境中特有的冻胀融化作用和一些跨气候带的重力、流水和风力等作用，组合成寒冻风化重力作用、雪蚀作用、热融作用、冻融蠕流、冻胀作用、冻融作用、冰缘流水作用和冰缘风力作用等等，使冰缘地貌的类型丰富多彩，目前世界上已知的 50 余种中青海大约有 30～40 种。严寒干燥的冰缘环境和热量状况为本区的冰缘地貌和多年冻土的形成发展提供了良好的条件。尤其在自然地理及气候条件的影响下，青藏高原黄河源区具有独特的冰缘地貌类型和明显的高度冰缘带的基本特征。

表 1-6　青海省多年冻土区冰缘地貌的分布

	冰缘地貌类型	冰缘现象	冰缘现象分布地区
冰缘地貌	寒冻剥蚀与重力作用造成的冰缘地貌	寒冻剥夷面	鄂拉山地区海拔 4000m 以上，巴颜略拉山、布青山地区海拔 4500m 以上的地区及可可西里山、风火山、乌丽山、祁连山 3800～4000m 以上的高寒山地
		冰缘宽谷	在黄河源区及巴颜喀拉山南北坡均有发育，在唐古拉山北坡布曲河两岸及五道梁地区分布较广，在通天河高平原上的扇形堆积体上部也发育了与基岩中相似的宽谷地形
		雪蚀洼地	在唐古拉山北侧布曲河谷两侧有较多分布
		寒冻剥蚀岩柱	主要发育在巴颜喀拉山北坡、布青山南坡及鄂拉山等地，在祁连山主脊两侧也能见到
		石海	在东昆仑山，现代石海出现在海拔 4900～5000m 以上的花岗片麻岩山地；在祁连山地区、则发育在 4000～4500m 的平缓山梁上
		石流坡	主要分布在巴颜喀拉山、布青山、鄂拉山地区
		石冰川	主要分布在昆仑山垭口西边的主脊北坡
		石河	多于浅宽的沟谷中发育，为突出地表的石质堆积
		倒石堆	此种现象多见于山麓坡脚
	冻胀作用造成的冰缘地貌	冻胀丘	季节性冻胀丘在黄河源区、巴颜喀拉山北麓及祁连山地区分布比较普遍。多年生冻胀丘在昆仑山垭口盆地、楚玛河上游及青藏公路沿线到处可见。其中昆仑山垭口盆地中发育得最显著
		石环	石环多见于巴颜喀拉山，在唐古拉山南北坡、风火山、高原东部的黄河源区、祁连山地区江仓、木里盆地均可见到
		多边形土	在风火山、五道梁等地都有分布，在唐古拉山南坡分布尤广
		乳状地面	主要分布在巴颜喀拉山北坡、鄂拉山南北坡

续表

	冰缘地貌类型	冰缘现象	冰缘现象分布地区
冰缘地貌	冻胀作用造成的冰缘地貌	地裂缝	在巴颜喀拉山北坡最发育
		冰锥	主要出现在河漫滩、阶地后缘、洪积扇前缘及山麓地带
	冻融作用造成的冰缘地貌	热融滑塌	热融滑塌在省内三江源及祁连山多年冻土区比较发育
		融冻泥流	融冻泥流堆积在祁连山地区的大坂山北坡、鄂拉山北坡、风火山及一些丘陵地带均有发育
		鱼鳞状草皮	在布青山、鄂拉山最为多见
		融冻草沼	可可西里岗齐曲南侧的山间洼地及分水岭都有大片融冻草沼形成，沱沱河上游、楚玛尔河河源都有大面积的发育
		冻融褶皱及土脉	冻融褶皱在青藏公路沿线比较多见，主要发育在昆仑山、唐古拉山地区
		热融湖塘	热融湖塘在青藏高原分布十分普遍

（一）寒冻剥蚀与重力作用造成的冰缘地貌

以雪冰作用、强烈的寒冻剥蚀作用为主要营力，对山体及高原面进行着雕刻与改造，造成了许多奇特的冰缘地貌景观。

（1）寒冻剥夷面：居于高位、分布广而规模大，是以寒冻剥蚀作用为主，表面较平坦的冰缘地貌类型。鄂拉山地区海拔 4000m 以上，巴颜喀拉山、布青山地区海拔 4500m 以上的地区及可可西里山、风火山、乌丽山、祁连山 3800～4000m 以上的高寒山地均为寒冻剥蚀作用地貌带，这些地带均广泛分布寒冻剥夷面。它们自中更新世以来经历了一个漫长的多次冰缘期的作用过程，表面堆积有冰碛或冰水堆积物质，此外，在剥夷面顶部偶见残丘，它是剥夷面发育过程中的残留地形，多由坚硬基岩组成，残丘周围多为冻融崩解的岩屑裙围绕。

（2）冰缘宽谷：在黄河源区及巴颜喀拉山南北坡均有发育，在唐古拉山北坡布曲河两岸及五道梁地区分布较广，在通天河高平原上的扇形堆积体上部也发育了与基岩中相似的宽谷地，形。其特征是沟谷宽、短，源头与下游一样宽，在源头多形成宽阔的浅洼地，冰缘宽谷的横剖面形似冰川“U”谷，源头为浅洼地，谷坡上覆盖有一层冻融岩屑堆积物。类似的冰缘宽谷在昆仑西大滩之小南川及纳赤台等地也能见到。它往往成排出现，也可单个形成。

（3）雪蚀洼地：雪蚀洼地是宽浅洼地经积雪融化和冻融啮蚀作用形成的一种特殊的冰缘地貌形态。形似粒雪盆，但分布位置较低，出口处没有冰坎或冰碛物，并直接与冰缘宽谷相连。在洼地底部及边坡上有冻融岩屑层覆盖。因此雪蚀洼地并非冰斗或粒雪盆。这类雪蚀洼地在唐古拉山北侧布曲河谷两侧有较多分布。

（4）寒冻剥蚀岩柱：主要发育在巴颜喀拉山北坡、布青山南坡及鄂拉山等地，在祁连山主脊两侧也能见到。岩石受冰劈和寒冻剥蚀作用，形成直立岩柱，高度一般为 3～5m，最高达 10m 以上，有时成排出现。在草皮覆盖的山脊可见冻胀拔起的抬举石。

（5）石海：在东昆仑山，现代石海出现在海拔 4900～5000m 以上的花岗片麻岩山地；在祁连山地区、则发育在 4000～4500m 的平缓山梁上。石海广泛分布在青藏高原的许多山地，其出现的海拔高度一般随纬度增高而降低。

（6）石流坡：石流坡主要是破碎块石及岩屑在重力作用下经过搬运而堆积在山坡上，大多从山顶一直延伸到坡脚。远远望去，满坡流石，形成了独特的冰缘地貌形态。此种地形在巴颜喀拉山、布青山、鄂拉山地区均有发育，它是一种遍布于山坡上的片状碎石形成的特殊地貌。一般与山体坡度相同，有的小于山体坡度，有继续向下滑动的特点，表层岩色新鲜，停止发育的流石坡表层颜色发暗。规模较大，可从山顶一直延伸到谷底。

（7）石冰川：在昆仑山垭口西边的主脊北坡发育有十几条由大小块石组成的石冰川，长约 200～1000m，宽约 50～100m。其源头较宽呈片状，终端沿浅沟槽延伸呈舌状。石冰川块砾石缝隙在夏季被降水充填，以塑流状态作缓慢运动；冬季充水冻结成冰并将块砾石胶结成一个整体，作整体推移运动。

（8）石河：多于浅宽的沟谷中发育，为突出地表的石质堆积。早期的冰碛物经过冻融分选和改造作用，形成曲折的石头河，宽 3～10m，长 20～100m 不等，组成石河的石块粒砾多大于 0.3m。正在发育的石河，由于底部有伏流，在出口处常形成岩屑锥。

（9）倒石堆：在冰劈作用、寒冻崩解作用下，裸露的基岩崩落，形成大面积的倒石堆及岩屑锥。石块多呈棱角不规则形，由上至下，石块体积增大，此种现象多见于山麓坡脚。

（二）冻胀作用造成的冰缘地貌

（1）冻胀丘：俗称冰丘，有时可成群分布，是青海省多年冻土区最常见的一种冰缘地貌类型，可分为季节性冻胀丘和多年生冻胀丘两种。季节性冻胀丘在黄河源区、巴颜喀拉山北麓及祁连山地区分布比较普遍。多年生冻胀丘在昆仑山垭口盆地、楚玛河上游及青藏公路沿线到处可见。其中昆仑山垭口门盆地中发育的最为显著，该冻胀丘是多年冻胀丘，分布在海拔 4760m，平面形态呈哑铃状，近南北向展布，整个丘体长 140m，宽 45m，高 18m，冻胀丘四周被 10 余米高的土堤包围，南北各有一个因冻胀丘融化沉陷的洼地，是两个冻胀丘联生而成，属复式开放型多年冻胀丘。此外，在 109 道班、清水河、北龙河之高漫滩及低阶地上、西大滩山麓地带等地，都有多年生冻胀丘群发育，其规模不等、高度及长度各异。多年生冻胀丘的共同特征是，呈椭圆形，顶部及边缘冻胀裂缝发育，在表土层之下均埋藏有冰核，厚 1～2m，最厚 2.5～3.0m。

（2）石环：主要发育在河漫滩、洪积扇前缘及山麓缓坡地带的块砾石与土混杂的疏松沉积物表层，一般成群成片分布。单个石环呈不规则的多边形或椭圆形，大型石环直径 5～8m，小型 1～3m。在一般情况下，石环中间部位的细土及碎屑充填物高出边缘的石质环带约 0.2～0.4m，但也有略低于石质环带的情况。石环多见于巴颜喀拉山，在唐古拉山南北坡、风火山、高原东部的黄河源区、祁连山地区江仓、塔木里盆地均可见到。

（3）多边形土：亦称斑土，在风火山、五道梁等地都有分布，在唐古拉山南坡分布尤广。它们由直径 2～3m 的五边形或六边形冻胀裂缝组成，裂缝 0.5～1.0cm，大多被细土充填。斑土上植被稀疏，而裂缝充填土植被密集，构成了中间赤黄，周边碧绿，异彩夺目的环带状几何图案。

（4）乳状地面：为地表互不干扰、互不相连的馒头状鼓形土包，上面杂草丛生，土包一般高 0.1～0.3m，直径 0.1～0.2m。它们呈片状分布，有时范围较大，是在低洼地带且植被较发育的地段，以水平冻胀作用为主的一种冻胀现象。这种地面在巴颜喀拉山北坡、鄂拉山南北坡分布很广。

（5）地裂缝：是具有一定方向的冻胀裂缝，一般宽 0.1～0.2m，主裂缝最宽达 0.5m，延伸长度 35～50m，其下部常有宽 0.1～0.3m 的不纯冰体。次生裂缝与主裂缝呈斜交状。在巴颜喀拉山北坡最发育。

（6）冰锥：它们主要出现在河漫滩、阶地后缘、洪积扇前缘及山麓地带，由泉水溢出后冻结而成，故称泉冰锥；此外，在有终年积雪或现代冰川分布的山区河谷中，在河床底部有时也发育河冰锥，一般范围大、延伸长，冰锥拱起较高且终年不化，在冰锥尾端有溢水口。

（三）冻融作用造成的冰缘地貌

（1）热融滑塌：包括融冻滑坡、塑流滑坡、融冻崩塌、融塌方等。在多年冻土地区，夏季受自然因素或人为因素遭受破坏的山坡土体，其中的冰或冰层发生融化，温润软化的土体以多年冻土上界面或地下冰层为滑动面，顺坡向下滑动，形成规模不等的舌状、阶梯状、簸箕状或不规则的坍塌体。热融滑塌在青海省内三江源及祁连山多年冻土区比较发育。

（2）融冻泥流：堆积在山坡和丘陵坡地的第四纪松散物质，在冻融作用下土体结构受到破坏，内聚力减弱，在重力作用下饱水的土体沿多年冻土上界面徐徐向低洼处蠕滑，最后堆积下来形成泥流扇及泥流扇群带。年复一年，新泥流扇推挤老泥流扇并覆盖其上，因此在泥流扇表面常形成拱起的阶梯状地面或泥流阶地。融冻泥流堆积在祁连山地区的大坂山北坡、鄂拉山北坡、风火山及一些丘陵地带均有发育。

（3）鱼鳞状草皮：一般发育在山地、丘陵缓坡上。草皮生长在瘠薄的土层上面，下部多为岩屑层。在夏季活动层融化后，冻结层上水沿多年冻土上界面向低洼处流动，致使岩屑层及上部草皮在重力作用下产生滑动，将草皮拉开形成裂缝，露出下部岩屑层堆积物，沿山坡形成不规则的阶坎，构成黄绿相间的条纹，形似鱼鳞，故称鱼鳞状草皮。在布青山、鄂拉山最为多见。

（4）融冻草沼：主要分布在河漫滩、洪积扇前缘及地下水埋藏较浅的低洼地带，为小草丘组成的疙瘩状草地，草丘间积水，有时形成池塘。在高山草甸分布区，有时也形成高山冻土沼泽。可可西里岗齐曲南侧的山间洼地及分水岭都有大片融冻草沼形成，沱沱河上游、楚玛尔河河源都有大面积的发育。一般地讲，融冻草沼是多年冻土存在的地面标志。

（5）冻融褶皱及土脉：冻融褶皱在青藏公路沿线比较多见，主要发育在昆仑山、唐古拉山地区。冻融褶皱是细粒土层在冻融蠕变过程中，土体产生褶皱变形而成，这种卷曲构造也称为“冰卷泥”。土脉在昆仑山小南川Ⅴ级阶地、五道梁、风火山及沱沱河、尕尔曲地区均有发育。沱沱河阶地上的土脉高 0.5～0.8m，由红色细砂组成，四周黏性土体有微褶皱现象，尕尔曲阶地上的土脉高 3～4m。土脉（砂楔）是冰楔在融化过程中被土或细砂回填的一种代替物，因此也被称为“冰楔假型”。冻融褶皱及砂楔是古冰缘现象，只有在阶地陡坎或切割出露的第四系剖面上才能见到它们，是在年平均气温-6～8℃的气候条件下形成的，是多年冻土存在的主要标志。

（6）热融湖塘：是在各种自然因素的综合作用下，地下冰逐渐融化，地表塌陷成洼地，积水后形成。热融湖塘在青藏高原分布十分普遍。

三、冰缘地貌与热融地质灾害

冰缘地貌的分布与热融地质灾害的发育也有一定的关系，在大起伏高山地貌区，受区域主构造线控制，山地呈北西向，地形陡峻，河谷深切，且寒冻风化作用强，特别是雪线附近，岩石破碎；雪线以下，厚层地下冰发育，坡度在5°～20°之间的山坡面上，易在融季发生热融滑塌，在小于5°的坡面上，易发生热融蠕流和融冻泥流；在冰川、冰缘作用的中起伏高山区，海拔高度一般在5000m以上，最大起伏高度可达900m。山脊附近冰川地貌主要发育有冰斗、角峰、刃脊、冰槽谷等；冰缘地貌则以寒冻风化岩屑坡为主，发育高度在4700～4800m，形成石川、石海地貌景观，山坡地形陡峻呈直线型，坡度多大于25°。在地形低凹处发育多级冻融蠕移、融冻泥流等冰缘地貌。

在冰缘作用的小起伏高山区，海拔一般在4900m左右，山脊附近冰斗发育，山体宽厚，山坡呈曲线型，坡度小于25°，沟谷宽浅呈“U”型，为冰槽谷。现代冰缘地貌，在海拔4700m以上为寒冻风化岩屑坡；斜坡地带发育融冻泥流；坡麓地带为冻土草沼、热融湖塘；河谷区流水地貌有阶地、冲洪积平原；冰碛地貌有冰碛台地和冰碛平原等。在冰缘地貌作用的山北侧和平缓的基岩区，冻胀裂缝发育；在盆（谷）地，冰碛砂砾堆积区和第四纪洪积区，热融沉陷和热融洼地常见；河流阶地和第四纪冲积区，冰丘、冰锥、冰幔和冻胀（冰）丘顺河床发育，阶地上热融湖塘和洼地常见。断陷成因的盆地内部，多是灰岩、泥灰岩、泥岩、黏土沉积的湖相地层，因渗透性差，保水性强，冻结指数大，在冻季，冻胀丘、爆破冰丘、冻胀裂缝发育，相对应的，融季时融化指数也高，大大小小的热融沉陷和热融湖塘星罗棋布。水系发育区，冬季河面上常有冰丘、冰锥隆起，夏季有河床坍落现象，堵塞河道，引起河水漫流、改道。

四、多年冻土区地层岩性与冰缘现象

（一）多年冻土区地层岩性和冰缘现象形成的关系

地层岩性和地质构造也是决定冰缘现象产生的区域性因素，同地形地貌与各类冻土现象产生的地域范围一样，地层的分布与地形地貌有成因上的规律性。调查中发现第四系松散堆积物和新近系湖相沉积层，是盆地、谷地和河床阶地等平缓地带的主要地层，是建设用地的首选区，这里冻胀和融沉作用活跃，是冰丘、冻胀丘、热融沉陷和热融湖塘典型冻土现象的分布区。基岩区多分布在山岭和山坡，上覆土层较薄，植被因寒冷而稀疏，在高含冰量的冻土区，热融作用下，会产生热融蠕流、热融滑塌、热融泥流；在寒冻风蚀作用强的基岩区，岩石破碎，地表裸露，是强风蚀地带；在平缓的基岩区，冻胀地裂缝常见。在风蚀和西北季风作用下，裸露的基岩区、新近系湖相沉积层和第四系松散砂砾堆积物，是沙化侵蚀地又是沙源地。

（二）多年冻土区地层岩性

1. 前第四纪地层

青海省多年冻土区前第四纪地层发育齐全，从下元古代到新近纪皆有出露，仅缺失上志留统。多数地层单位相变显著。志留纪前为海相沉积，地层厚度大且延续时间长；泥盆纪到侏罗纪为海相与陆相沉积并存，岩性以碎屑岩为主，碳酸盐岩、火山岩、膏盐层也很发育；白垩纪至新近纪以陆相山间盆地碎屑岩相和膏盐相为主。

（1）元古宙阶段

调查区元古宙地层主要分布于北半部，具双层层系结构特征，下部早元古代为活动型沉积：为砂泥质岩—中基性火山岩—镁质碳酸盐岩岩系，经受区域热流动力变质作用，具有以角闪岩相为主的多相变质，构成柴达木地块及祁连山造山带之结晶基底。上部中、晚元古代，为次活动型或次稳定型沉积：下部为石英岩，砂泥质岩岩系，中部为碳酸盐岩岩系，上部为砂泥质岩岩系。早元古代地层受区域动力变质作用，形成绿片岩相变质岩，经褶皱作用构成青藏高原北部稳定的大陆壳，晚元古代晚期地层不整合其上。

（2）晚古生代—早中生代阶段

构造运动向南迁移，在北部祁连造山带的基底上，盖层沉积（D3—T）纵然有数次沉积间断存在，但均系升降运动为主，表现在相辅而行的晚泥盆世—石炭纪—二叠纪与三叠纪地层由北向南的沉积迁移。南部海西期较为明显的活动，形成稳定地区早石炭世与晚石炭世地层间的普遍平行不整合接触。同时在宗务隆山、阿尼玛卿山以及青南、藏北等地发生广泛而强烈的地裂作用，使青南—藏北地壳解体，导致特提斯构造域形成与发展。晚期活动使东昆仑山南坡及阿尼玛卿山的晚古生代活动带形成闭合褶皱，因闭合不彻底，于三叠纪时又一次张裂为活动带。印支运动席卷青南、藏北、川西广大地区，是一规模宏伟的造山运动，早期活动使晚三叠世陆相、火山岩地层不整合于早、中三叠世地层之上；晚期活动强烈，影响广泛，使宗务隆山及其以南广大地区封闭，褶皱产生一系列的同斜褶曲与逆掩断裂，形成巴颜喀拉造山带。在此阶段由于构造运动频繁，地层沉积类型多变，组合复杂：在西倾山和唐古拉山地区。岩石组合以碎屑岩、碳酸盐岩为主，局部夹有煤线。活动型沉积以北西西向条带状分布于宗务隆山、纳赤台—阿尼玛卿山及通天河流域。在纳赤台—阿尼玛卿山一带地层呈东西向延伸，为碎屑岩、火山岩、碳酸盐岩建造；在可可西里—巴颜喀拉山及同德—泽库地区以三叠纪地层为主，前者以砂板岩系而著称，岩性单调，但韵律明显，递变层理与舌状象形印模发育，总厚达 1500m 以上。

（3）中、晚中生代至新生代（侏罗纪—新近纪）阶段

青藏高原开始进入陆内造山阶段，沉积以陆相碎屑岩建造为特征，燕山运动在唐古拉山地区使陆相白垩纪地层不整合覆于海相侏罗纪地层之上，侏罗纪地层发生褶皱并伴有中—酸性岩浆活动。

2. 第四纪地层

第四纪地层在青海省境内分布极为广泛，皆为陆相，除早更新世沉积部分固结半成岩外，其余皆为松散沉积物，成因类型比较复杂，有冲积、洪积、风积、湖积、化学沉积、沼泽沉积、冰碛、冰水沉积等，以柴达木、共和盆地，青海湖、哈拉湖周边，黄河、湟水流域，青南高原等地分布最广。根据岩性、岩相、古生物、地层绝对年龄及出露的地貌部位，划分为：中更新统（Q_2）、上更新统（Q_3）、全新统（Q_4）。

（1）中更新统（Q_2）

中更新世为寒冷期，山地被山原面型大陆冰盖或巨大的山麓冰川覆盖，堆积物以冰碛、

冰水堆积为主，受后期侵蚀多构成冰碛台地、垅岗地貌景观。冰碛、冰水堆积物主要分布于山前坡麓地带、盆地周边，多埋藏于现代谷地、盆地之下。主要由冰碛泥砾和冰川漂石组成。岩性以泥质砂砾卵石为主。冰川擦痕、“泥包砾”现象普遍。

（2）中更新统冰水堆积（Q_2^{fgl}）

中更新统冰水相堆积物有在大山系山前均有分布。岩性为分选、磨圆均较差的灰黄色砂岩、板岩、花岗岩等，砾石及砂组成的泥砾石及砂砾石层。

（3）上更新统（Q_3）

上更新统在测区内分布比较广泛，主要分布于内陆干旱盆地、山前及河谷地带。山区以冰碛、冰水堆积为主，向下逐渐过渡为冲洪积；青南高原、干旱盆地则以洪积、湖积为主；东部丘陵山区的山前及河谷地带上覆“马兰黄土”，厚度一般 20m 左右。

上更新统根据其成因划分为四种类型。

上更新统冲洪积层（$Q_3^{al\text{-}pl}$）主要分布各大山系山前倾斜平原区，岩性为一套灰色砾石、砂及亚黏土层。分选和磨圆度较差，砾石成分因地而异，厚度一般大于 30m。野藏草滩厚度为 120～150m，以砂砾石为主，底部砂砾石层厚 0.5～1.5m 左右，黄河东段由西向东，粒度由细逐渐变粗。

山麓洪积相堆积（Q_3^{pl}）在调查区内主要见于各大山体边缘地带，为灰—土灰色砂砾石层夹含砾亚砂土透镜体，砾石成分复杂，粒径一般 5～20cm，个别可达 1.5m，多为棱角状、次棱角状，泥砂质充填，厚 30～60m，密实度中等，为暂时性洪流之产物。

（4）全新统（Q_4）

全新世地层广泛分布于所有的盆地、谷地、基岩山区的地表层。其特点是：分布面积大，地层厚度小，成因类型众多。受地形地貌等条件限制，分布岩性各不相同。测区内全新世沉积物主要分布于江、河及其支流河谷地带和柴达木盆地等地，根据其成因，可划分为冲积型、冲洪积型、洪积型、湖积、沼泽堆积。

冲积物（Q_4^{al}）分布于江、河河谷及一级支流河谷地带，组成河漫滩及Ⅰ、Ⅱ级阶地，岩性主要为河床相砂砾卵石层及漫滩相粉砂、粉细砂、亚黏土、亚黏土等。黄河谷地砂卵砾石层分布均匀，砾石分选、磨圆度较好，粒径一般为 5～10cm，大者可达 20～70cm，多为浑圆、扁圆状、椭圆状，成分比较复杂。结构松散，一般具有二元结构，上部为黄色亚砂土、亚黏土，水平层理清晰，厚度一般 10～20m。据钻孔揭露，贵德盆地Ⅰ、Ⅱ级阶地沉积厚度为 10.35～50m，官亭Ⅰ、Ⅱ级阶沉积厚度 12.36～57.79m。其他一级支流砂砾石层的分选性和磨圆度相对较差，成分因地而异，粒径一般 3～15cm，大者可达 30cm，结构松散，微具水平层理，厚度 10.25～45.15m。

冲洪积物（$Q_4^{al\text{-}pl}$）主要分布于江、河二级和二级以上支流河谷之中及山前地带，岩性为灰色、土灰色砂砾石层夹砂土透镜体，上部为含细砂亚砂土。砾石分选、磨圆均较差。结构松散，厚度变化较大，一般 10～30m。

洪积物（Q_4^{pl}）分布于山麓及冲沟沟口一带，岩性为角砾、砾石、砂为主，夹亚砂土透镜体，分选性及磨圆度极差，粒径一般 1～3cm，大者 30cm。厚度 12～30m，为暂时性洪流裹挟泥砂碎石之堆积，地貌上呈扇形。

湖积、沼泽堆积（Q_4^{h}）在省区内分为河谷沼泽和湖积沼泽类型，分布于江河谷地及湖口三角洲地带，为灰褐色含粉砂质黏土草灰层、腐殖质约占 60%以上，厚度一般为 20～50m。

3. 侵入岩

全省发育有自早古生代以来各时期侵入岩，主要分布在昆仑山系及祁连山系，其他地区零星分布，多以岩枝、岩株形式产出，其中以中生代期岩浆活动最为强烈，分布广，岩性分别为中性、中酸性、酸性闪长岩、石英闪长岩、花岗闪长岩、花岗岩。

第三节　水文与热融地质灾害

青海省河流众多，水系发育。据统计，流域面积在 $500km^2$ 以上的河流有 278 条，河道长度大于 100km 的有 65 条。按河川径流的循环形式划分：乌兰乌拉山、博卡雷克塔格山、布青山、鄂拉山、日月山、大通山、疏勒山和冷龙岭一线的东南一侧为外流流域，西北一侧为内陆流域。外流流域的河流有黄河、长江、澜沧江三大水系；内陆流域的河流有柴达木、青海湖、茶卡—沙珠玉、哈拉湖、祁连山和可可西里诸水系。

青海省内湖泊主要分布在内流河流域及外流江河发源地。据统计全省水面大于 $0.5km^2$ 的湖泊有 458 个，水面大于 $1km^2$ 的湖泊有 265 个，湖泊总面积为 $12855.8km^2$，湖水总储量为 $2246.63\times10^8m^3$。

省内共有冰湖 2701 个，总面积 $234.14km^2$，冰湖面积约占全省面积 69.67 万 km^2 的 0.03%。按照行政区划分，冰湖主要分布于海西蒙古族藏族自治州、玉树藏族自治州。按县域统计，冰湖主要分布于格尔木市、治多县、久治县等地区。

湖泊、河流等水系的分布与热融灾害发育有一定的相关性（图 1-18），但并不是唯一因

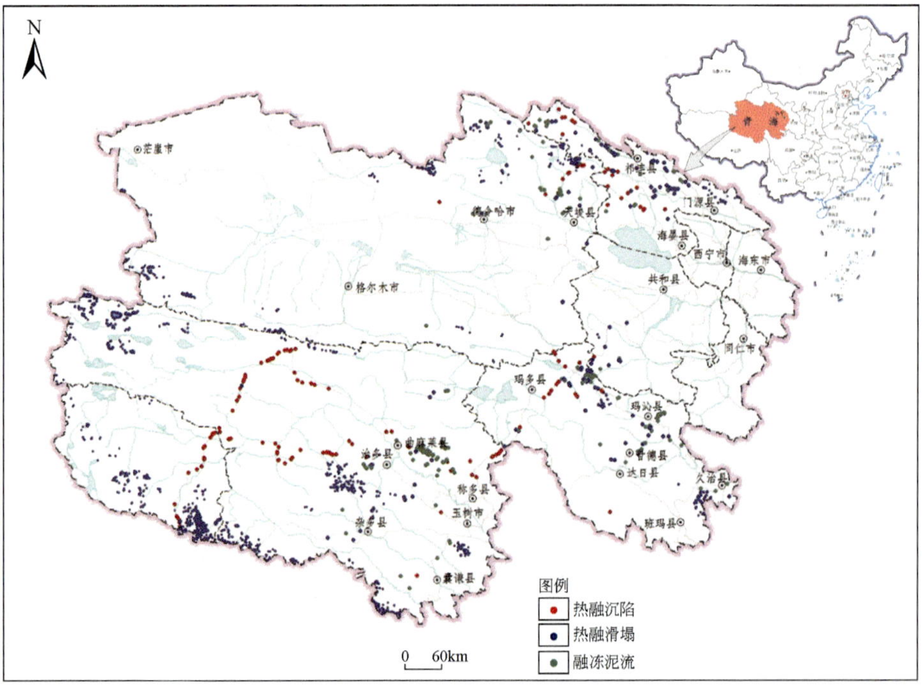

图 1-18　青海省水系与热融地质灾害分布

素。湖泊、河流水系发育区往往地下冰含量较高，随着全球气候变暖，气温升高，湖泊、河流等对多年冻土的热影响主要表现在升高土层温度，加大季节融化深度，越接近河流水系则融深越大（中国冻土），且表现为自上而下和侧向两种退化方式，能够从周边及下部两个方向向多年冻土传递热源，不仅导致其周边的多年冻土进一步融化，造成湖岸坍塌后退，而且还会融化其下部的冻土，使得湖底多年冻土逐渐变薄，这些较高含冰量的多年冻土区更易形成融区，因此往往伴生以热融沉陷为主的诸多热融地质灾害。

第四节 植被与热融地质灾害

青海省主要包括温带草原、温带荒漠、青藏高原高寒植被（高寒草原、高寒草甸和温性草原）等植被区域，主要分布有荒漠、草原、草甸、沼泽和灌丛5种植被型，其中又包括温性荒漠、高寒荒漠、高寒草原、高寒草甸草原、温性草原、高寒草甸、沼泽化草甸、沼泽、半湿性高寒灌丛和干旱高寒灌丛等10种植被类型，且以高寒草原和高寒草甸分布最广，空间分布上，在河谷盆地和河谷平原地区以草原地貌为主，而在丘陵地区以草甸地貌为主。主要优势植物有紫花针茅、羽柱针茅、青藏苔草、康藏蒿草、小蒿草（又称高山蒿草）、西藏蒿草以及驼绒藜等（吕灿宾，2014）。

现代科技下，地表的植被信息可以通过遥感观测的方法获得。植物叶面在可见光红光波段有很强的吸收特性，在近红外波段有很强的反射特性，因此，通过这两个波段测值的不同组合可得到不同的植被指数。其中，归一化植被指数（NDVI）是植物生长状态以及植物生长空间分布密度的较佳指示因子，与植物分布密度呈线性相关（石维栋等，2006），是目前应用最广泛的一种植被指数（高明等，2015），运用归一化植被指数能够进行植被覆盖监测（邵继等，2020）、土地覆盖分类（顾娟等，2010）、作物估产（吴青柏等，2002）等诸多领域的研究。如今，NDVI 被普遍当作评估植物生长状况的因子之一，不但可以反映一定规模尺度下的植被生长状况，而且也可以从长时间序列尺度来反映一定规模下植被的变化趋势，表达式如下：

$$\mathrm{NDVI}=(\mathrm{NIR}-R)/(\mathrm{NIR}+R)$$

式中，NIR 是红外波段的反射率，R 是红光波段的反射率。$-1\leqslant \mathrm{NDVI}\leqslant 1$，负值表示地面覆盖为云、水、雪等，对可见光高反射；0 表示有岩石或裸土等，红外波段的反射率和红光波段的反射率近似相等；正值表示有植被覆盖，且随覆盖度增大而增大。

本研究所采用的NDVI来自MODEV1M，空间分辨率为1000m，时间尺度为2019年1月至2020年12月（采用这期间的均值）。

植被在一定程度上影响热融地质灾害的孕育和发生，根据NDVI与热融地质灾害分布关系（图1-7），省内多年冻土地质灾害发育区主要植被覆盖率较高的高山草甸。植被对热融地质灾害的影响主要表现在4个方面。

1. 力学效应

植物根系的存在能明显地改善土壤的物理性质，具有固定土体的性质，能够显著提高土体抗剪切强度与土壤抗冲击能力，浅根具有加筋作用，植物的根在土壤中盘旋和土体结合成一体，使得土体强度得到明显提高，嵌入基岩或土体的深根对预应力还起到了锚固的作用。所以植被通过力学对抑制地质灾害的发生有一定的作用。

2. 热学效应

植被、草皮的存在易形成腐殖质土壤，此种土壤一是能够直接减少到达地表的太阳辐射；二是植被的蒸散发和光合作用消耗了大量的热量，减少了进入地层的热量；三是能降低近地表风速，减少地表土层水分蒸发及向大气放热的强度。因此，高覆盖度土壤具有较好的保温性能，是天然的保温层，对冻土退化有一定抑制作用。

3. 护坡效应

植被发育的地区不易产生水土流失，地形侵蚀切割较缓慢，斜坡变形破坏较弱。相反，植被覆盖率低的地区，水土流失严重，地形切割强烈，斜坡变形破坏较强。

综上，虽然地表植被覆盖率高有利于保护多年冻土区的斜坡稳定，但根据 NDVI 植被指数与热融地质灾害分布图（图 1-19）显示，热融灾害发育斜坡往往植被覆盖率高，这是由于受植被根系长度的限制，植被发育程度仅对地表或浅层滑坡有一定的保护作用。此外，植被的存在不同程度的阻滞了地面径流，由于地表径流条件的变化，水分就会渗入地下，再者植被截留降雨可以减少地表、地下水分的蒸发，也会使岩土体的富水性增加，这些都会加速地下冰的融化，从而致使热融地质灾害发生。因此，植被覆盖对热融地质灾害分布、发育并非单一影响、具有复杂性、双向性。

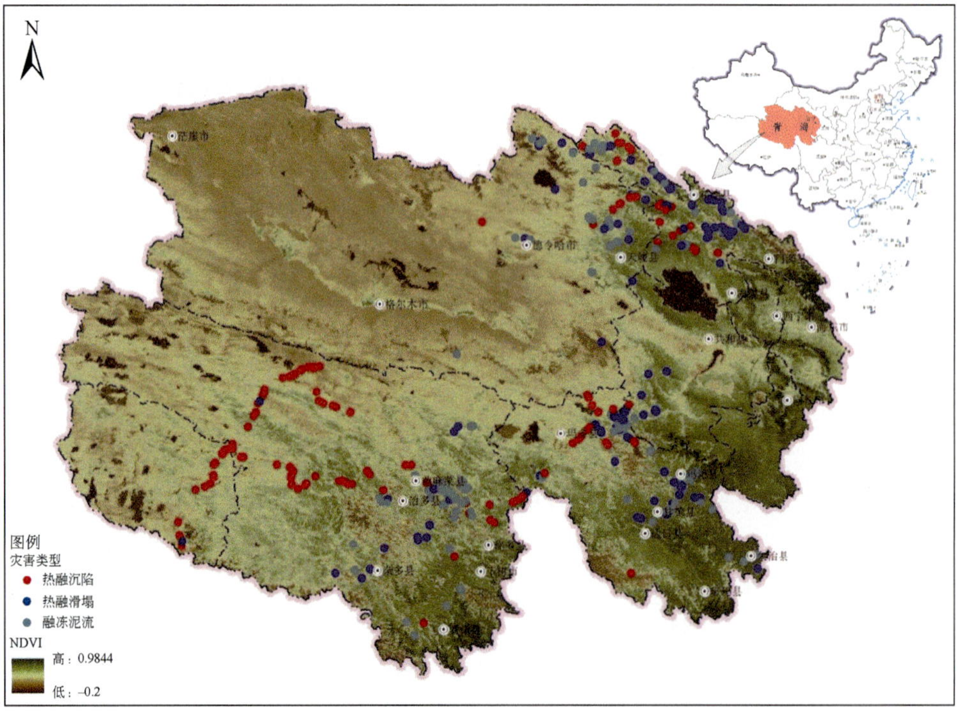

图 1-19　NDVI 植被指数与热融地质灾害分布图

第五节 气象与热融地质灾害

青海省位于内陆，远离海洋，地处青藏高原，属于高原大陆性气候。气候特征是：日照时间长、辐射强；冬季漫长、夏季凉爽；气温日较差大，年较差小；降水量少，地域差异大，东部雨水较多，西部干燥多风，缺氧、寒冷。

近 30 年来，全球正经历着以气候变暖为主要特征的显著变化，青藏高原气候则向暖湿化发展，气候变暖和降水量增加会使地下冰融化，对诱发热融灾害起主导作用（Ballantyne et al. 1990）。

一、气温

全省年平均气温受地形的影响，其总的分布形式是北高南低。各地区年平均气温在-6～9℃之间，东部的黄河、湟水谷地与柴达木盆地为高温区，南部的青南高原和北部的祁连山区为低温区。年平均气温最高中心在境内东部的循化县，达 8.7℃，柴达木盆地中部为次高温区，年平均气温在 5℃以上。青南高原黄河源头的玛多、清水河至唐古拉山五道梁及其以西是年平均气温最低的地区，均在-4℃以下，祁连山区的托勒、野牛沟是次低中心区，年平均气温低于-2℃。祁连山区和青南高原的绝大部分地区年平均气温均在 0℃以下。

据统计 1961～2018 年（图 1-20），青海省年平均气温呈升高趋势，升温率为 0.38℃/10a，比全国气温升温率偏高。从空间分布看（图 1-21），各地区均具有增暖趋势。南部地区气温变化率高于北部地区，其中长江源头及黄河源头地区气温升高变化率较大，祁连山天峻县地区次之。近半个世纪以来，全球持续升温，多年冻土显著退化，这一现状已成为引发热融地质灾害主要的因素之一。

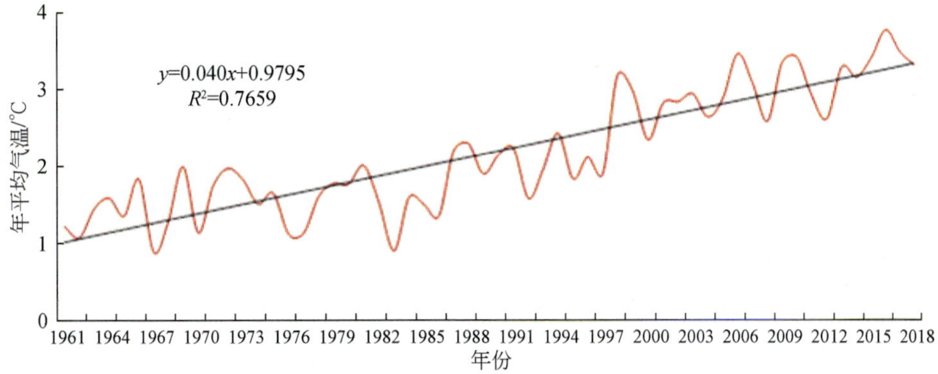

图 1-20 1961～2018 年青海省年平均气温变化趋势图

根据影响对象的不同，热融地质灾害主要分为两类，分别对工程和环境产生影响。在我国青藏高原，随着区域经济社会的发展，青藏高原多年冻土区已建有大量的工程建筑物，如青藏公路、青康公路、新藏公路、共玉高速公路，以及青藏铁路和柴木铁路等；此外，还有青藏直流联网工程、110kV 输变电工程、格拉输油管道工程等。所有这些工程建筑物基本都集中在多年冻土区工程走廊带内。由于受多年冻土退化的影响，这些工程或多或少地都已出现影响工程稳定性的热融灾害。

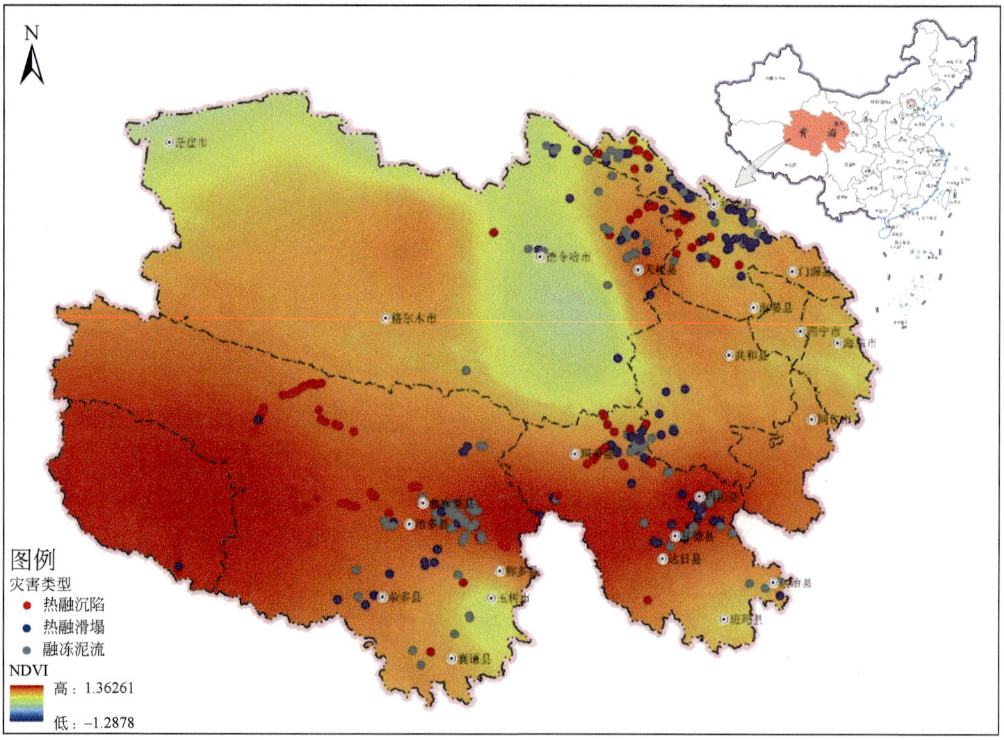

图 1-21 青海省温度变率与热融地质灾害分布图

热融地质灾害的发育基本发育在气温升高变化率大的地段，如长江源头曲麻莱县、治多县及青藏公路沿线等，黄河源头玛多县、甘德县、达日县、玛沁县等地区；祁连山天峻县地区气温升高变化率次之，热融滑塌、融冻泥流、热融沉陷灾害集中围绕天峻县发育。

整体上，多年冻土区热融地质灾害的分布与气温升高变化率大的地区基本对应，这主要是由于气温升高，多年冻土区上部岩土体解冻后其力学强度急剧降低，因此诱发了一系列热融滑塌、融冻泥流等地质灾害。在高原灾害体系中，冻土消融作为重要的致灾因素，有着众多的灾害表现，与其他因素相互影响相互促进，青藏高原冻土消融形成的灾害链主要是：冻土消融—地下水位下降—土地退化灾害链；冻土消融—地下水位下降—湿地退缩灾害链；冻土消融—冻融加剧—威胁工程建设灾害链；冻土消融—冻融加剧—地质灾害链。

二、降水

全省各地多年平均降雨量为 16.2～746.9mm，地区差异大。年降雨量总的分布趋势是由东南向西北逐渐减少，河南县—果洛州大武镇—称多县清水河镇—杂多县一线以南绝大部分地区降雨在 500mm 以上，久治县达 746.9mm，祁连山东段的门源县至互助县间，年降雨量在 500mm 左右；青海湖周边地区的年降雨量一般在 300～400mm；青南高原西部、三江源头一带，年降雨量一般在 400mm 左右；祁连山西段和中段地区，降雨量大多在 200mm

以下；柴达木盆地是年降雨量最少的地区，其中柴达木盆地中西部大部在 50mm 以下，茫崖市冷湖镇只有 16.2mm，柴达木盆地东部年降雨量相对较多，德令哈市等地超过 150mm；黄河、湟水谷地年降雨量一般在 400mm 以下。

据统计 1961～2018 年（图 1-22），青海省年平均降雨量为 371.3mm，呈微弱增加趋势，约 7.9mm/10a。从空间分布来看（图 1-23），各地区降水量变化趋势略有差异，青海省东南部整体降水量增加趋势明显，集中在祁连县、天峻县、曲麻莱县、称多县、班玛县、久治县等。东部农业区及三江源区东部降水量呈减小趋势。

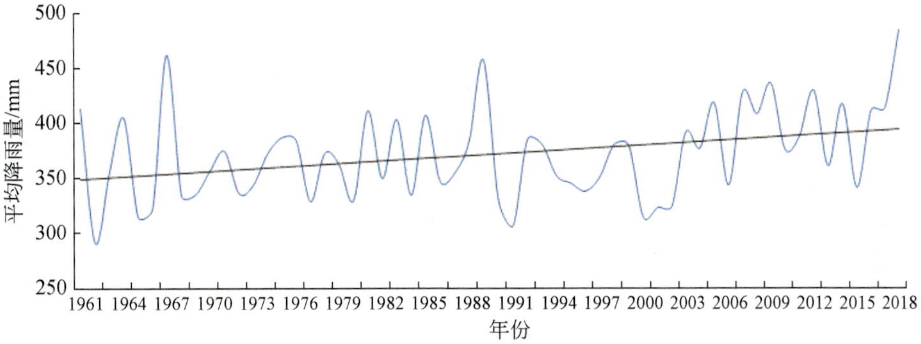

图 1-22　1961～2018 年青海省年平均降水量变化趋势图

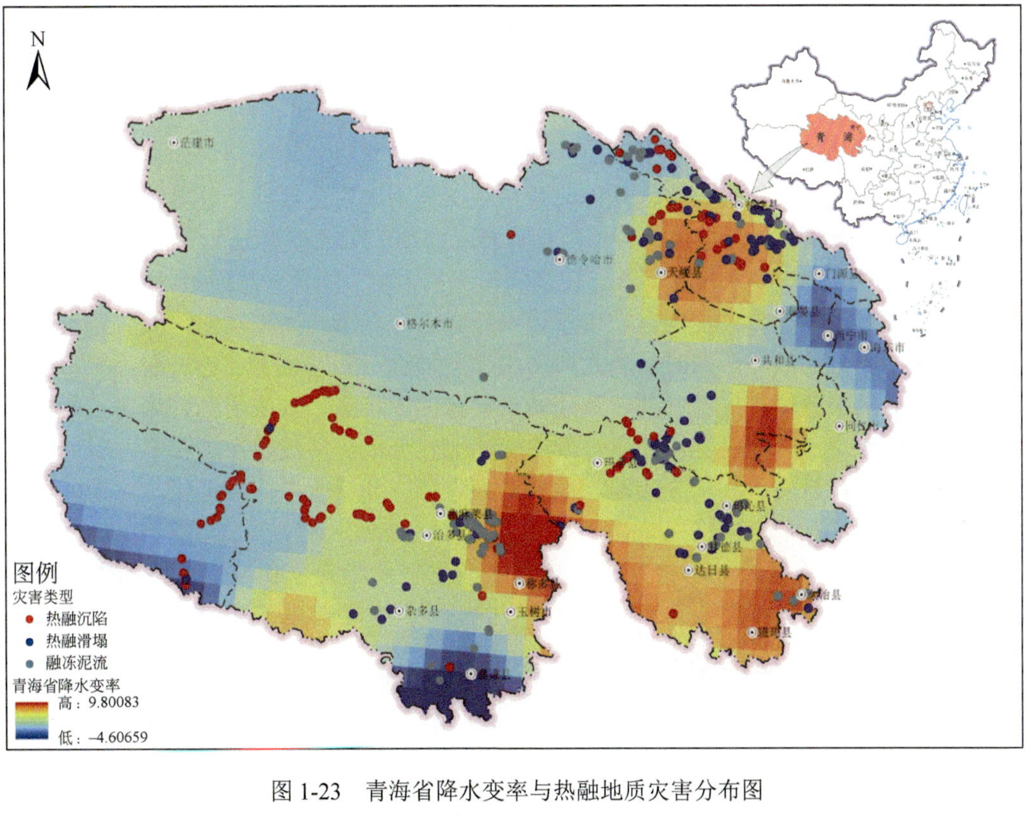

图 1-23　青海省降水变率与热融地质灾害分布图

热融地质灾害的发育与降水变化率基本呈正相关关系。降水变化率高的地区，热融地质灾害易发生。依据青海省降水变化率图与热融地质灾害分布图的对比分析，多年冻土区热融地质灾害的发育基本沿降水增多变化率大的地段，如长江源头曲麻莱县、治多县及青藏公路沿线等，黄河源头玛多县等地区；祁连山地区集中围绕天峻县发育。

综上，气象因素对地质灾害的影响主要表现在两个方面：一方面是气温升高加剧了多年冻土的融化，一定程度上诱发了热融地质灾害的发生；另一方面是降水渗流导致斜坡岩土体重度增加、岩土软化、强度降低、地下水位形成或升高后出现渗透压力或孔隙水压力作用等，最终导致斜坡失稳变形。

第六节　人类工程活动与热融地质灾害

对冻土学最初的研究是由在冻土区开展工程建设引发的工程问题开始的，并逐渐开展了冻土在自然条件下形成过程、演变规律、影响因素等基础性研究。

随着社会经济的发展和西部大开发的不断深入，在青南高原和祁连山地多年冻土分布区的工程活动愈来愈强烈，其影响程度和范围日趋扩大。多年冻土地区主要为高寒草甸、高寒草原、沼泽湿地等高原生态系统，自然环境既原始又脆弱，一旦遭到扰动破坏，其恢复将十分困难，有的破坏甚至是不可逆的。

在人类工程活动中，多年冻土的状态及其变化对青藏高原生态环境演变的走势具有决定作用。在自然状态下，多年冻土和其他生态环境要素虽然对外界轻微扰动具有一定的自身负荷能力，但人类工程活动能够诱发冻土生态环境发生剧烈变化，进而对生态系统稳定性产生深远的影响。

青海省涉及的人类工程活动有道路工程建设、城镇建设、牧民定居建房及放牧等。道路工程建设过程中路基填筑、路堑开挖、排水等工程活动对多年冻土环境造成不同程度的影响：开挖路基破坏了附近坡体的自然坡度、岩层的结构和植被覆盖范围，导致岩石松动，植被蓄水层遭受损坏，降水极易下渗，使多年冻土层消融、退化，从而极易发生地质灾害。随着经济的发展城镇建设过程中，城市规模不断扩大，城市向周围辐射，城市建设对周围的环境造成了一定的破坏，同时伴随人口密集度的增加，还有重工业的发展，城市附近形成了较为明显的小气候，气温升高，致使城市周缘的多年冻土发生消融、退化，引发了一系列的多年冻土现象。牧民定居建房过程中房屋比较分散，多数建在沟谷中，对周围环境造成的影响较弱；过度放牧，导致地表植被遭到破坏，草场资源持续退化，对周围环境及地质灾害的易发具有一定影响。

冻土环境保护质量的好坏将直接影响到区域生态环境安全和当地人民的生产生活质量。人类工程活动对多年冻土区地质环境造成的影响，主要有以下几个方面。

一、人类工程活动对水文地质环境的影响

（一）多年冻土层水文地质特征

多年冻土的上限、发育厚度与所处的海拔高度、纬度、地质条件、岩土介质条件、水

文及水文地质条件、地形和植被等有关。据有关资料（高明等，2015），青藏线沿线多年冻土的厚度一般为10～40m，已探明的最大厚度为128m（唐古拉南坡），暖季形成的融化层深度——即多年冻土的上限，一般在1～3m。寒冷的气候条件和冻土共生出特殊的冻结水环境，从而形成在冻结水条件下的特殊的水文地质区。多年冻土区的地下水分可为冻土层上水、冻土层下水和融区水三种特殊的类型。冻土层上水是高原多年冻土区分布较为广泛的一种地下水类型，它的水位不稳定，相态不固定，埋藏条件也随季节而改变，其含水层厚度受冻土上限的控制，水量大小也随季节而改变。含水层厚度较小，其最大时期一般仅约1m左右。每年地表开始解冻至全年气温最高月份时，融化深度达到最高峰，含水层厚度也最大；随气温变低冻结深度逐渐向下延伸，直至土层完全冻结并与多年冻土衔接起来而结束。

（二）人类工程活动对冻土水文地质环境的影响

多年冻土层在受到人为破坏后可能发生退化，将导致冻结层上水水位下降，从而引发一系列的生态环境问题。人类工程活动对冻结层上水的影响主要表现在过度放牧、乱采砂金等方面。高山草甸是多年冻土区良好的保护层，过度放牧使草甸土结构遭到破坏，保水能力下降。乱采砂金造成地下水水位下降的现象在青南地区较为突出。由于河谷砂砾石层富含砂金，自20世纪80年代起，采金者大量涌入疯狂采金，仅白的口矿区最多时达10万之众。据2002年调查资料，无序采挖造成河谷原始地貌破坏殆尽，冻结层上水完全疏干，区域地下水位平均下降5～6m，民井干枯100多眼，土地湿度下降，周围的草场退化严重。冻结层上水水位埋深的增大，直接造成沼泽湿地萎缩或消失，草场退化，生态环境变差。

冻土融化会引起土壤含水量的改变，进而影响地上植被组成的变化和土壤结构的改变（高明等，2015），由于人类工程活动造成冻结层上水水位下降，是造成沼泽草甸“黑土滩”化的主要因素之一（邵继等，2020）。

二、工程建设引发的不良工程地质现象及其防治措施

（一）工程建设引发的不良工程地质现象

在我国青藏高原，随着区域经济社会的发展，青藏高原多年冻土区已建有大量的工程建筑物，如青藏公路、青康公路、新藏公路、共玉高速公路，以及青藏铁路和柴木铁路等，如：青海省的国道G214线、G227线等都不同程度地存在着多年冻土，G214线鄂拉山至清水河段沿线多年冻土总里程357km，G227线达板山至扁都口段分布有多年冻土31.6km。G214线已建成的沥青路面，部分路段出现热融沉陷、冻胀，路基、路面产生裂缝等病害，其中K318+000—K320+000极为严重；国道G214线及G109线部分路段多年冻土产生融化，上限下移，路基产生不均匀沉陷，最大沉降量达20～40m，另造成涵台开裂，八字墙沉陷，涵洞变形，养护部门难于养护维修，破坏程度严重；此外，还有青藏直流联网工程、110kV输变电工程、格拉输油管道工程等，所有这些工程建筑物基本都集中在多年冻土区工程走廊带内。由于受多年冻土退化的影响，这些工程或多或少地都已出现影响工程稳定性的热融灾害。

多年冻土区工程病害的发生，与多年冻土区的高含冰量多年冻土层融化有关。多年冻土向季节性冻土转化，冻融变化的交替作用将引发泥石流、热融滑塌、滑坡、冰锥等一系列灾害，给寒区工程和生态系统造成破坏。现阶段在多年冻土区进行的较强烈的人类工程活动主要为线状布置的公路和铁路工程建设。工程建设中路基填筑、路堑开挖、排水工程等活动对冻土环境造成不同程度的影响。地温是决定冻土分布的重要因素之一，也是导致冻土退化的主要原因之一。路基填筑可使路基底层温度升高，造成冻土上限降低；路基填筑往往形成人工挡水墙，隔断地表径流，在路基迎水面积水，据调查资料（张森琦等，2003），青藏公路在通天河、五道梁等地段的多年冻土区的山间洼地、地表水排泄不畅的地区，每当融暖冻季节地表开始融化，融化层的土层处于塑性状态，在上部动荷载作用下产生道路翻浆，造成路面起伏不平，车辆通行困难。隔断地表径流造成下游湿地缺水或沼泽萎缩。

多年冻土区的各类工程活动进一步加剧了多年冻土退化的趋势，由此引发的冻融灾害不仅威胁着公路、铁路等线性工程的建设，还导致寒区生态环境恶化，使多年冻土丧失恢复能力，热融滑塌就是最为典型的斜坡冻融灾害。热融滑塌是高含冰量冻土分布的坡面，由于冻土融化而引起上覆土体下滑，滑塌多呈圈椅状，规模多为小型，稳定性差。融冻泥流多发生在小型冲沟沟口，具有一定的汇水面积，使缓坡上的细粒土饱水，饱水土体在受反复的冻融作用结构破坏，沿山坡向下缓慢蠕动。多年冻土区边坡开挖，使土体多沿融化季节滑动形成融冻泥流、热融滑塌。如路堑开挖往往形成人工边坡，使冻土层暴露地表，冻土消融，或切断地下径流，引起热融滑塌、融冻泥流。青藏公路沿线的风火山、九十六道班、唐古拉兵站等一带边坡中热融滑塌、冻融泥流均有发育。路堑开挖引发热融滑塌、融冻泥流是多年冻土区公路边坡的主要病害。塌、融冻泥流是多年冻土区公路边坡的主要病害。另外，工程基础开挖造成冻土上限下移发生融沉问题。一些矿业开发对冻土环境的影响较大，如露天煤矿开采在采坑内形成小气候，使气温、蒸发量等有明显增加，各台阶季融层厚度、季融层含水量的变化及冻土温度等都比自然地有明显变化。

（二）防治冻害、保护和改善冻土—地质环境的措施

多年冻土地区发育有特殊的不良地质现象，如厚层地下冰、热融滑坍、热融沉陷或热融湖（塘）、沼泽化湿地、冰锥、冰丘和爆炸性充水鼓丘、融冻泥流等，如果处理不当，将对工程建设带来大量的工程技术难题。铁（公）路路基的修筑，将引起冻土地基表面的热状况发生变化，使得整个地温场、冻土的上限、活动层的厚度发生变化，从而使路基各部分产生不均匀变形，严重危害工程的安全良好使用。多年冻土区路基填筑应根据路段冻土上限不等，采用片石通风路基或热棒导热，以控制地表温度；或控制路基填土高度，使在公路使用年限内能维持基底多年冻土不下降的最小高度要求。人工开挖边坡时，应对边坡及时进行保温防护，以防止冻土层暴露地表，冻土消融，或切断地下径流，引发热融坍塌、融冻泥流。在工程基础开挖时，应设置保温层，或不扰动冻土，以保持基础冻结低温状态。

在人类工程活动或气候变化条件下多年冻土区冻融过程产生较大的变化。地表植被铲除、铺设工程覆盖物、修筑排水沟等，都会直接引起冻融过程的变化，显著地增大季节冻融深度，导致融化过程的暂时活化或加强融化过程。在其他条件相同的情况下，多年冻土上限处厚层地下冰对冻融过程的暂时活化或加强融化过程起到了至关重要的延缓和调控作

用，因为厚层地下冰融化要消耗大量的潜热，可以延缓冻融深度发展过程。修筑路基后，由于改变了地表条件，引起了地表辐射能量平衡条件的改变，从而也影响了冻融过程和冻土年平均温度的变化（吴青柏等，2002）。

第七节　本 章 小 结

气候、水文、地质和冻土环境背景是地质灾害的孕育环境，对多年冻土区热融地质灾害具有控制作用，本章通过对青海省热融地质灾害赋存环境及诱发条件分析得出以下结论。

（1）多年冻土区热融地质灾害的形成和诱发因素包括多年冻土自身性质、地形地貌、水文、植被、气候因素和人类工程活动因素等，其中多年冻土自身性、地形地貌、水文、植被是赋存环境，是内因，从根本上控制了热融地质灾害的空间发育程度和分布范围、方向、规模等；气候因素、人类工程活动等是热融地质灾害诱发条件。

（2）高温高含冰冻土热融地质灾害发育程度较高。冻土地温分布与地质灾害的关系比较密切，灾害体总体分布上呈现，高温冻土地段热融地质灾害较为发育，低温冻土地段灾害发育程度相对较低。

（3）青海省多年冻土区是由高原山系、河谷、盆地及各级水系相间组成的高原地貌群，与冻土发育密切相关典型的冰缘作用只出现在多年冻土区，由于青海省多年冻土范围大且分布较广，加上冰缘环境中特有的冻胀融化作用和一些跨气候带的重力、流水和风力等作用，组合成寒冻风化重力作用、雪蚀作用、热融作用、冻融蠕流、冻胀作用、冻融作用、冰缘流水作用和冰缘风力作用等，使冰缘地貌的类型丰富多彩，目前世界上已知的50余种中青海省大约有30～40种。青海省冰缘地貌的分布也有其地带性和区域特征，主要有寒冻剥蚀与重力作用造成的冰缘地貌、冻胀作用造成的冰缘地貌以及冻融作用造成的冰缘地貌。不同的冰缘对山体及高原面进行着雕刻与改造，造成了许多奇特的冰缘地貌景观。

（4）青海省多年冻土区前第四纪地层发育齐全，从下元古代到新近纪皆有出露，仅缺失上志留统。第四纪地层在青海省境内分布极为广泛，皆为陆相，除早更新世沉积部分固结半成岩外，其余皆为松散沉积物，成因类型比较复杂，有冲积、洪积、风积、湖积、化学沉积、沼泽沉积、冰碛、冰水沉积等，以柴达木、共和盆地，青海湖、哈拉湖周边，黄河、湟水流域，青南高原等地分布最广。全省发育有自早古生代以来各时期侵入岩，主要分布在昆仑山系及祁连山系，其他地区零星分布，多以岩枝、岩株形式产出，其中以中生代期岩浆活动最为强烈，分布广泛。

（5）河流、湖泊等水系较为发育的地方易形成融区，往往伴生热融地质灾害的发生。

（6）植被覆盖程度与热融地质灾害分布有一定的关联性，但植被不是决定地质灾害发育的根本原因。

（7）气象因素及其变化对热融地质灾害的诱发有着重要影响，最直接的影响因素就是气温和降水变化。热融地质灾害的基本发生在气温变率、降水变率大的地区。

（8）随着社会经济的发展和西部大开发的不断深入，在青南高原和祁连山地多年冻土分布区的工程活动愈来愈强烈，其影响程度和范围日趋扩大，多年冻土层在受到人为破坏后可能发生退化，将导致冻结层上水水位下降，从而引发一系列的生态环境问题。比如工程建设引发的不良工程地质现象以及多年冻土区工程病害的发生。在人类工程活动或气候变化条件下多年冻土区冻融过程也会产生较大的变化。

目前，关于热融地质灾害还未解决或者存在的问题主要涉及到两方面，一方面是有关产生热融地质灾害的多年冻土的认识问题，另一方面是热融地质灾害的环境影响问题。

显著退化的高温高含冰量多年冻土，是热融地质灾害最主要的诱因。在多年冻土区开展工程活动的时候，如果可以避开显著退化的高温高含冰量多年冻土，无疑能够大幅减少热融地质灾害对工程活动的威胁。但由于多年冻土形成于地表之下，从地表以上很难准确判断多年冻土的状态。因此，通过各种手段，获知多年冻土的地温和含冰量状况，是多年冻土研究中极为重要的领域，对于多年冻土区经济社会发展具有极大的现实意义。从目前的研究进展来看，各种研究方法所获取的多年冻土的地温和含冰量状况结果不尽相同，且准确性参差不齐，还有相当长的路需要走。

此外，关于热融地质灾害的环境影响问题，由于研究时间还不长，仍然有大量的未知领域需要探索。青藏高原多年冻土区自 1980 年以来显著升温，多年冻土也持续升温数十年，并于近十年左右达到相对的临界状态，使得各种热融地质灾害持续增加。以可可西里卓乃湖东岸一处约 20km^2 的区域为例，该区域内典型的热融地质灾害—热融滑塌的数量，在 2010 年以后显著增加。这一情况一方面说明热融地质灾害的环境影响无疑在迅速增加，另一方面说明对以热融滑塌为代表的热融地质灾害的环境影响的研究时间还不长，还有非常多的未知领域需要去认识、去探索。

对热融灾害对生态环境的影响展开研究，是对这个相对年轻的研究领域的积极探索，一方面以此评估热融灾害对生态环境影响的程度，为青海省冻土灾害综合评价指标和评价方法的建立提供依据和参考，另一方面则通过该研究来展示气候变暖情况下，多年冻土退化的严峻性和危害性。对青海省多年冻土基本性质的研究，属于对多年冻土这一热融地质灾害基础背景的深入挖掘。只有准确掌握青海省多年冻土地温带分布、活动层厚度分布变化、地下冰含量分布图、冻土热融灾害敏感性分区，才能更好地保护自然生态系统和冰缘地质环境、更合理高效地建设青藏高原，形成可持续发展的良好局面。这不仅对冻土区已有工程和将来的建设规划以及冻土灾害防治具有指导意义，也为研究多年冻土退化与全球气候变化的相互影响贡献科学经验，同时还为地方政府制定保护生态环境和人民生命财产安全的相关政策提供决策依据。

第二章　热融地质灾害发育特征

第一节　热融地质灾害类型及分布

一、热融地质灾害类型

青海省内热融地质灾害类型主要分热融滑塌、融冻泥流、热融沉陷 3 类，根据已有数据统计热融灾害点有 529 处。其中，热融滑塌灾害 144 处，占灾害总点数 27%；融冻泥流灾害 239 处，占灾害总点数 45%；热融沉陷灾害 146 处，占灾害总点数 28%（表 2-1）。从各热融灾害所占的比重分析，青海省境内主要发育热融地质类型为融冻泥流。

表 2-1　地质灾害类型统计表

片区	热融滑塌/处	融冻泥流/处	热融沉陷/处
祁连山区域	68	64	33
黄河源、柴达木南缘区域	61	74	17
长江源、澜沧江区域	15	101	96
合计	144	239	146

二、热融地质灾害的分布特征

（一）热融地质灾害的区域分布特征

青海省热融地质灾害主要分布在祁连山、黄河源、柴达木南缘、长江源、澜沧江等区域内，其他区域热融灾害发育较少。热融滑塌多发育在祁连山片区及黄河源、柴达木南缘，长江源、澜沧江区域发育较少；热融泥流分布较为均匀；热融沉陷主要分布在长江源、澜沧江区域。

1. 祁连山区域

祁连山片区共发育热融灾害 165 处，其中热融滑塌 68 处，占灾害总点数 41%；64 处融冻泥流，占灾害总点数 39%；热融沉陷 33 处，占灾害总点数 20%（图 2-1、表 2-2）。68 处热融滑塌中巨型 5 处，中型 30 处，小型 33 处；64 处融冻泥流中巨型 1 处，大型 1 处，中型 36 处，小型 26 处；33 处热融沉陷中巨型 1 处，大型 6 处，中型 18 处，小型 8 处。

表 2-2 祁连山片区热融灾害类型统计表

灾害类型/处	巨型 ≥$20\times10^4m^3$	大型 10×10^4～$20\times10^4m^3$	中型 1×10^4～$10\times10^4m^3$	小型 <$1\times10^4m^3$
热融滑塌	5	0	30	33
融冻泥流	1	1	36	26
灾害类型/处	巨型 ≥$10\times10^4m^2$	大型 1×10^4～$10\times10^4m^2$	中型 0.1×10^4～$1\times10^4m^2$	小型 <$0.1\times10^4m^2$
热融沉陷	1	6	18	8

2. 黄河源、柴达木南缘区域

黄河源、柴达木柴南缘区域共发育热融灾害 152 处，其中热融滑塌 61 处，占灾害总点数 40%；74 处融冻泥流，占灾害总点数 48%；热融沉陷 17 处，占灾害总点数 11%（表 2-3）。黄河源、柴达木南缘区域 61 处热融滑塌中巨型 3 处，大型 14 处，中型 10 处，小型 34 处；74 处融冻泥流中巨型 10 处，大型 35 处，中型 12 处，小型 17 处；17 处热融沉陷中大型 14 处，中型 1 处，小型 2 处。

表 2-3 黄河源、柴达木南缘区域热融灾害类型统计表

灾害类型/处	巨型 ≥$20\times10^4m^3$	大型 10×10^4～$20\times10^4m^3$	中型 1×10^4～$10\times10^4m^3$	小型 <$1\times10^4m^3$
热融滑塌	3	14	10	34
融冻泥流	10	35	12	17
灾害类型/处	巨型 ≥$10\times10^4m^2$	大型 1×10^4～$10\times10^4m^2$	中型 0.1×10^4～$1\times10^4m^2$	小型 <$0.1\times10^4m^2$
热融沉陷	0	14	1	2

3. 长江源、澜沧江源区域

长江源、澜沧江源区域共发育热融灾害 212 处，其中热融滑塌 15 处，占灾害总点数 8%；101 处融冻泥流，占灾害总点数 47%；热融沉陷 96 处，占灾害总点数 45%（表 2-4）。长江源澜沧江区域 15 处热融滑塌中巨型 2 处，中型 5 处，小型 8 处；101 处融冻泥流中巨型 8 处，大型 17 处，中型 67 处，小型 9 处；96 处热融沉陷中巨型 6 处，大型 27 处，中型 37 处，小型 26 处。

表 2-4 长江源、澜沧江源区域热融灾害类型统计表

灾害类型/处	巨型≥$20\times10^4m^3$	大型 10×10^4～ $20\times10^4m^3$	中型 1×10^4～ $10\times10^4m^3$	小型<$1\times10^4m^3$
热融滑塌	2	0	5	8
融冻泥流	8	17	67	9
灾害类型/处	巨型≥$10\times10^4m^2$	大型 1×10^4～$10\times10^4m^2$	中型 0.1×10^4～ $1\times10^4m^2$	小型<$0.1\times10^4m^2$
热融沉陷	6	27	37	26

（二）热融地质灾害的流域分布特征

青海省境内热融地质灾害多发育在海拔 3600m 以上的多年冻土分布区，多沿中高山区的阴坡分布，易发育在坡体前缘地带。各个流域内的分布情况分述如下（表 2-5）。

表 2-5　热融灾害统计表

流域名称	流域面积/（10^4km^2）	冻土面积/（10^4km^2）	热融滑塌	融冻泥流	热融沉陷
大通河流域	1.28	0.5	24	8	11
大小柴旦湖流域	3.97	2.0	2	6	1
哈拉湖流域	0.65	0.6	1	0	0
青海湖流域	2.69	1.25	7	27	12
疏勒河-黑河流域	1.87	1.59	36	21	9
黄河源头流域	4.2	2.71	51	66	10
柴南缘内陆河流域	6.05	2.26	10	8	7
长江源头流域	15.66	14.4	12	96	95
澜沧江源头流域	3.71	1.65	4	4	1
合计	40.08	26.96	147	236	146

1. 大通河流域

流域内共发育热融地质灾害 43 处（见图 2-1），其中融冻泥流 8 处，热融滑塌 24 处，热融沉陷 11 处。主要分布于门源县 G227 国道八道班附近，祁连县默勒北部罗日干沟、百户寺、煤矿沟以西、吉隆沟、茶木铁路段一带，刚察县江仓一带，天峻县木里一带等。

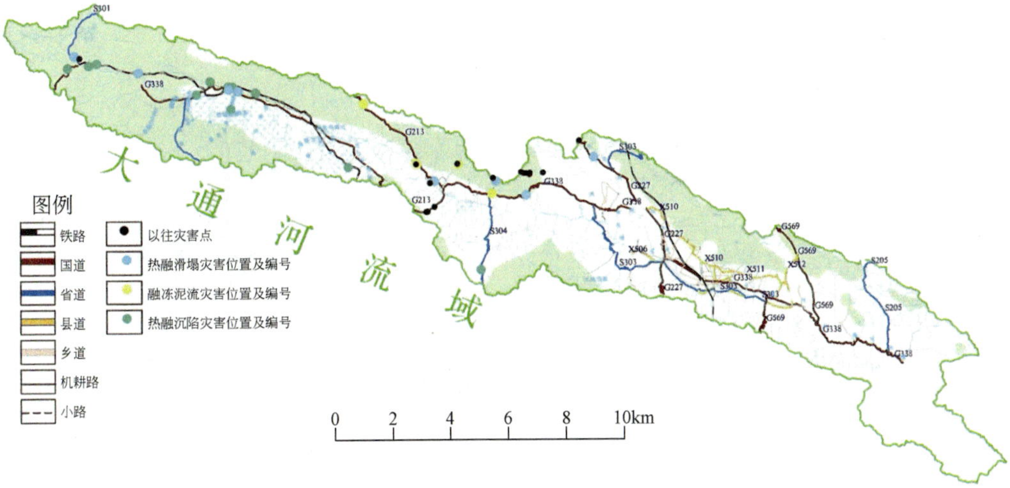

图 2-1　大通河流域热融地质灾害点分布图

2. 疏勒河-黑河流域

流域内共发育热融地质灾害 66 处（见图 2-2），其中融冻泥流 21 处，热融滑塌 36 处，热融沉陷 9 处。主要分布于祁连县 G227 国道峨堡一道班至二道班段南侧，S302 省道峨堡大队至黄草沟段北部，八宝镇青羊沟中游，G213 国道冰沟大圈沟处及鹿场至边麻沟段，S301 省道柯柯里乡达玉村处，S301 省道 41 道班至央隆乡二大队段，央隆乡 X547 县道瓦乌斯沟段，天峻县 S211 省道宁掌沟至苏里乡段，苏里乡扎尔马河中上游一带。

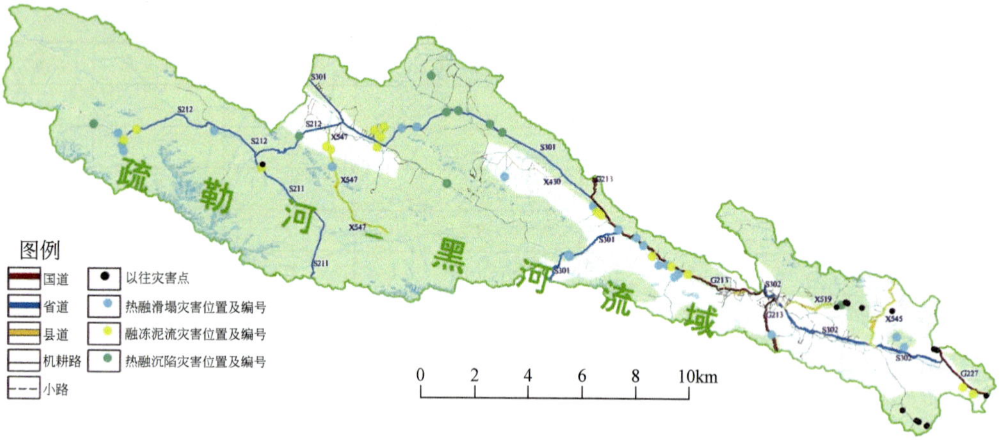

图 2-2　疏勒河—黑河流域热融地质灾害点分布图

3. 青海湖流域

流域内共发育热融地质灾害 36 处（见图 2-3），其中融冻泥流 17 处，热融滑塌 7 处，

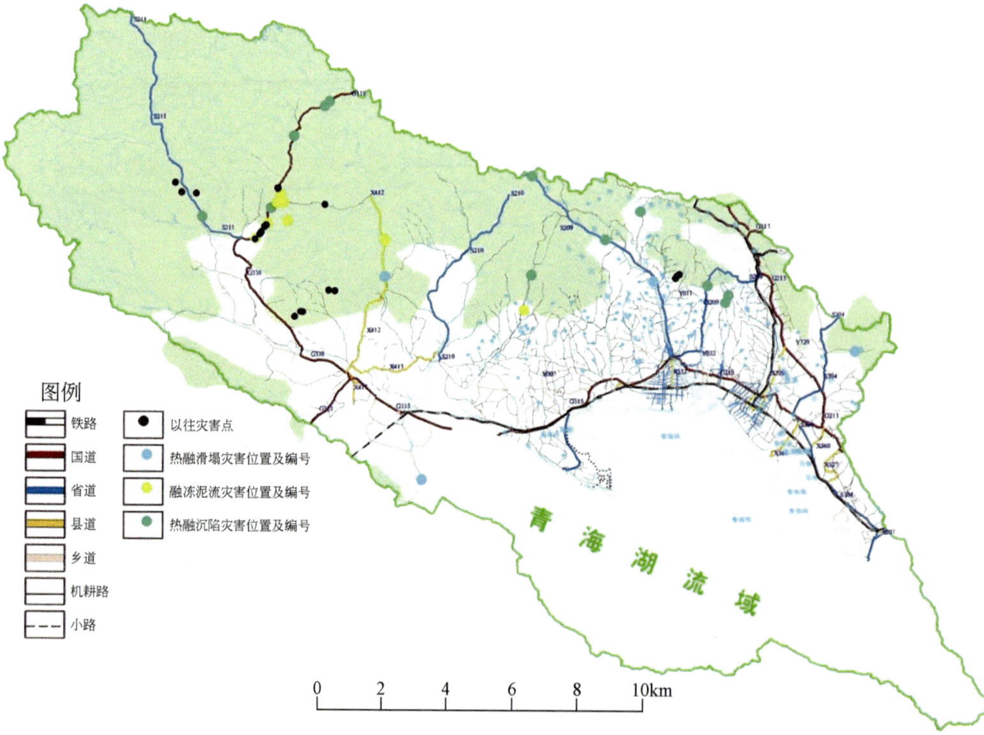

图 2-3　青海湖流域热融地质灾害点分布图

热融沉陷 12 处。多分布于刚察县及天峻县县域内，海晏县县域内多年冻土分布面积较小，灾害点较少，只在甘子河乡高纳尼哈村道附近发育一处热融滑塌灾害；刚察县县域内主要分布于哈尔盖镇果洛藏休麻村查乎日玛地区、S209 省道夏拉沟上游及乌兰曲刚察小寺至蒙格、吉尔孟曲中上游等地区的道路附近及牧场内；天峻县县域内主要分布于智合玛乡夏日哈曲中游 X412 县道、G338 国道杨康至木里段、S211 省道茶鄂里段等的沿线附近。

4. 大小柴旦湖流域

流域内共发育热融地质灾害 9 处（见图 2-4），其中融冻泥流 2 处，热融滑塌 6 处，热融沉陷 1 处。主要分布于乌兰县和天峻县县域、德令哈市域内，大柴旦由于地表多为风积砂土，富水性差，热融灾害相对较少。乌兰县县域内主要分布于铜普镇茶汗河中上游，天峻县县域内主要分布于生格乡休格隆一带，德令哈市域内主要分布于蓄积乡盖尔艾滚下游、柏树山、怀头他拉以北高给哈拉等一带。

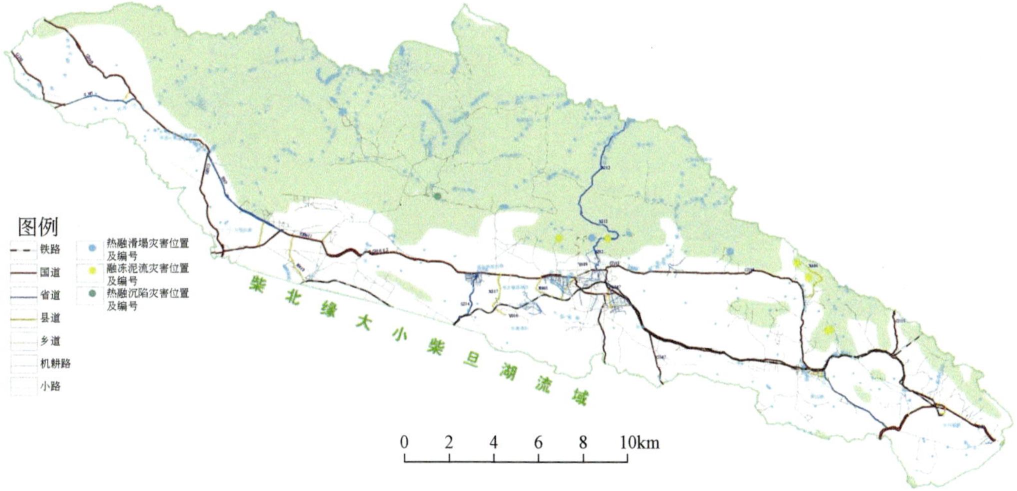

图 2-4　大小柴旦湖流域热融地质灾害点分布图

5. 哈拉湖流域

根据以往资料流域内部发育热融地质灾害 1 处，为热融滑塌，分布于那木其诺尔。

6. 黄河源头流域

黄河源头流域内共发育热融地质灾害 127 处（见图 2-5），其中融冻泥流 66 处，热融滑塌 51 处，热融沉陷 10 处。主要分布在苦海滩周边各沟、拉加全大武段支沟；部分灾害点分布在国道 G0615 大武镇至玛多县沿线，国道 G214 巴彦克拉山至花石峡沿线；个别发育在大武至甘德沿线。

7. 柴南缘内陆河流域

柴南缘流域冻土多为岛状多年冻土，该路段多年冻土热融地质灾害主要类型为热融地质灾害、热融泥流。共有灾害点 25 处（见图 2-6），其中融冻泥流 8 处，热融滑塌 10 处，热融沉陷 7 处。灾害点主要分布在都兰县境内，花石峡至都兰公路沿线。

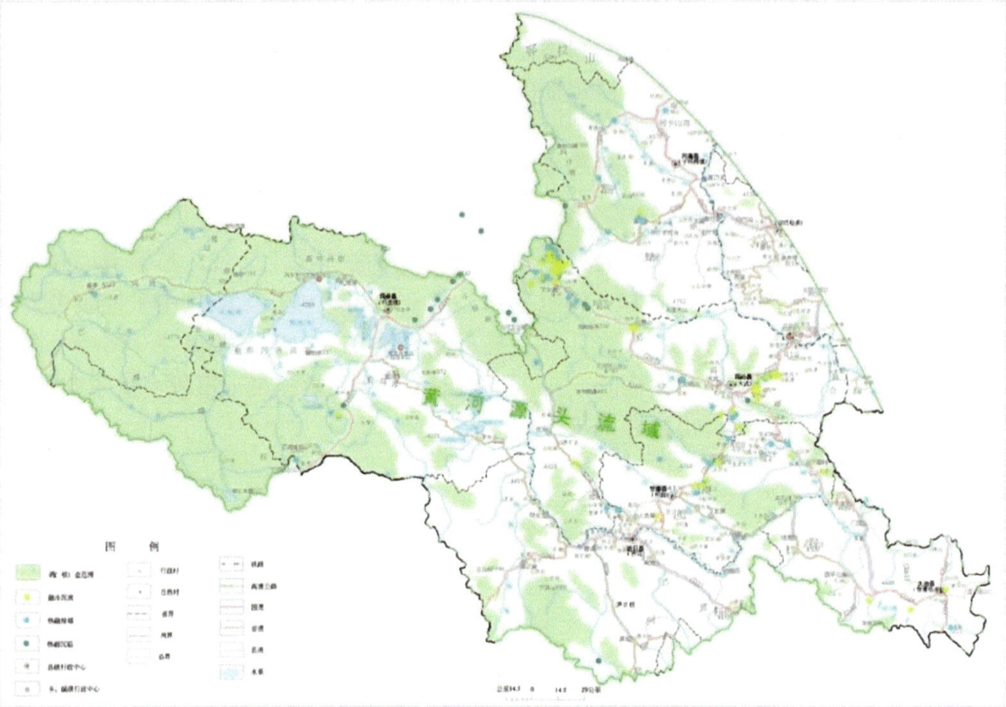

图 2-5　黄河源热融地质灾害点分布图

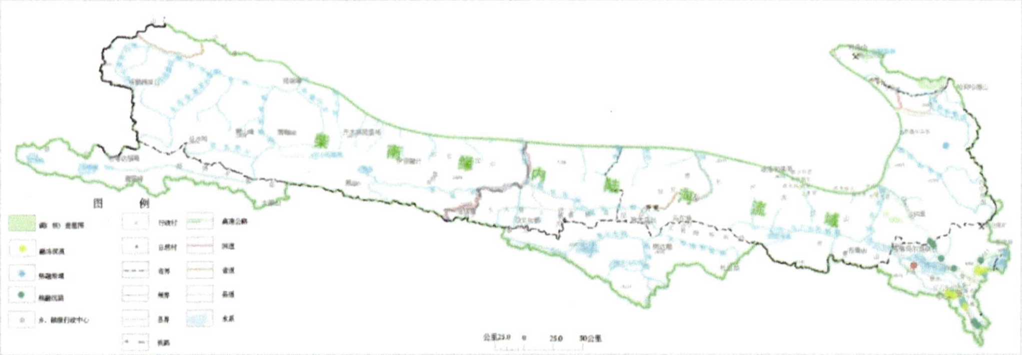

图 2-6　柴南缘热融地质灾害点分布图

8. 长江源头流域

流域内共发育热融地质灾害 204 处（图 2-7），其中融冻泥流 96 处，热融滑塌 12 处，热融沉陷 95 处。融冻泥流主要集中分布在 S308 省道巴干乡—曲麻莱县道路北侧及治多县多彩乡；热融沉陷主要分布在 G109 国道青藏铁路沿线，S313 省道唐古拉山镇—索加乡、索加乡—治多县段道路两侧，G215 国道曲麻莱县—不冻泉段道路两侧，G214 巴颜喀拉山—清水河段道路两侧；热融滑塌零星分布在 G109 国道青藏铁路沿线，G215 国道治多—玉树段道路两侧及 S308 省道巴干乡—曲麻莱县道路一带。

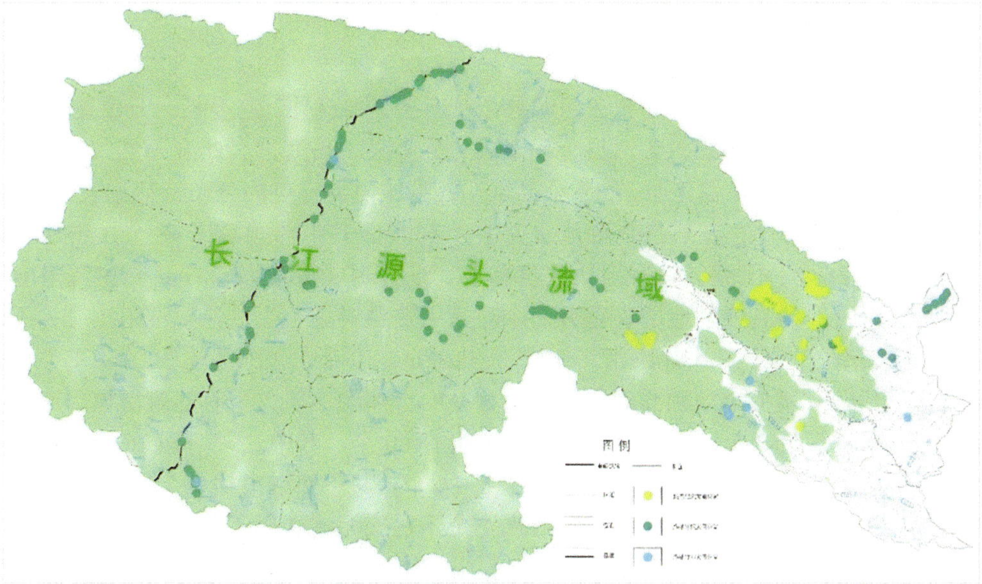

图 2-7　长江源头流域热融地质灾害分布图

9. 澜沧江源头流域

流域内共发育热融地质灾害 9 处（图 2-8），其中融冻泥流 4 处，热融滑塌 4 处，热融沉陷 1 处。均零星分布于 G345 国道杂多县城—查旦乡、莫云乡—扎青乡县道、S224 省道、S315 省道杂多县—囊谦县、G214 国道玉树—囊谦道路两侧。

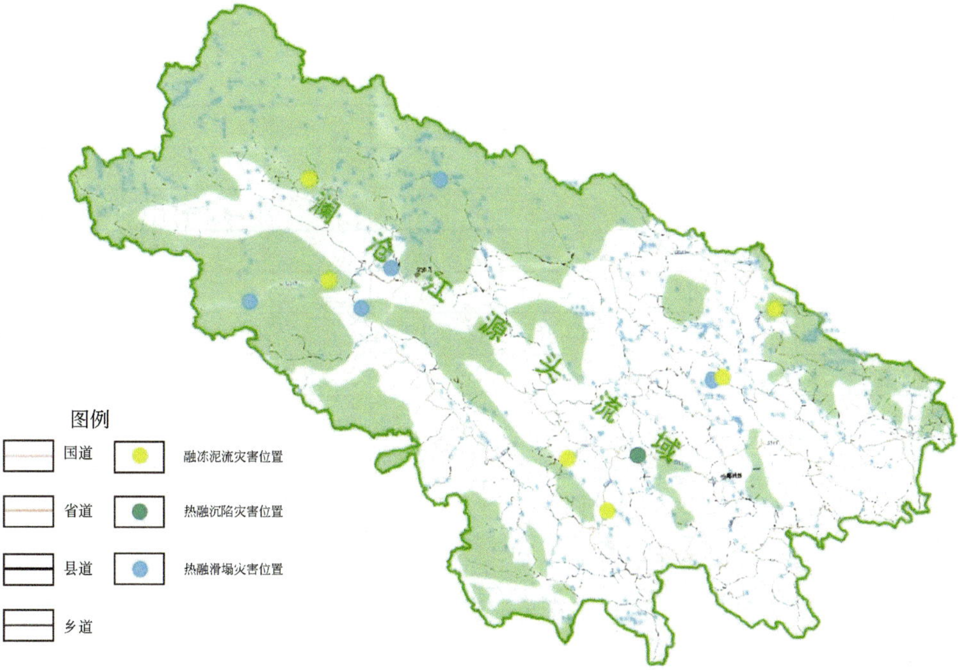

图 2-8　澜沧江源头流域热融地质灾害分布图

（三）热融地质灾害的县域分布特征

青海省热融地质灾害主要分布在门源县、祁连县、刚察县、海晏县、天峻县、乌兰县、德令哈市、玛沁县、甘德县、久治县、玛多县、称多县、兴海县、曲麻莱县、都兰县、玉树县、治多县、杂多县、囊谦县等 19 个县域，各县域内灾害点的分布特征见表 2-6。门源县仅分布热融滑塌 1 个；祁连县热融地质灾害有 86 个，其中热融滑塌 48 个，热融沉陷 12 个，融冻泥流 26 个；刚察县热融地质灾害有 17 个，其中热融滑塌 3 个，热融沉陷 10 个，融冻泥流 4 个；海晏县热融地质灾害有 2 个，其中热融滑塌 1 个，热融沉陷 1 个；天峻县热融地质灾害有 51 个，其中热融滑塌 12 个，热融沉陷 9 个，融冻泥流 30 个；乌兰县热融地质灾害有热融滑塌 1 个，融冻泥流 2 个；德令哈市热融地质灾害有热融滑塌 2 个，热融沉陷 1 个，融冻泥流 2 个；玛沁县热融地质灾害有 60 个，其中热融滑塌 26 个，热融沉陷 2 个，融冻泥流 32 个；甘德县热融地质灾害有 14 个，其中热融滑塌 7 个，融冻泥流 7 个；久治县热融地质灾害有 4 个，其中热融滑塌 1 个，融冻泥流 3 个；玛多县热融地质灾害有 58 个，其中热融滑塌 15 个，热融沉陷 12 个，融冻泥流 31 个；称多县热融地质灾害有 24 个，其中热融沉陷 8 个，融冻泥流 16 个；兴海县热融地质灾害有 11 个，其中热融滑塌 8 个，热融沉陷 2 个，融冻泥流 1 个；曲麻莱县热融地质灾害有 100 个，其中热融滑塌 4 个，热融沉陷 28 个，融冻泥流 68 个；都兰县热融地质灾害有 4 个，其中热融滑塌 3 个，热融沉陷 1 个；玉树县热融地质灾害有 8 个，其中热融滑塌 3 个，热融沉陷 1 个，融冻泥流 4 个；治多县热融地质灾害有 52 个，其中热融滑塌 4 个，热融沉陷 39 个，融冻泥流 9 个；杂多县热融地质灾害有 6 个，其中热融滑塌 4 个，融冻泥流 2 个；囊谦县热融地质灾害有 3 个，其中热融沉陷 1 个，融冻泥流 2 个。

表 2-6　县域热融灾害统计表

县域名称	合计/个	热融滑塌/个	融冻泥流/个	热融沉陷/个
门源县	1	1	0	0
祁连县	86	48	26	12
海晏县	2	1	0	1
刚察县	17	3	4	10
天峻县	51	12	30	9
乌兰县	3	1	2	0
德令哈市	5	2	2	1
玛沁县	60	26	32	2
甘德县	14	7	7	0
久治县	4	1	3	0
玛多县	58	15	31	12
兴海县	11	8	1	2
曲麻莱县	100	4	68	28
都兰县	4	3	0	1

续表

县域名称	合计/个	热融滑塌/个	融冻泥流/个	热融沉陷/个
格尔木市	20	1	0	19
玉树县	8	3	4	1
治多县	52	4	9	39
称多县	24	0	16	8
杂多县	6	4	2	0
囊谦县	3	0	2	1
合计	529	144	239	146

第二节 热融地质灾害的发育规律

青海省境内共发育 529 处热融灾害，其中热融滑塌灾害 144 处，融冻泥流灾害 239 处，热融沉陷灾害 146 处。根据其发育特征及规律，本节以不同区域为单元，对灾害特征及发育规律进行分述。

一、灾害特征及发育规律

（一）祁连山区域

1. 海拔高度与纬度

祁连山区域多年冻土位于高纬度多年冻土南界以南，是世界上中、低纬度地带面积最大的多年冻土区，为高海拔冻土，其分布显著地受到海拔与纬度的控制。祁连山片区热融地质灾害主要分布在海拔 3600m 之上，相对高差最大可达 360m，最低高差仅为 0m。海拔小于 3600m 高程范围内有 39 个灾害点，占本次灾害点总数的 26%；3600～3800m 的高程范围内有 65 个灾害点，占本次灾害点总数的 43%；3800～4000m 范围内有 34 个灾害点，占总数的 22%；4000～4200m 范围内有 12 个灾害点，占总数 8%；高于 4400m 的灾害点有 2 个，占总数的 1%（见图 2-9）。

2. 地形地貌

祁连山区域地形显著地影响了地质体与外界的热交换条件，不同的地形地貌影响着地下水过程、地表热辐射量、局地气候等因素，造成多年冻土分布格局的改变。其地貌单元属冰缘-流水作用下的侵蚀高山，地势高差较大起伏不平，在冻融作用下形成冻融地貌，发育位置主要在支沟或汇水域的中部及其上部。通过统计分析得出热融灾害发育位置阴坡远多于阳坡。坡向主要发育在 60°～270°的范围之内，总体坡向向北倾斜，极个别的灾害点坡向向南倾斜。

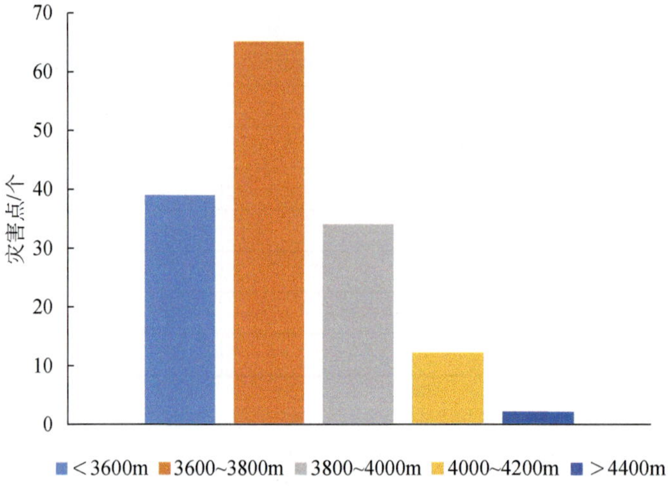

图 2-9 不同海拔灾害点个数柱状图

根据灾害点统计分析，祁连山区域坡度小于 12°的灾害个数为 40 个，占总数的 28%。在坡度 12°～15°范围内的灾害点有 38 个，占总数的 26%；坡度在 15°～20°之间的有 11 个，占总数的 8%；坡度在 20°～25°之间的灾害点有 21 个，占总数的 14%；坡度大于 25°的灾害个数仅为 34 个，占总数的 24%。

祁连山区域热融地质灾害发育坡度集中在坡度小于 12°及 12°～25°的缓坡之上，总体坡度较小（图 2-10）。

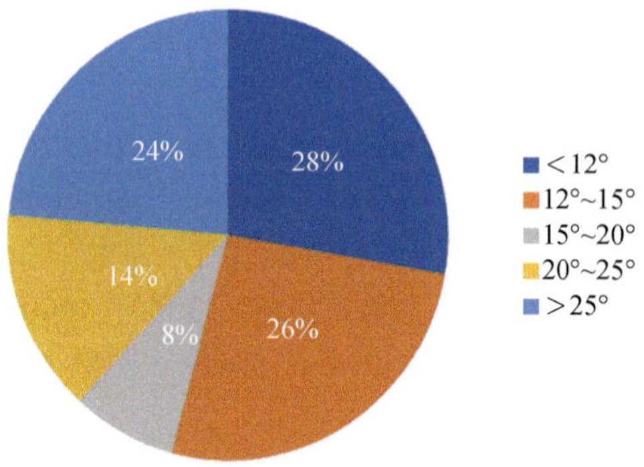

图 2-10 坡度占比图

（二）黄河源流域

1. 海拔高度与纬度

黄河源流域高原多年冻土位于高纬度多年冻土南界以南，是世界上中、低纬度地带面积最大的多年冻土区，为高海拔冻土，其分布显著地受到海拔与纬度的控制。据统计，黄河源流域热融地质灾害主要分布在海拔 4000m 之上，相对高差最大可达 200 多米，最低高差仅为 4m。最低海拔在 4000～4200m 的高程范围内有 38 个灾害点，最低海拔高程在 4200～

4400m 范围内有 35 个灾害点，最低海拔高于 4400m 的灾害点有 10 个（图 2-11）。

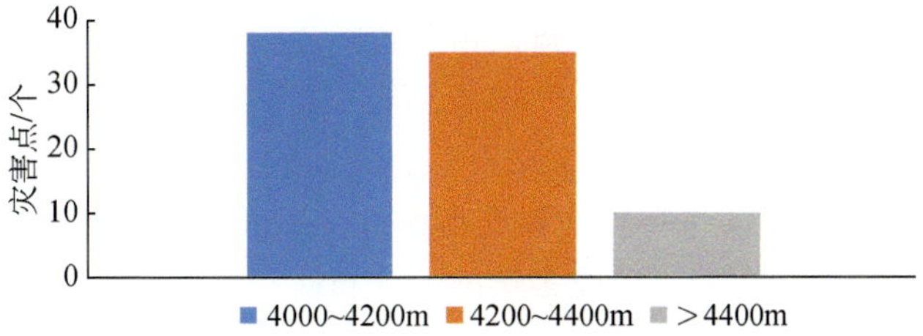

图 2-11　不同海拔灾害个数柱状图

2. 地形地貌

地形显著地影响了地质体与外界的热交换条件，不同的地形地貌影响着地下水过程、地表热辐射量、局地气候等因素，造成多年冻土分布格局的改变。在冰缘-流水作用下的侵蚀高山，地势高差较大起伏不平，在冻融作用下形成冻融地貌，发育位置主要在支沟或汇水域的中部及其上部。通过统计分析得出冻土灾害发育位置阴坡远多于阳坡。坡向主要发育在 60°～270°的范围之内，总体坡向向北倾斜，极个别的灾害点坡向向南倾斜。

黄河源流域坡度小于 12°的灾害个数为 46 个，占总数的 36%。在坡度 12°～15°范围内的灾害点有 10 个，占总数的 8%；坡度在 16°～19°之间的有 35 个，占总数的 27%；坡度在 20°～24°之间的灾害点有 36 个，占总数的 28%；坡度大于 25°的灾害个数仅为 1 个，总体坡度较小（图 2-12）。其中，果洛地区热融地质灾害发育坡度集中在坡度小于 12°及 16°～24°的缓坡之上。

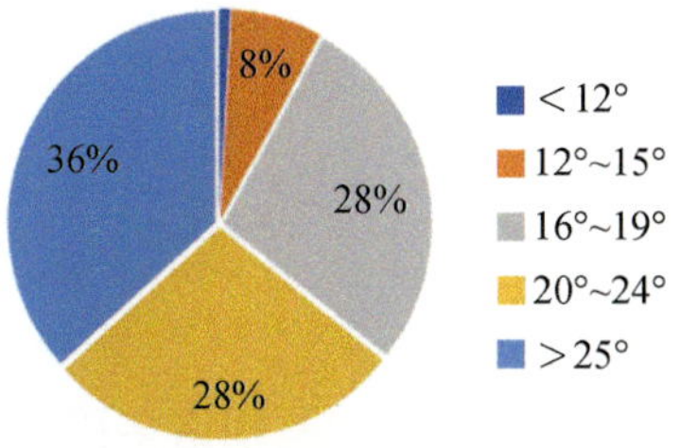

图 2-12　坡度占比图

（三）柴南缘流域

1. 海拔高度与纬度

格尔木多年冻土的北界位于昆仑山北坡，冻土主要分布于那陵郭勒河上游两侧山区以及昆仑河上游谷地及两侧山区，格尔木市冻土下限分布海拔高程约在 4200～4500m。其中，在人类工程活动较频繁的 G109 及青藏公路沿线冻土北界位于西大滩谷地 60 道班西约 3km 处，多年冻土分布海拔高程约为 4350m 及以上区域，季节性融深 1～3.5m。都兰县境内多年冻土区主要分布于卡可特尔河上游支流敖洼得沟两岸及东曲右岸台地、冰水洪积平原区、阿拉克湖湖滨地带为多年冻土分布区，为岛状冻土多年冻土下界高程 4200m（阳坡 4250m），上界高程 4580m，多年冻土的季节冻融深度 0.62～2.6m，冻土下限 15～20m。最低海拔高程在 4200～4400m 范围内有 12 个灾害点，占总数的 50%；最低海拔高于 4400m 的灾害点有 10 个，占总数的 42%。

2. 地形地貌

地形显著地影响了地质体与外界的热交换条件，不同的地形地貌影响着地下水过程、地表热辐射量、局地气候等因素，造成多年冻土分布格局的改变。其地貌单元属冰缘-流水作用下的侵蚀高山，地势高差较大起伏不平，在冻融作用下形成冻融地貌，发育位置主要在支沟或汇水域的中部及其上部。通过统计分析得出热融灾害发育位置阴坡远多于阳坡。坡向主要发育在 300°～60°的范围之内，总体坡向向北倾斜。

根据灾害点统计分析，坡度小于 12°范围内的灾害点有 4 个，占总数的 17%；坡度在 12°～19°之间的有 4 个，占总数的 16%；坡度在 20°～24°之间的灾害点有 16 个，占总数的 67%（图 2-13）。柴南缘流域地质灾害发育坡度较多的是在 16°～24°的缓坡之上，总体坡度较小，热融地质灾害的发育跟陡坡关系不大。

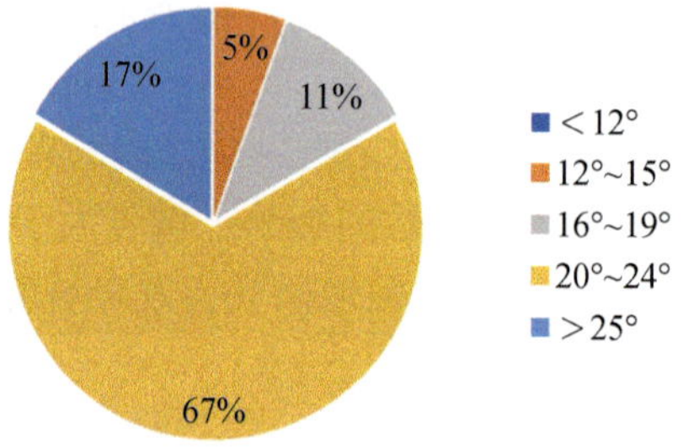

图 2-13　坡度占比图

（四）长江源流域

1. 海拔高度与纬度

海拔高程是造成各区段冻土温度、厚度差别诸多因素中的最主要因素。同一冻土地貌单元、随海拔高程增加，冻土温度随之降低，厚度也相应增大。多年冻土平均地温随海拔升高的降低率为 0.5～0.8℃/100m，在其他条件相同时，纬度对冻土环境的影响也较大，大致纬度每降低 1°，冻土的年平均温度升高 0.5℃，冻土厚度减薄 15m 左右。唐古拉山脉以北多年冻土层厚度 100～120m，昆仑山口附近厚达 175m；河谷处较薄，厚 8～88m。长江源流域冻土地质灾害主要分布在海拔 4000m 之上，相对高差最大可达 603m，最低高差仅为 2m。最低海拔 3800～4000m 的高程范围内有 1 个灾害点，最低海拔高程在 4000～4200m 范围内有 5 个灾害点，占总数的 3%；最低海拔高程在 4200～4400m 范围内有 52 个灾害点，占总数的 27%；最低海拔高于 4400m 的灾害点有 136 个，占总数的 70%（图 2-14）。

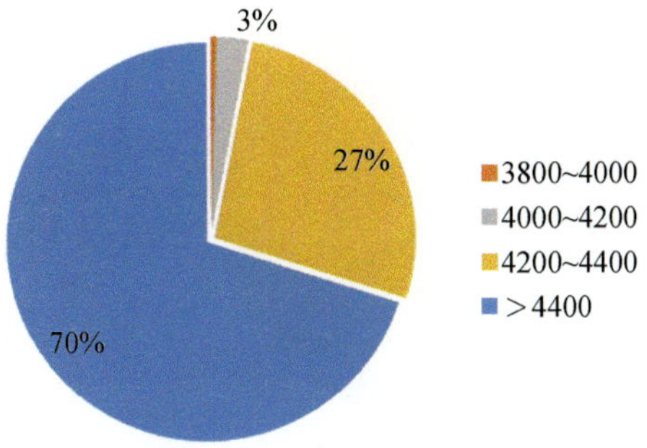

图 2-14 海拔范围占比图

2. 地形地貌

山坡坡向及沟谷谷坡的不同导致地温及多年冻土厚度的不同，一般来说，坡向对冻土的影响程度随纬度增加而变大，在风火山地区测得的太阳辐射平均值为 57.4kcal/cm^2，比中国东部同纬度处要大，这就使高原上坡向的影响作用相应增强，从而导致南、北坡年平均地温相差 2℃。通过统计分析得出冻土灾害发育位置阴坡远多于阳坡。坡向主要发育在 0°～180°、240°～360°的范围之内，总体坡向向南倾斜，极个别的灾害点坡向向北东倾斜。

长江源流域坡度小于 12°的灾害个数为 68 个，占总数的 35%；坡度在 12°～15°之间的有 44 个，占总数的 22%；坡度在 16°～19°之间的有 22 个，占总数的 11%；坡度在 20°～24°之间的灾害点有 52 个，占总数的 26%；坡度大于 25°的灾害个数为 11 个，占总数的 6%（图 2-15）。长江源地区热融地质灾害发育坡度集中在坡度在 12°～25°缓坡之上，总体坡度较小。

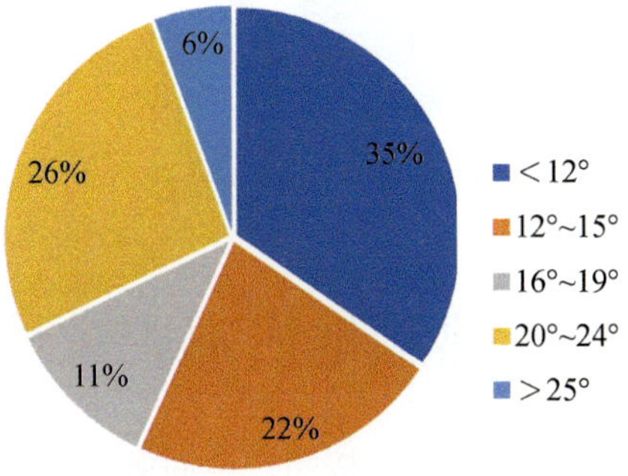

图 2-15 坡度占比图

（五）澜沧江流域

1. 海拔高度与纬度

依据灾害点海拔分布范围，澜沧江流域冻土地质灾害主要分布在海拔 4000m 之上，相对高差最大可达 253m，最低高差仅为 3m。最低海拔 3800～4000m 的高程范围内有 1 个灾害点，占本次灾害点总数的 11%；最低海拔高程在 4000～4200m 范围内有 1 个灾害点，占总数的 11%；最低海拔高程在 4200～4400m 范围内有 1 个灾害点，占总数的 11%；最低海拔高于 4400m 的灾害点有 6 个，占总数的 67%（图 2-16）。

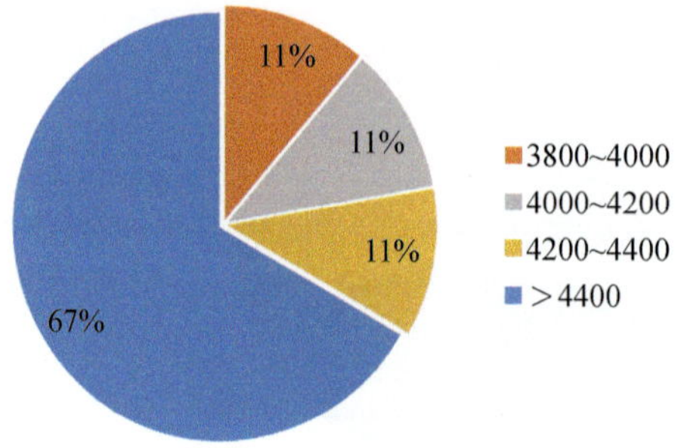

图 2-16　海拔范围占比图

2. 地形地貌

通过统计分析得出冻土灾害发育位置阴坡远多于阳坡。坡向主要发育在 180°～360°的范围之内，总体坡向西北倾斜，极个别的灾害点坡向向北倾斜。

澜沧江流域坡度小于 12°的灾害个数为 1 个，占总数的 11%；坡度在 16°～19°之间的有 1 个，占总数的 11%；坡度在 20°～24°之间的灾害点有 1 个，占总数的 11%；坡度大于 25°的灾害个数为 6 个，占总数的 67%。澜沧江地区热融地质灾害发育坡度集中在坡度小于 12°及大于 16°～25°缓坡之上，总体坡度较小（图 2-17）。

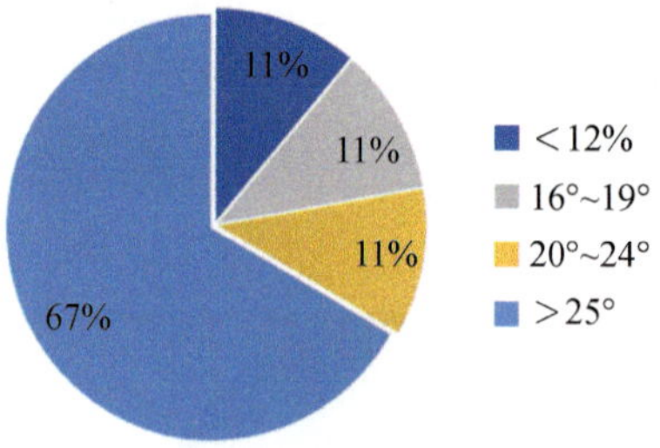

图 2-17　坡度占比图

第三节　热融地质灾害灾情评估

通过分析 529 处热融地质灾害资料，按照规范对各类地质灾害已经造成的经济损失进行评估，对未来可能造成的经济损失进行了预测。

一、热融地质灾害经济损失现状评估

（一）热融滑塌

热融滑塌共计 143 处，主要危害草场，其次危害道路、通讯线路及牧民牲畜。其中主要对居民点造成危害的有 3 处，共计 3 处房屋受损，2 人死亡；对省道、国道、桥梁等重要设施造成破坏的有 8 处；对草场及其他财产设施造成损坏的有 132 处；目前未发现对牦牛、羊等重要财产造成损失的热融滑塌灾害点（表 2-7）。估算累计造成经济损失 6979.4 万

元，以果洛州玛沁县思肉欠热融滑塌灾害点损失最为典型。

表 2-7 热融滑塌危害对象分类统计表

灾害类型	已发生灾害危害对象				典型灾害点	直接经济损失
热融滑塌	居民点	重要设施（省道、国道、桥梁等）	重要财产（牦牛、羊等）	草场及其他	思肉欠	6979.4万元
数量（143处）	3处 3个居民点 3处房屋受损 2人死亡	8	0	132		

思肉欠热融滑塌位于果洛州玛沁县拉加镇思肉欠村，2017年9月7日发生热融滑塌，转化成泥石流冲击掩埋该村3户（9人）牧户住宅，导致2人死亡，1人重伤，6人轻伤，摧毁房屋12间，掩埋牦牛15头，毁坏通讯及输电线路各800m，堆积体掩埋公路（S101线）约200m，堰塞湖淹没公路约300m，造成直接经济损失约800万元。

（二）融冻泥流

融冻泥流共计242处，主要危害草场，其次为道路、牧民牲畜、输电线路及通讯线路。其中主要对居民点造成危害的有1处，造成2人失踪，对省道、国道、桥梁等重要设施造成破坏的有5处，对牦牛、羊等重要财产造成损失的有1处，对草场及其他财产设施造成损坏的有235处。依据资料估算累计造成经济损失14123.66万元。以青海省玉树市下拉秀融冻泥流、青海省称多县扎朵镇融冻泥流、青海省乌兰县铜普镇融冻泥流三处灾害点最为典型（表2-8）。

下拉秀融冻泥流位于玉树市夏拉秀乡叶吉尼玛村，2019年5月8日发生融冻泥流，造成2人失踪，牛羊损失各40头，淹埋草场7亩，造成直接经济损失约80万元。

表 2-8 融冻泥流危害对象分类统计表

灾害类型	已发生灾害危害对象				典型灾害点	直接经济损失
融冻泥流	居民点	重要设施（省道、国道、桥梁等）	重要财产（牦牛、羊等）	草场及其他	下拉秀 扎朵 乌兰铜普	14123.66万元
数量（242处）	1处 2人失踪	5	1	235		

扎朵镇融冻泥流位于玉树市称多县扎朵镇直美村，2017年9月7日发生融冻泥流，造成牧民1辆微型面包车受损，42亩草场毁坏，直接经济损失180万元。

乌兰县铜普镇位于乌兰县铜普镇查汗河村查汗郭勒上游，2020年8月29日发生灾害，融冻泥流淹埋牧户32只羊被，毁坏45亩草场，直接经济损失185万元。

（三）热融沉陷

融冻泥流共计 144 处，主要危害国道、省道、铁路，其次为草场。其中主要对省道、国道、桥梁等重要设施造成破坏的有 125 处，对牦牛、羊等重要财产造成损失的有 1 处，对草场及其他财产设施造成损坏的有 18 处，未发现对居民点造成危害的热融沉陷灾害点，依据资料估算累计造成经济损失 71125.35 万元。以青海省刚察县热融沉陷最为典型（表 2-9）。

表 2-9 热融沉陷危害对象分类统计表

灾害类型	已发生灾害危害对象				典型灾害点	直接经济损失
热融沉陷	居民点	重要设施（省道、国道、桥梁等）	重要财产（牦牛、羊等）	草场及其他	刚察县	71125.35 万元
数量（144 处）	0	125	1	18		

刚察县热融沉陷位于刚察县哈尔盖镇果洛藏休麻村 1 社查乎日玛地区，先后于 2018 年 5 月，2020 年 6 月发生两次较大规模沉陷，其间也曾不同程度地发生小规模沉陷，累计损坏草场约 31 亩，2018 年 5 月突发沉陷造成牧民 8 头牛死亡，直接经济损失 128 万元。

二、热融地质灾害经济损失预测评估

在已有地质灾害经济损失现状评估的基础上，对各类地质灾害可能形成的威胁范围进行了初步预测，初步统计了威胁范围内的居民点，省道、国道等重要设施，牛羊等重要财产，在此基础上进行了地质灾害进行损失预测评估，威胁财产 112535.54 万元，威胁人口总计 738 人。

（一）热融滑塌

经济损失预测评估认为热融滑塌可能威胁居民点的有 12 处，共计 12 户 48 人；威胁省道、国道、桥梁等重要设施的有 14 处，威胁牦牛、羊等重要财产的有 19 处；威胁草场及其他财产设施的有 98 处。威胁财产共计 10307.3 万元（表 2-10）。

表 2-10 热融滑塌主要威胁对象分类统计表

灾害类型	主要威胁对象				威胁财产经济损失评估
热融滑塌	居民点	重要设施（省道、国道、桥梁等）	重要财产（牦牛、羊等）	草场及其他	10307.3 万元
数量（143 处）	12 处 12 户 48 人	14	19	98	

（二）融冻泥流

经济损失预测评估认为热融滑塌可能威胁居民点的有 106 处，共计 172 户 679 人；威胁省道、国道、桥梁等重要设施的有 23 处；威胁牦牛、羊等重要财产的有 5 处；威胁草场及其他财产设施的有 108 处；威胁财产共计 20657.51 万元（表 2-11）。

表 2-11　融冻泥流主要威胁对象分类统计表

灾害类型	主要威胁对象				威胁财产经济损失评估
融冻泥流	居民点	重要设施（省道、国道、桥梁等）	重要财产（牦牛、羊等）	草场及其他	20657.51万元
数量（242 处）	106 处 172 户 679 人	23	5	108	

（三）热融沉陷

经济损失预测评估认为热融沉陷可能威胁居民点的有 3 处，共计 3 户 11 人；威胁省道、国道、桥梁等重要设施的有 135 处；威胁牦牛、羊等重要财产的有 1 处；威胁草场及其他财产设施的有 5 处。威胁财产可能造成的经济损失共计 81570.73 万元（表 2-12）。

表 2-12　热融沉陷主要威胁对象分类统计表

灾害类型	主要威胁对象				威胁财产经济损失评估
热融沉陷	居民点	重要设施（省道、国道、桥梁等）	重要财产（牦牛、羊等）	草场及其他	81570.73 万元
数量（144 处）	3 处 3 户 11 人	135	1	5	

三、地质灾害危害程度

在地质灾害经济损失现状评估与预测评估的基础上，依据岩土规范《地质灾害危险性评估规范》DZT0286-2015 中的地质灾害危害程度分级标准，对各类地质灾害危害程度进行了分级（表 2-13）。

表 2-13　各类地质灾害危害程度分级统计表

灾害类型	危害程度		
	大	中等	小
热融滑塌（143 处）	3	19	121
融冻泥流（242 处）	2	58	182
热融沉陷（144 处）	26	44	74
合计	31	111	377

第四节 本 章 小 结

（1）青海省内热融地质灾害类型主要分热融滑塌、融冻泥流、热融沉陷三类，根据已有数据统计热融灾害点有 529 处。其中，热融滑塌灾害 143 处、融冻泥流灾害 242 处、热融沉陷灾害 144 处，灾害体规模巨型-小型均有发育，以小型热融地质灾害为主，且融冻泥流为主要热融地质灾害发育类型。

（2）青海省热融地质灾害主要分布在祁连山、黄河源、柴达木南缘、长江源、澜沧江等区域内，省内其他区域热融灾害发育较少。其中，热融滑塌多发育在祁连山片区及黄河源、柴达木南缘，长江源、澜沧江区域发育较少；热融泥流分布较为均匀；热融沉陷主要分布在长江源、澜沧江区域。

（3）祁连山区域发育热融灾害 165 处，主要分布在海拔 3600m 之上，位置主要在支沟或汇水域的中部及其上部，坡向主要发育在 60°～270°的范围之内，总体坡向向北倾斜，坡度集中在坡度小于 12°及 12°～25°的缓坡之上。

（4）黄河源、柴达木南缘区域发育热融灾害 152 处，主要分布在海拔 4000m 之上，位置主要在支沟或汇水域的中部及其上部，坡向主要发育在 60°～270°、300°～60°的范围之内，总体坡向向北倾斜，坡度集中在 20°～24°的缓坡之上。

（5）长江源澜沧江源区域发育热融灾害 212 处，主要分布在海拔 4200m 之上，位置主要在支沟或汇水域的中部及其上部，热融灾害发育位置阴坡远多于阳坡，坡向主要发育在 300°～60°的范围之内，坡度集中在 20°～24°的缓坡之上。

（6）按照县域来看热融地质灾害主要分布在门源县、祁连县、刚察县、海晏县、天峻县、乌兰县、德令哈市、玛沁县、甘德县、久治县、玛多县、称多县、兴海县、曲麻莱县、都兰县、玉树县、治多县、杂多县、囊谦县等 20 个县域，尤其以天峻县 51 处、玛沁县 60 处、玛多县 58 处、曲麻莱县 100 处、治多县 52 处居多。

（7）529 处热融地质灾害中，143 处热融滑塌造成财产损失，估算累计造成经济损失 6979.4 万元，以思肉欠热融滑塌较为典型；242 处融冻泥流造成财产损失，估算累计造成经济损失 14123.66 万元，以下拉秀、扎朵、乌兰铜普融冻泥流较为典型；144 处融冻泥流造成财产损失，估算累计造成经济损失 71125.35 万元，以刚察县哈尔盖镇果洛藏休麻村热融沉陷较为典型。热融地质灾害损失预测威胁财产 112535.54 万元，威胁人口总计 738 人。地质灾害危害程度大的有 30 处，其中热融沉陷 26 处，热融滑塌 3 处，融冻泥流 2 处；危害程度中等的有 111 处，其中热融沉陷 44，热融滑塌 19 处，融冻泥流 58 处；危害程度中小的有 377 处，其中热融沉陷 74 处，热融滑塌 121 处，融冻泥流 182 处。

第三章 热融地质灾害形成机理研究

冻土退化诱发大量热融灾害对自然环境造成了巨大的伤害，并进一步导致了高寒地区生态系统的退化、荒漠化以及人类基础设施的不稳定，对当地社会经济的可持续发展造成了严重威胁。热融地质灾害往往具有难以预测、发育范围广、发展时间长达数年等特征，对植被产生的破坏需要长时间才能恢复，容易造成水土流失引发地下冰暴露，进一步导致冻土消融，增加热融灾害再次发生的可能性，即冻土融化与热融灾害之间存在正反馈关系。随着中国西部开发战略和生态战略的实施，青藏高原工程建设活动日益频繁，生态文明建设受到重视，加深对热融灾害的认识对高寒地区开发建设具有科学、生态和社会等方面的重要意义。其中，发生在斜坡上的热融灾害对环境和经济发展带来的威胁尤为明显，灾害滑体在滑移和堆积过程中损坏大量房屋、道路和农田等，造成工程设施变形位移，灾后堆积物工程性质较差，容易发生塌陷、滑移等次生灾害。因此，本章重点介绍发生在多年冻土斜坡上的两类热融地质灾害——浅层冻土滑坡和热融滑塌的形成演化机理。

第一节 热融地质灾害研究进展及局限

一、浅层冻土滑坡研究进展

在富冰多年冻土区，甚至有地下冰发育的斜坡区域，自然因素和人为因素导致多年冻土斜坡活动层融化，大量水分汇集在冻融交界面，冻融交界面孔隙水压升高，抗剪强度骤降，活动层土体连同上覆植被与多年冻土层分离，这一现象被称为浅层冻土滑坡。根据成灾模式往往可以分为滑动型浅层冻土滑坡和流动型浅层冻土滑坡，相对干燥和刚性的活动层容易发生宽而短的滑动，而相对湿润和软塑的活动层容易发生窄而长的流动。

浅层冻土滑坡主要发育在加拿大北部的埃尔斯米尔岛、加拿大西北地区的麦肯齐、阿拉斯加北部和中国青藏高原等不连续多年冻土地区。部分研究印证了气候变化与多年冻土斜坡浅层稳定性密切相关，极端高温、森林大火、快速融雪和强降雨等事件的概率增加，导致多年冻土融化、地表植被破坏、地下水水文发生剧烈变化，对冻土稳定性产生不利影响，是造成浅层冻土滑坡频发的主要原因。长时间尺度下全球变暖增加了极端天气事件的发生率，短时间尺度下夏季气温升高和降雨促进冻土融化、活动层快速饱和，进而诱发浅层冻土滑坡。

大量的学术论文和著作提出活动层和多年冻土间存在过渡区，对多年冻土的热稳定非常重要，通过冰分离效应、活动层融水和大气水的渗透、夏末双向冻结作用，过渡区的厚度可能增大，含冰量可能升高，过渡区富含冰，含冰量往往远大于下部多年冻土，而森林大火、强降雨、快速融雪等因素导致过渡层被融透，过渡区内富冰土融化，孔隙水压来不及消散，土体液化导致浅层冻土滑坡的发生。大部分研究通过模型试验和原位监测等手段研究浅层冻土滑坡的失稳机理、动力学失稳过程和堆积特征；通过现场勘查、遥感影像解译、地球物理勘探、室内试验等手段分析浅层冻土滑坡与各影响因素之间的相关性。

二、热融滑塌研究进展

外界因素导致多年冻土斜坡地下冰或富冰多年冻土暴露，夏季孔隙冰融化饱水土体沿着地下冰面或多年冻土表面滑动产生临空面，上覆土体由于失去支撑发生坍塌滑落的现象称为热融滑塌。热融滑塌的形成需要满足一定的内在和外在条件：多年冻土斜坡蕴含埋藏位置较浅的厚层地下冰或者富冰多年冻土，在热力侵蚀、湖岸沉陷、浅层冻土滑坡和坡脚开挖等自然或人为因素下，地下冰或富冰多年冻土容易暴露并在外界气温影响下融化，沿着地下冰层或富冰多年冻土层形成相对隔水且极其润滑的滑动面，饱和土体甚至过饱和土体沿滑动面下滑，上覆临空土体坍塌滑动，导致冻土暴露融化，诱发后缘进一步向坡顶侵蚀，逐步积累形成热融滑塌。大型热融滑塌的发展往往需要数年时间，后缘在每年融季都会以数米甚至数十米的速度滑塌后退，且后退的速率随陡坎高度的增加而增加，滑塌下来的饱和土体大多以泥流的形式向下堆积运输，最终由于热融滑塌已发展至坡顶、地下冰完全融化或多年冻土含冰量显著降低、暴露的地下冰被上部坍塌的沉积物堆积覆盖不再融化，热融滑塌将不再发展。

热融滑塌作为多年冻土融化最为直观的表现形式之一，对生态系统、大气碳循环和环境带来巨大影响，已有部分学者针对热融滑塌对生态环境的影响开展了深入研究。热融滑塌体在运移过程中可以将大量沉积物和溶质运输到下游，甚至影响下游汞和甲基汞的浓度；热融滑塌破坏冻土层，导致蕴含的有机碳释放，影响大气碳循环；热融滑塌引起的土壤和陆地植被沉积会改变大型植物的定殖率和多样性，从而影响生物群落结构。温度升高、紫外线辐射增加、生物结构变化和生物地球化学循环的协同作用最终可能形成新的平衡。

鉴于对生态环境、工程建设带来的危害，热融滑塌灾害已成为冻土研究的热点问题，引起国内外许多工程地质专家和学者的关注。目前国内外学者以加拿大极地地区、阿拉斯加北部地区、俄罗斯西伯利亚地区和中国青藏高原地区等富冰多年冻土区发生的热融滑塌为研究对象，归纳总结了热融滑塌的形态特征和运动方式，通过现场调查、卫星图像、激光技术、地球物理勘探、原位监测和模型试验等手段针对热融滑塌的区域性时空分布特征、发育规律、影响因素和成灾机理等方面展开了大量研究。

三、热融地质灾害研究局限

目前从形态、失稳模式等角度对浅层冻土滑坡和热融滑塌的研究已经较为完善，对两类热融地质灾害的触发和失稳机制有了一定的认知。如图 3-1 所示，浅层冻土滑坡失稳是由于多年冻土上限附近地下冰或者富冰多年冻土在气候因素以及人类活动等因素下融化，活动层和多年冻土之间土体饱和或过饱和，孔隙水压力增大、抗剪强度降低，水分的润滑作用导致下滑力超过抗剪强度，最终导致活动层土体以流动或整体滑动的形式与多年冻土层分离的过程［图 3-1（a）］。热融滑塌是在浅层冻土滑坡和坡脚开挖等因素影响下，地下冰或富冰多年冻土暴露融化产生临空面，饱和土体呈流塑状向下坍塌滑动，以每年数米甚至数十米的速度从后缘向坡顶溯源侵蚀，最终积累形成［图 3-1（b）］。由此可见，气候变化因素驱动冻土消融是热融地质灾害的关键触发条件，且浅层冻土滑坡和热融滑塌具有密切联系。

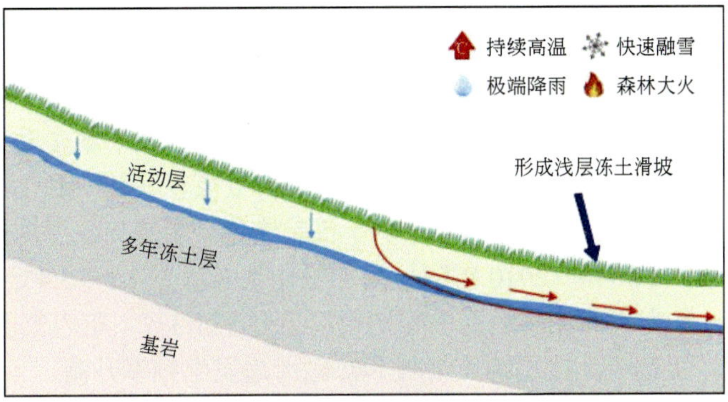

(a)浅层冻土滑坡

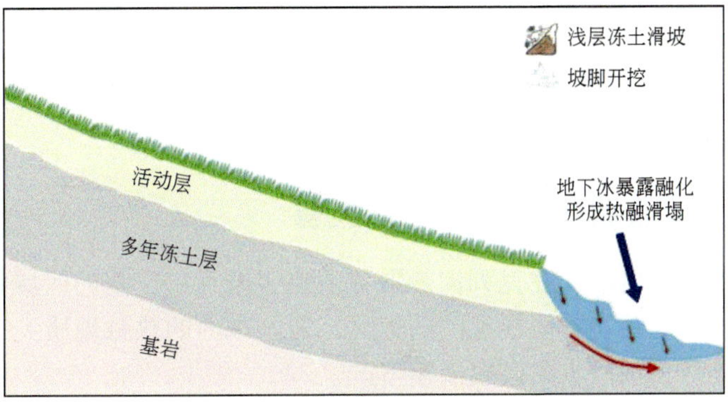

(b)热融滑塌

图 3-1 热融地质灾害机理示意图

纵观现有研究可知，当前主要通过现场调查、航拍影像、遥感解译、原位监测、地球物理勘探、物理力学试验和数值分析等手段，定性地研究热融地质灾害失稳机理，定量地研究热融地质灾害发育规律和形成过程，但以上研究手段难以互相印证支撑。目前仅研究了热融滑塌和融冻泥流两类热融地质灾害孕灾、成灾的单一影响因素，未进行多影响因素的权重判别以及各因素耦合作用下多年冻土斜坡稳定性响应机制，且针对热融地质灾害影响因素的研究大多关注内在的地质环境因素，仅通过调查手段证实了气候是热融地质灾害的关键外在因素，但气候变化对热融地质灾害的影响机制尚未明确。原位监测对热融地质灾害破坏发展的研究提供了很大帮助，但变形监测只是一方面，灾害失稳涉及到土体冻融过程中温度-水分-应力的耦合作用，多因素影响下热融地质灾害发展全过程水热力动态演化机制是亟需研究的重点；冻融循环引起土体力学性质劣化的机制尚未明确；缺乏热融地质灾害风险预测和防治的相关研究。

第二节 气温周期性变化下浅层冻土滑坡失稳机制研究

受气温变化影响，多年冻土斜坡失稳诱发的热融地质灾害涉及水分的固液相态转换，是一个复杂的水热力耦合过程。大量研究证实了气温变化与热融地质灾害密切相关：短时间尺度下，极端高温导致活动层快速融化、地表植被破坏、地下水文发生剧烈演变；长时间尺度下，气候变暖导致最大地表加热指数和融化指数显著增长，融化期时间增加，冻结期时间减小，冻土呈退化趋势，20 世纪 80 年代起埃尔斯米尔岛浅层冻土滑坡的发生频率增加幅度约每年 10 次；1950～2010 年阿拉斯加平均气温提高 3.2～5.4℃，平均日降水量增加了 0.09～0.28mm，麦肯齐三角洲夏季平均气温上升了 1.3℃，年内气温超过 20℃的总天数增加了约 10 天，引起当地浅层冻土滑坡和热融滑塌发生频率升高。

因此，明确气温变化对多年冻土斜坡水热力演化的影响机制对认识浅层冻土滑坡灾害失稳机制和热融地质灾害防灾减灾具有重要意义。基于祁连山重点调查区热融地质灾害发育规律和本文提出的冻土水热力耦合模型，构建了多年冻土区热融地质灾害隐患斜坡概化模型，考虑气候变暖因素模拟了 2020～2025 年气温变化条件下多年冻土斜坡水热力演化过程，探讨热融地质灾害失稳机制。

一、祁连山重点调查区热融地质灾害

将青海省祁连县峨博岭、空克列沟热融地质灾害发育较广泛的区域作为开展气候因素驱动热融地质灾害失稳演化数值模拟的研究区，对区域内的热融地质灾害展开了进一步现场调查，以建立典型热融地质灾害数值模型。

研究区位于青海省东北部，地貌特征复杂，南坡地势变化缓和，北坡相对陡峭，高程差大。研究区特殊的地理位置、高耸的地势决定了其多样的气候类型，以及多年冻土分布的复杂性。研究区多年冻土多数分布在海拔相对较低的谷地中，多在 4000m 以下，多年冻土年平均地温一般高于-1.0℃，从地温类型看，属于高温多年冻土。

结合遥感解译和现场调查结得出研究区发育有热融地质灾害 74 处，主要分布在祁连县峨博岭、空口列各条沟谷两侧的山坡上，其余分布在祁连县青阳沟、野牛沟，以及天峻县阳康乡、快尔玛乡东侧，分布位置如图 3-2 所示。

通过收集多个年度的遥感数据对祁连山重点调查区 35 个具有一定规模、特征较明显的热融地质灾害展开多期影像解译对比，结果表明研究区热融地质灾害发育数量总体呈增长趋势（图 3-3），35 个热融地质灾害中仅 2 个发生时间早于 2013 年，2014～2018 年每年发生 1～4 次热融地质灾害，2019 年以来热融地质灾害发生数量显著上升，2019～2021 年发生热融地质灾害数量占总数的 60%，进一步说明研究区近年来多年冻土处于不稳定状态，体现了开展热融地质灾害研究工作的必要性。

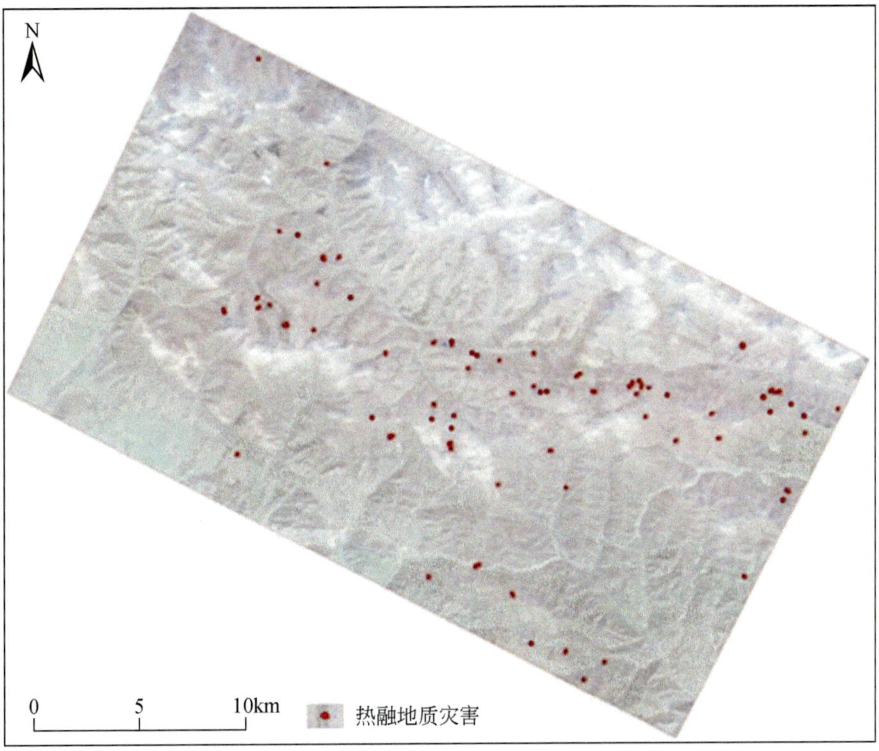

图 3-2 祁连山重点调查灾害分布

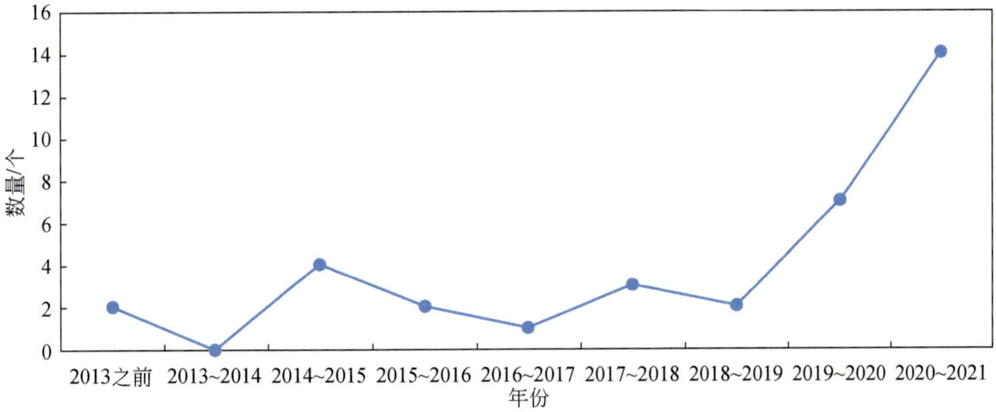

图 3-3 近年来祁连山重点调查区热融地质灾害发育数量

对研究区热融地质灾害发育斜坡进行了现场精细调查，结果显示（表 3-1），研究区热融地质灾害分布海拔范围集中在 3600～4000m，其中，3750m 左右是本次调查的灾害点集中发育的海拔；热融地质灾害发育斜坡的坡度集中在 5°～20°，研究区灾害点集中发生在坡度为 15°左右的缓坡上，整体坡度呈上陡下缓；坡向多为阴坡（270°～360°和 0～90°），发育位置主要为斜坡坡体冲沟部位；坡表植被覆盖率在 50%～80%之间，多集中在 70%，坡体上部植被较下部稀疏，植物以异针茅和高山蒿草为主；斜坡表层主要发育第四纪上更新统坡积物（Q_3dl+pl），活动层土体多为细粒土和泥炭，表层干燥，整体稍湿稍密，受冻融循环影响土质较松软，且后缘含水率一般小于前缘土体的含水率。滑体表面往往发育有张拉裂缝，走向近似于与滑体滑向垂直；滑坡后缘坡度一般较陡，可能有高 1～3m 的陡坎发育，并沿冻结层面溯源侵蚀，底部往往有冰层出露和水分汇集；前缘草皮呈鱼鳞状翻滚叠起，底部会有地下水出露，周围有大量冻胀草丘分布。

表 3-1 热融地质灾害发育数量与海拔、坡度和坡向的关系

海拔		坡度		坡向	
范围	比例	范围	比例	范围	比例
＜3600m	24%	5°～12°	28%	0～90°	35%
3600～3800m	44%	12°～15°	26%	90°～180°	26%
3800～4000m	23%	15°～20°	24%	180°～270°	17%
4000～4200m	8%	20°～25°	15%	270°～360°	22%
＞4200m	1%	＞25°	8%		

二、冻土水热力耦合数值计算原理

鉴于多年冻土常年保持冻结、活动层每年经历冻融循环，因此，主要关注活动层土体和浅层多年冻土冻结过程中的水热迁移、冻胀融沉变形和斜坡稳定性响应，并构建一个能够反映气候变化条件下多年冻土区斜坡水热力演化过程的数值模型，以期揭示斜坡失稳类热融地质灾害触发机制。为提出一个加深对热融地质灾害机理认知、有工程实用价值的数学模型，本书所采用的水热力耦合理论应侧重土体宏观冻结融化规律，不考虑土体分凝过程和冰透镜体的形成。基于前人提出的水动力模型，从质量守恒定律、能量守恒定律、热力学和水动力学理论出发，采用傅里叶定律和达西定律等方法，结合非饱和土渗流特性曲线和土水特征曲线，引入固液比和孔隙冰阻隔系数的概念，将土体冻融过程中的冻胀融沉效应视为与材料线性膨胀现象类似，建立了水热力三场耦合方程，实现了冻土温度场和水分场相互影响，并单向影响位移场的耦合关系。

鉴于气候变化对多年冻土斜坡的影响是一个复杂的水热力耦合过程，因此对水热力耦合模型进行了必要的简化。

（1）假设冻土为均质的、各向同性的均匀四相弹塑性介质，由土骨架、孔隙水、孔隙冰和孔隙气构成；

（2）冻土内部热通量变化的贡献主要来源于热传导和冰水相变，热质迁移引起的对热通量的影响忽略不计，即不考虑空气对流传热；

（3）冻土冻融过程中水分迁移由基质吸力驱动，符合非饱和土水分迁移规律，土体冻结时孔隙冰阻碍水分迁移，不考虑冻结水和气态水的迁移；

（4）土壤颗粒在土的冻融过程中是不变形的，冻土的冻胀融沉仅考虑冻融过程产生的体积变化；

（5）水热过程对土骨架变形产生单向影响，进而改变应力应变场，而土体变形对热传导和水分迁移不产生反作用。

（一）冻土温度场控制方程

外界的温度变化会引起土体内部水分的固液相态更替，改变土壤物理力学性质，进而产生冻胀融沉甚至地质体破坏等直观表现。在人类工程活动建设过程中往往采取对天然冻土进行“隔离”的措施，减少外界条件变化对多年冻土热状态的破坏，例如填埋碎石路基、铺设通风管道等。因此，温度场的研究对维持多年冻土稳定性、减少热融地质灾害的发生、保护生态环境和工程设施具有重大实践意义。

然而冻土是复杂的四相体，其温度场的变化涉及到多种因素间的复杂相互作用关系，各相密度、含量、导热性和比热等内部因素变化，以及年平均地温、地温年较差、地面冻结指数和水文地质条件等外部因素变化都将影响到温度场，进而改变冻土热状态。此外，伴随着气温周期性变化，土体发生冻融，水分与周围发生能量交换从而在固态和液态之间转换，并伴随着热量的释放和吸收，因此冻土温度场控制方程需要考虑相变带来的影响。

取一微元体，根据傅里叶定律，经过 x=x、y=y、z=z 三个面流入的热量分别为 $\mathrm{d}Q_x = -\lambda \frac{\partial T}{\partial x}\mathrm{d}y\mathrm{d}z\mathrm{d}t$ 、$\mathrm{d}Q_y = -\lambda \frac{\partial T}{\partial y}\mathrm{d}x\mathrm{d}z\mathrm{d}t$ 、$\mathrm{d}Q_z = -\lambda \frac{\partial T}{\partial z}\mathrm{d}x\mathrm{d}y\mathrm{d}t$ ，$x = x + \mathrm{d}x$ 、$y = y + \mathrm{d}y$ 、$z = z + \mathrm{d}z$ 三个面流出的热量分别为 $\mathrm{d}Q_{x+\mathrm{d}x} = -\left(\lambda + \frac{\partial \lambda}{\partial x}\mathrm{d}x\right)\frac{\partial}{\partial x}\left(T + \frac{\partial T}{\partial x}\mathrm{d}x\right)\mathrm{d}y\mathrm{d}z\mathrm{d}t$ 、$\mathrm{d}Q_{y+\mathrm{d}y} = -\left(\lambda + \frac{\partial \lambda}{\partial y}\mathrm{d}y\right)\frac{\partial}{\partial y}\left(T + \frac{\partial T}{\partial y}\mathrm{d}y\right)\mathrm{d}x\mathrm{d}z\mathrm{d}t$ 、$\mathrm{d}Q_{z+\mathrm{d}z} = -\left(\lambda + \frac{\partial \lambda}{\partial z}\mathrm{d}z\right)\frac{\partial}{\partial z}\left(T + \frac{\partial T}{\partial z}\mathrm{d}z\right)\mathrm{d}x\mathrm{d}y\mathrm{d}t$ ，忽略二阶微量，微元体内净增加的热量为 $\left[\frac{\partial}{\partial x}\left(\lambda\frac{\partial T}{\partial x}\right) + \frac{\partial}{\partial y}\left(\lambda\frac{\partial T}{\partial y}\right) + \frac{\partial}{\partial z}\left(\lambda\frac{\partial T}{\partial z}\right)\right]\mathrm{d}x\mathrm{d}y\mathrm{d}z\mathrm{d}t$ ，在 dt 时间内微元体储存的热量为 $\rho C_{\rho}\frac{\partial T}{\partial t}\mathrm{d}x\mathrm{d}y\mathrm{d}z$ ，微元体内净增加热量和储存的热量相等，冻土传热控制方程可写为：

$$\rho C_p \frac{\partial T}{\partial t} = \mathrm{div}(\lambda \mathrm{grad} T) + L\rho_i \frac{\partial \theta_i}{\partial t}$$

式中：ρ 为土的密度（kg/m^3）；C_{ρ} 为等效容积热容量［J/(m^3 •K)］；T 为土体瞬态温度（K）；λ 为等效导热系数［W/(m•K)］；L 为冻土中冰水相变潜热，取 334（kJ/kg）；ρ_i 为冰的密度（kg/m^3）；θ_i 为冰的体积含量。

（二）冻土水分场及控制方程

冻土在水分迁移的时候不仅存在渗流现象，还存在相变现象，因此其水分场控制方程较一般土体复杂。冻土中水分迁移现象可以视为能量不平衡从而发生转移的结果。能量由动能和势能组成，通常用水头表征饱和土中各点的能量高低，两点之间的水头差异形成水力梯度，水分由高水头点向低水头点迁移。本文认为非饱和冻土的水分迁移符合达西定律，其表征了饱和土的渗流量与水头差和水流通过的法向截面积成正比，与渗流流通长度成反比，将渗透系数常数写为与体积含水量相关的变量，并用微分形式表达水头沿流程的非线性变化，衍生出适用于非饱和土的达西定律：

$$q=-K(\theta_u)\left(\frac{\mathrm{d}\psi}{\mathrm{d}x}+\frac{\mathrm{d}\psi}{\mathrm{d}y}+\frac{\mathrm{d}\psi}{\mathrm{d}z}\right)=-K(\theta_u)\mathrm{grad}\,\psi=-K(\theta_u)\nabla\psi$$

式中，θ_u 为体积未冻水含量，ψ 为土水势（m），∇ 和 grad 为梯度运算符。

研究非饱和正冻土内部水分场的关键是水分迁移模型，本书采用广受认可的描述正冻土水分迁移的薄膜水迁移理论，该理论认为土体由水膜包裹，冻结和融化引起冻结区和未冻区水膜厚度产生差异。而水膜厚度始终趋于一致，因此冻结区水膜厚度减小，未冻区水膜向冻结区移动；融化时冻结区水膜向未冻区移动。

冻结土中由于孔隙冰的存在，冻土中水分迁移动能较小、速度较慢，其中的水分迁移可视作土水势梯度引起的。土水势作为一种势能，包括基质势、重力势、渗透势和压力势等，结合物理化学和热力学解释了冻土中水分迁移的驱动力，根据有效应力原理和克拉贝龙方程推导：

$$\psi=\varphi_0+\varphi_p^a+\varphi_p^m+\varphi_g=\varphi_0+\varphi_p^a+\varphi_p^w+\varphi_p^e+\varphi_g$$

式中，φ_0 为渗透势（溶质势）；φ_p^a 为空气压力势；φ_p^m 为基质势；φ_p^w 为水分势；φ_p^e 为荷载势，φ_g 为重力势，其中，$\varphi_p^m=\varphi_p^w+\varphi_p^e$，重力势 φ_g 为水的位能，$\varphi_g=\rho gz=z$，ρ 为水的密度（$\mathrm{kg/m^3}$），g 为重力加速度（$\mathrm{m/s^2}$），z 为目标点相对参考面的垂直距离（m）。

本文为简化模型，忽略了溶质势 φ_0、空气压力势 φ_p^a 和荷载势 φ_p^e 的影响，基质势用土水特征曲线确定，基质吸力视为与体积含水量有关，如下：

$$\psi=\varphi_p^m+\varphi_g=\varphi_p^m(\theta_u)+z$$

式中，θ_u 为未冻水体积含量。

同样取一冻土微元体，根据质量守恒定律，在 $\mathrm{d}t$ 时间内，x 轴方向内流入微元体内水分质量为 $\mathrm{d}m_x=\rho_w V_x\mathrm{d}y\mathrm{d}z\mathrm{d}t$，流出微元体内的水分质量为 $\mathrm{d}m_{x+dz}=\rho_w V_{x+dx}\mathrm{d}y\mathrm{d}z\mathrm{d}t$，$V_x$ 为 x 轴方向的水分迁移速率，$V_{x+dx}=V_x+\frac{\partial V_x}{\partial x}\mathrm{d}x$，因此，$\mathrm{d}t$ 时间内微元体水分增加的质量为 $-\rho_w\frac{\partial V_x}{\partial x}\mathrm{d}x\mathrm{d}y\mathrm{d}z\mathrm{d}t$，同理，$y$ 轴和 z 轴 $\mathrm{d}t$ 时间内微元体水分增加的质量为 $-\rho_w\frac{\partial V_y}{\partial y}\mathrm{d}x\mathrm{d}y\mathrm{d}z\mathrm{d}t$、$-\rho_w\frac{\partial V_z}{\partial z}\mathrm{d}x\mathrm{d}y\mathrm{d}z\mathrm{d}t$，则微元体的水分增加质量总和为 $-\rho_w\left(\frac{\partial V_x}{\partial x}+\frac{\partial V_y}{\partial y}+\frac{\partial V_z}{\partial z}\right)\mathrm{d}x\mathrm{d}y\mathrm{d}z\mathrm{d}t$。

冻土未冻结区水分迁移规律符合达西定律，沿 x、y、z 轴方向的水流速度分别为 $-k\frac{\partial P}{\partial x}$、$-k\frac{\partial P}{\partial y}$、$-k\frac{\partial P}{\partial z}$，其中 k 为渗透系数（m/s），P 为压力水头（m），则微元体水分增量可表达为 $\rho_w\left(\frac{\partial}{\partial x}\left(k\frac{\partial P}{\partial x}\right)+\frac{\partial}{\partial y}\left(k\frac{\partial P}{\partial y}\right)+\frac{\partial}{\partial z}\left(k\frac{\partial P}{\partial z}\right)\right)\mathrm{d}x\mathrm{d}y\mathrm{d}z\mathrm{d}t$，在 $\mathrm{d}t$ 时间微元体含冰量的增量为 $\rho_i\frac{\partial\theta_i}{\partial t}\mathrm{d}x\mathrm{d}y\mathrm{d}z\mathrm{d}t$，微元体未冻水含量增量为 $\rho_w\frac{\partial\theta_w}{\partial t}\mathrm{d}x\mathrm{d}y\mathrm{d}z\mathrm{d}t$，化简可得

$$\frac{\partial}{\partial x}\left(k\frac{\partial P}{\partial x}\right)+\frac{\partial}{\partial y}\left(k\frac{\partial P}{\partial y}\right)+\frac{\partial}{\partial z}\left(k\frac{\partial P}{\partial z}\right)=\frac{\partial\theta_u}{\partial t}+\frac{\rho_i}{\rho_w}\frac{\partial\theta_i}{\partial t}$$

将压力水头用土水势表示可得出水分场控制方程如下式：

$$\frac{\partial}{\partial x}\left[D(\theta_u)\frac{\partial\theta_u}{\partial x}-k(\theta_u)\right]=\frac{\partial\theta_u}{\partial t}+\frac{\rho_i}{\rho_w}\frac{\partial\theta_i}{\partial t}$$

（三）冻土应力应变场及控制方程

冻土相比普通土体具有含冰的特殊条件，土体的冻融循环现象是三场耦合的结果，是一个热力学、流体动力学和物理化学等学科的交叉问题，土体冻融需要考虑冰水相变和聚冰作用，冻土温度和含水量的变化会对内部应力应变产生影响，同时应力和应变的重分布也影响到冻土内部传热和水分迁移，但相比之下应力应变对温度场和水分场的影响较小，本文仅讨论温度场和水分场对应力应变的影响。

温度场的变化直接引起冻土产生冻胀应力重分布。当外界温度降至自由水冰点以下，饱和土体随即冻结，进而产生冻胀应力，融土内亦产生应力重分布现象；非饱和土体在冻结初始阶段冰透镜体体积膨胀，使得孔隙收缩，直到土中气体完全排出后土体才发生冻胀和应力重分布。土体内的冻胀量随着外界气温的降低而变大，应力重分布也更加明显。当温度升至融点，冰透镜体转化为自由水并发生迁移，冻胀力逐渐减小，水分和应力均发生重分布，因此冻融循环前后土体内部水分和应力必定发生变化。此外，冻土内部的应力状态由于热胀冷缩现象的存在显得尤为复杂，温度下降时土体呈收缩状态，水相变成冰时土体发生体积膨胀，而未冻区土体体积仍在收缩。

水分的迁移和相变是影响冻胀和应力分布的另一重要因素。首先，土中水分含量决定了土体能否发生冻胀，有研究表明土体能否发生冻胀与冻结锋面和地下水位的最小垂直距离相关，且土体存在起始冻胀含水量。其次，当水分冻结成冰时土体内部构造发生变化，土颗粒之间的黏结方式多了冰晶的胶结作用，使得土体抗剪强度大大提高，进而改变内部应力分布。最后，土体冻胀的主要原因是水分迁移至冻结锋面产生分凝冻胀，其前提是适宜的土质和充足的地下水补给，当水分不能充分补给时，产生的冻胀量和冻胀应力相应较小，反之，大量水分向冻结锋面迁移产生的冻胀量和冻胀应力较大。冻结过程中冰透镜的形成导致冻结区土颗粒间距增大，挤压未冻区土体，引起土体干密度变化。

以上多因素耦合作用下土体应力变化过程极为复杂，本书研究过程中将进行一定简化。冻土应力场的组成因素众多，本书忽略了外荷载、水和冰产生的应力，仅分析重力和冻胀引起的应力重分布。为单独研究冻胀融沉的附加效应，本书假设冻土斜坡已经处于长期静力平衡的状态，冻胀融沉是由于孔隙水相变体积变化导致，忽略了冻胀融沉在分凝冰法向上的各向异性，即认为体积变化是各向同性的，且冻胀融沉贡献了土体大部分的应力应变的变化。因此，这种体积变化与热膨胀带来的体积变化类似，可表示为

$$\varepsilon_{inel}=a(T-T_{ref})$$

式中，ε_{inel} 为热膨胀引起的应变；α 为材料的线膨胀系数（1/K）；T、T_{ref} 分别为瞬时温度和参考温度（K）。

而冻土的冻胀率是体积冻胀率，指的是侧限条件下的高度变化率，冻土冻胀率 η 和线冻胀率 η_l 分别为

$$\eta = \frac{\Delta V}{V} \times 100\%$$

$$\eta_l = \frac{\Delta L}{L} \times 100\%$$

用线冻胀率代替热膨胀系数，将瞬时温度和参考温度的差看作 1，则可推得

$$\eta_l = \sqrt[3]{\eta + 1} - 1$$

理想状态下，土体冻融全过程均发生在三相冻土体系中，即土体饱和，孔隙全被孔隙水占据，但实际上冻土为非饱和土的情况居多。以非饱和土冻胀为例，其冻胀过程可以分为三个阶段：第一阶段为冻结初期，含冰量极少，冰晶尚未接触到土颗粒，此时土骨架可能由于温度降低表现为体积收缩；第二阶段为冻结中期，冰晶接触土颗粒并挤压土骨架变形，但由于空气仍未全部排出，孔隙冰体积增量将挤压部分气体排出，即土体体积膨胀量与冰晶体积膨胀量之比小于 1；第三阶段为冻结末期，冰水系统已经占据全部孔隙，冻土转化为三相介质，冰晶体积膨胀全部贡献于土体体积膨胀。

第三阶段的冻胀为饱和冻胀，超过孔隙体积的未冻水和孔隙冰贡献了全部的体积膨胀，体积冻胀率可表达为

$$\eta = \theta_i + \theta_u - \frac{e}{e+1}$$

式中，e为土体孔隙比。冰水体积比用固相率B_I表示，其中T_f为冻结起始温度（K）：

$$B_I = \frac{\theta_i}{\theta_u} - \frac{\rho_u w_i}{\rho_i w_u} = \frac{\rho_u}{\rho_i} \cdot \frac{w_0 - w_u}{w_u} = \frac{\rho_u w_0}{\rho_i w_u} - \frac{\rho_u}{\rho_i} = 1.1\left\{\frac{T}{T_f}\right\}^b - 1.1$$

这一阶段的起点为未冻水和冰占据全部孔隙的饱和状态，即$\eta = \theta_i + \theta_u - \frac{e}{e+1} = 0$。从而解得第三阶段的起始含冰量为

$$\eta = \frac{e}{e+1} \cdot \frac{1.1\left(\dfrac{T}{T_f}\right)^b - 1.1}{1.1\left(\dfrac{T}{T_f}\right)^b - 0.1}$$

而阶段二为非饱和冻胀，土体冻胀率小于阶段三且不断发生变化，与含水量、温度和孔隙比均有关，假设冻胀率与体积含冰量呈线性关系，且相变从距土颗粒较远的自由水中心开始产生，相变过程中冰晶形状与孔隙形状始终保持相似，孔隙气不断排出，未冻水膜位于冰晶和土颗粒之间，直到冰水系统完全填满孔隙发生饱和冻胀。然而实际上冻结往往不会从自由水的中心开始，相变过程中冰晶形状也不会与孔隙形状保持相似，因此冰晶挤压土颗粒发生膨胀的时间早于理想情况，土孔隙的长宽比越大，土体发生冻胀所需的起始含冰量越小。实际上冰晶提前挤压土颗粒膨胀会导致孔隙比扩大，提高了第三阶段冻胀发生的起始含冰量。

假设发生非饱和起始冻胀时冰的体积为孔隙体积的ξ_1倍，显然$\xi_1 < 1$，当冰水系统占据全部孔隙后，冰的体积达到孔隙体积的ξ_2倍。ξ_1和ξ_2与土体孔隙大小和形态相关，孔隙平

均尺寸越小（孔隙越狭长，长宽越比大），ξ_1越小，ξ_2越大。

$$\theta_{i1}=\frac{\xi_1 \mathrm{e}}{1+e},\eta_1=0$$

饱和起始冻胀状态的含冰量和冻胀率可表达为

$$\theta_{i2}=\frac{\xi_2 e}{1+e}\cdot\frac{1}{1/(1.1(T/T_f)^b-1.1)+1},\quad \eta_2=\frac{(\xi_2-1)e}{1+e}$$

结合式以上三式，可将冻土冻胀模型转化为$\eta-\theta_i$曲线，在三个阶段冻胀率和含冰量呈线性关系。

综上所述，冻土的变形可认为是周期性气温变化和冻胀融沉共同作用的结果，可以表示为

$$[\varepsilon]=\{\varepsilon^e\}+\{\varepsilon^T\}+\{\varepsilon^{vp}\}$$

式中，ε^e、ε^T、ε^{vp}分别代表土体的弹性应变、温度应变和塑性应变。

平衡方程可写为

$$\rho\frac{\partial^2 U}{\partial t^2}-\nabla\{\sigma\}=\{F_v\}$$

几何方程可写为

$$\{\varepsilon\}=[B]\{U\}$$

物理方程（本构方程）可写为

$$\{d\sigma\}=[D]\{\mathrm{d}\varepsilon^e\}=[D](\{\mathrm{d}\varepsilon\}-\{\mathrm{d}\varepsilon^T\}-\{\mathrm{d}\varepsilon^{vp}\})$$

式中，$[D]$、$[B]$分别为平面应变问题的弹性矩阵和单元应变矩阵的转置矩阵；$[F_v]=\{F_x,F_y\}$为外荷载；$\{U\}=\{u,v\}$为位移矩阵；$\{\sigma\}=\{\sigma_x,\sigma_y,\tau_{xy}\}$为应力矩阵。

温度应变增量可表示为

$$\{\mathrm{d}\varepsilon^T\}=\alpha\mathrm{d}T$$

土体的塑性应变以 Drucker-Prager 标准和相关的流动规律为特征：

$$\{\mathrm{d}\varepsilon^{vp}\}=\dot{\lambda}\frac{\partial Q}{\partial\sigma_{ij}}$$

采用关联流动法则，塑形矩阵表达式为

$$[D^P]=\frac{1}{S_0}\begin{pmatrix}S_1^2 & 0 & 0\\ S_1S_2 & S_2^2 & 0\\ S_1S_3 & S_2S_3 & S_3^2\end{pmatrix}$$

$$S_1=\frac{\partial Q}{\partial\sigma_x}+\frac{u}{1-u}\frac{\partial Q}{\partial\sigma_y}$$

$$S_2=\frac{\partial Q}{\partial\sigma_y}+\frac{u}{1-u}\frac{\partial Q}{\partial\sigma_x}$$

$$S_3=\frac{1-2u}{2(1-u)}\frac{\partial Q}{\partial\tau_{xy}}$$

$$S_0 = S_1 \frac{\partial Q}{\partial \sigma_x} + S_2 \frac{\partial Q}{\partial \sigma_y} + S_3 \frac{\partial Q}{\partial \tau_{xy}}$$

式中：Q 为塑性函数；τ_{xy} 为剪应力，则弹塑性矩阵为

$$\left[D^{ep}\right] = \left[D^{e}\right] - \left[D^{p}\right]$$

三、多年冻土斜坡数值模型建立

在空口烈垭口阴面汇水面进行钻孔，孔位距离公路约 60m，斜坡坡度约 15°，坡表植被类型为高山草甸，主要建群种为藏蒿草和羽柱针茅草，冻土地貌特征明显，表层发育有丰富的冻胀草丘，现场排水条件良好，有地下水出露，斜坡有人类活动痕迹，主要为牧民放牧牛羊。根据原位钻孔结果（图 3-4），地表以下 0～1.6m 为活动层，土质为粉质黏土夹杂泥炭；1.6～12.7m 为多年冻土层，土质为黏土，有大量肉眼可见冰晶；12.7m 以下为砂砾基岩层。根据钻孔资料及现场勘查结果，该斜坡地质剖面图如图 3-5 所示。

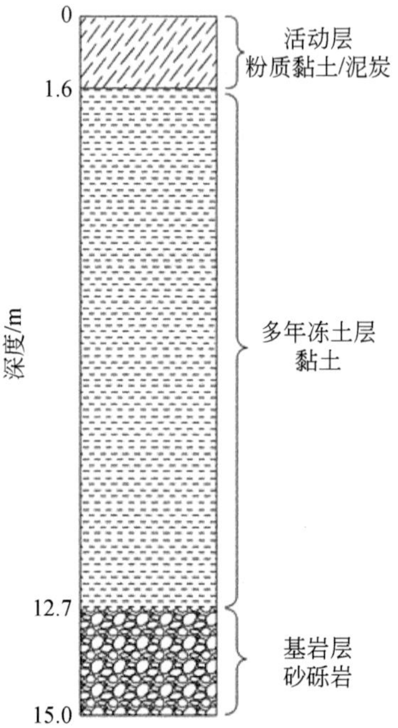

图 3-4　具有热融灾害潜在风险的斜坡地层信息

多年冻土斜坡地质剖面的几何形式不一而同，地层和土质条件也各有不同，但研究区具有热融灾害潜在风险的斜坡具有相似的地质条件，且本章的研究针对气温这一单一条件变化下的斜坡水热力耦合响应机制，因此对模型几何和地层信息进行了简化，二维有限元几何模型如图 3-6（a）所示，模型长 100m，高 34.7m，坡度为 15°，地层按钻孔结果设置；0～1.6m 为活动层，1.6～12.7m 为多年冻土层，12.7m 以下为基岩层。采用 COMSOL 自由三角形网格进行网格划分，由于活动层水热力变化显著，是本章研究的重点关注对象，因此将活动层网格进行细化。为进一步实现结果可视化，布置 2 条测线和 8 个测点以获取水

热力时空分布计算结果［图 3-6（b）］：斜坡中间剖面布置测线 1-1′；斜坡表面布置测线 2-2′；坡脚活动层不同深度布置测点 *A*-*E*；与坡顶水平距离为 50m 的地表布置测点 *F*；坡顶地表布置测点 *G*；测点 *F* 以下 1.68m 处布置测点 *H*。

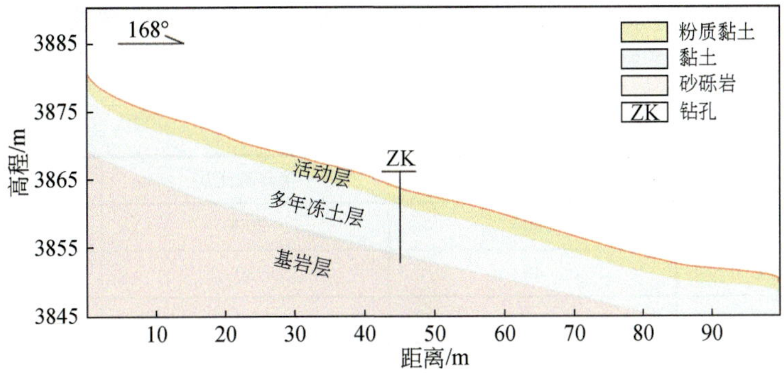

图 3-5　具有热融灾害潜在风险的斜坡地质剖面

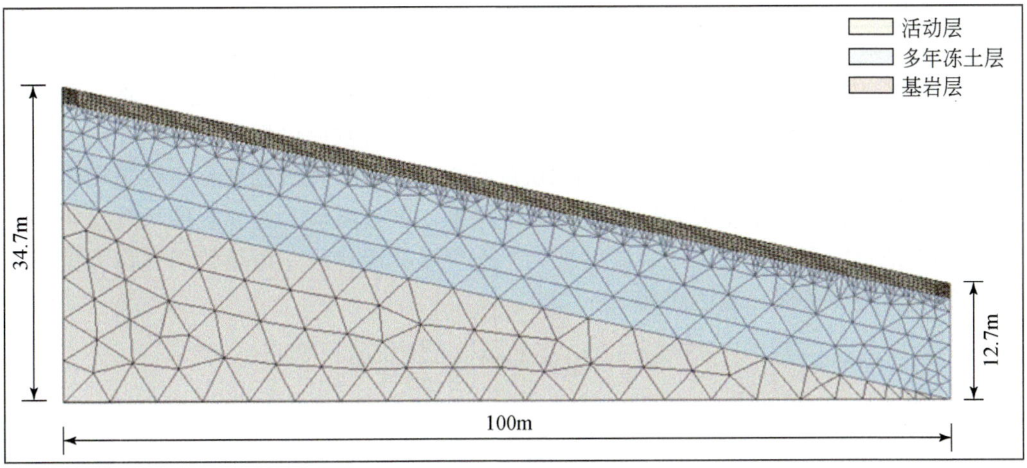

(a)有限元几何模型网格划分

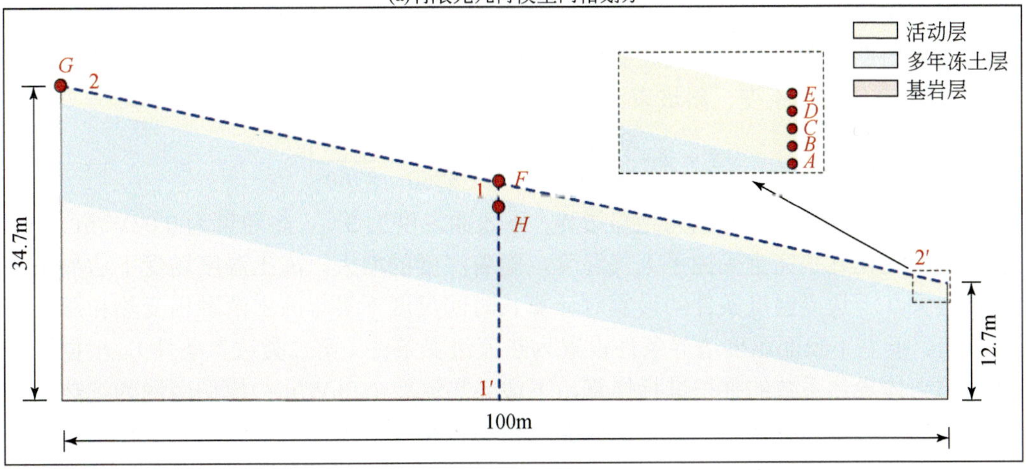

(b)模型监测点和监测线布置

图 3-6　有限元计算模型示意图

根据相关研究给出的青海地区粉质黏土、黏土和砂砾岩的物理力学参数以及钻孔取样进行土工试验的结果，数值模拟所需参数设置如表 3-2 所示，水和冰的相变潜热取 334.5kJ/kg，土体初始冻结温度取−0.5℃，完全融化温度取 0℃，冻土的比热容和导热系数与土中未冻水含量的关系根据相关研究进行设置，土骨架的比热容和导热系数分别取 1.4×10^{6}J/（m^3 • ℃）和 1.3W/（m • ℃）。

表 3-2　地层物理力学参数

地层	活动层	多年冻土层	基岩层
密度/（kg/m^3）	1800	2000	2500
弹性模量/MPa	40	30	5000
泊松比	0.25	0.3	0.15
渗透系数/（m/s）	1.2×10^{-6}	8×10^{-10}	0
黏聚力/kPa	12	35	/
内摩擦角/（°）	22	20	/

冻土地区的气温呈双重变化模式，分别以天为周期和以年为周期变化，本章关注的是长时间尺度下气温变化对斜坡水热力的影响，冻融的交替发展过程缓慢，因此仅考虑以年为周期的气温变化。本章模拟了 2020 年 10 月至 2025 年 12 月气温变化条件下多年冻土斜坡水热力演化过程，由于斜坡表层直接与大气接触，假设斜坡上边界温度与气温相同并呈年际变化，结合附面层理论将地表温度视为平均气温并简化成三角函数形式作为模型上表面温度第一类边界条件，表达式为

$$T = T_0 + R_0 t + A_0 \sin\left(\frac{2\pi}{8760}t + \varphi\right)$$

式中，T_0 为附面层底年平均温度（℃）；R_0 为由气候变暖导致的增温（℃/h）；A_0 为附面层底温度增幅（℃）；t 为时间（h）；φ为相位差。

根据斜坡附近气象站资料，近 5 年当地月平均气温变化情况如图 3-7 所示，可见当地气温呈明显周期性变化，年内气温变化呈正弦函数形式，结合气候变暖特征，假设 2022～2026 年气温变化规律不变，斜坡表面温度边界条件表达式可写为下式：

$$T = 2 + \frac{0.037t}{8760} + 13\sin\left(\frac{2\pi t}{8760} + \frac{17\pi}{8760}\right)$$

式中，t 为时间（h）。左右两侧为绝热边界；下表面温度为 3℃，热通量为 0.03W/m^2。此外，浅层地温的变化几乎完全受控于大气温度，随着深度的增大，冻土温度场受下边界条件影响逐渐增大，下边界温度条件的设置对计算长时间尺度下多年冻土消融相变热和深层地温影响显著，模型下表面温度边界条件设置为热流边界条件（第二类边界条件），根据深层地热梯度与土体导热系数的乘积进行换算，下边界热流取 0.06W/m；模型两侧为绝热边界。模型四周为不透水边界条件。模型上表面为自由位移边界条件，两侧水平位移始终为 0，下表面为固定位移边界条件。

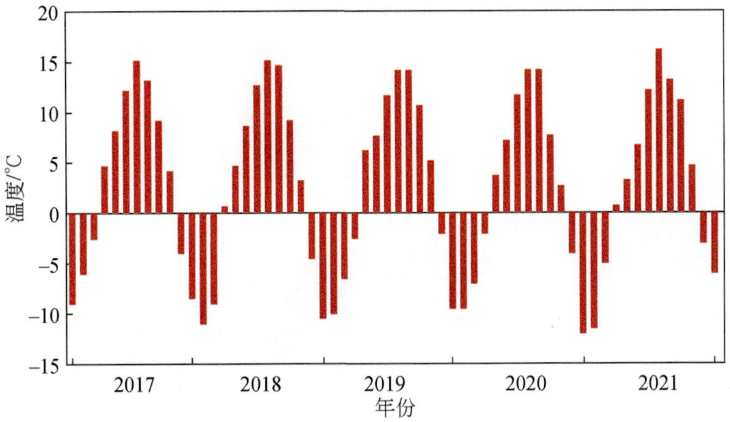

图 3-7 2017～2021 年研究区气温变化

2020 年 10 月 10 日对该多年冻土斜坡进行了钻孔和现场测温，以当日气温为上边界条件，下边界条件为热流梯度，水分场边界条件为四周不透水边界、初始条件设置根据含水量试验取值，活动层初始含水量为 0.22，多年冻土取饱和含水量。在上述边界条件和初始条件下进行水热耦合计算，计算时间跨度设为 100 年，使水热分布基本稳定，将温度场计算结果与现场实测结果进行对比。

图 3-8 为钻孔实测地温随深度分布与计算值对比结果，可以得出数值模拟所得温度场与实际地温基本一致，图 3-9 为 10 月 10 日斜坡融化程度云图，结果表明最大融深位于地表以下 1.61m，与图 3-4、图 3-5 所示多年冻土上限位置相符。综上所述，该模型几乎准确地反演了气温变化条件下斜坡地温分布、融深达到最大的时刻和多年冻土上限位置，进一步印证了数值模拟结果的有效性。

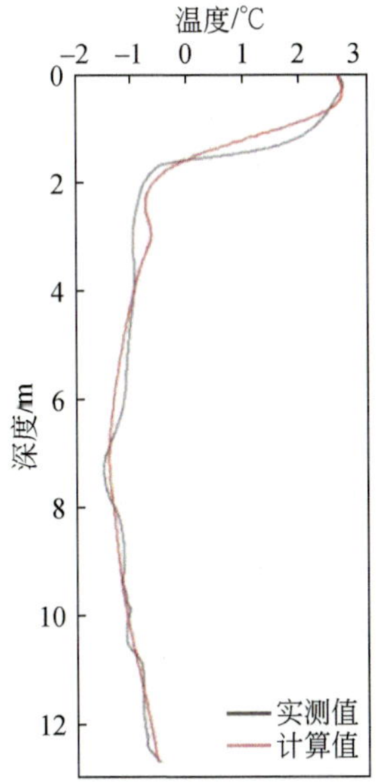

图 3-8 钻孔实测地温随深度分布实测值和计算值对比

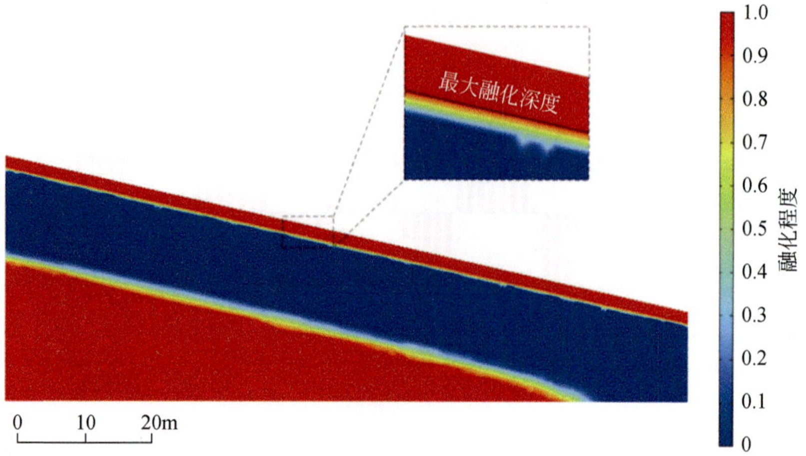

图 3-9　10 月 10 日多年冻土斜坡模型融化程度

四、数值模拟结果分析

以 2020 年 10 月 10 日现场调查和钻孔取样结果为初始条件预测了 2020 年 10 月 10 日起至 2025 年 10 月 10 日气温周期性变化条件下多年冻土斜坡水热力耦合演化特征，针对数值计算所得温度场、水分场、应力应变场和斜坡稳定性的演化特征展开逐一分析。

（一）温度场演化规律

图 3-10 为不同时刻 1-1′测线 0～3m 范围内深度-地温分布曲线图，由图可知温度剧烈变化的区域主要集中在活动层（0～1.6m）范围内，多年冻土层温度基本保持稳定，深度超过 3m 后地温几乎不随时间变化，地温基本维持在约-1℃。土体冻结温度为-0.5℃，融化温度为 0℃。3 月 21 日，斜坡表层开始融化，当地进入融季，8 月 26 日融深达到最大值，活动层全部融化；随着气温的降低，斜坡表层地温先开始降低，10 月 21 日起，斜坡表层先开始冻结，当地进入冻季，此时活动层底部仍处于融化状态，这也印证了 10 月 10 日现场调查所得活动层深度的准确性，12 月 27 日活动层达到完全冻结状态，由该深度-地温分布曲线可知活动层底部（1.6m）冻结时间较活动层中部（1.2m）早，由此推断活动层呈现双向冻结。综上所述，当地融季为 4～10 月，冻季为 11～3 月，活动层融化所需时间大于冻结所需时间，且冻季活动层呈双向冻结。

图 3-11 为 2021～2025 年融深最大时刻（8 月 26 日）1-1′测线多年冻土上限附近地温随深度的分布，融深最大时 0℃地温所在深度可视作多年冻土上限位置，由此得出 2021 年多年冻土上限位于地表以下 161cm，2025 年多年冻土上限位于地表以下 171.4cm，下移 10.4cm，平均退化速率约 2.6cm/a；多年冻土上限下移量逐年增大，由 2021 至 2022 年的 2.1cm 扩大至 3.0cm，但下移量的增幅逐年减小，推测多年冻土上限下移量随深度增大而趋于稳定，甚至有减小的可能，说明气温升高对多年冻土退化的影响程度随活动层深度的增加逐渐减弱。

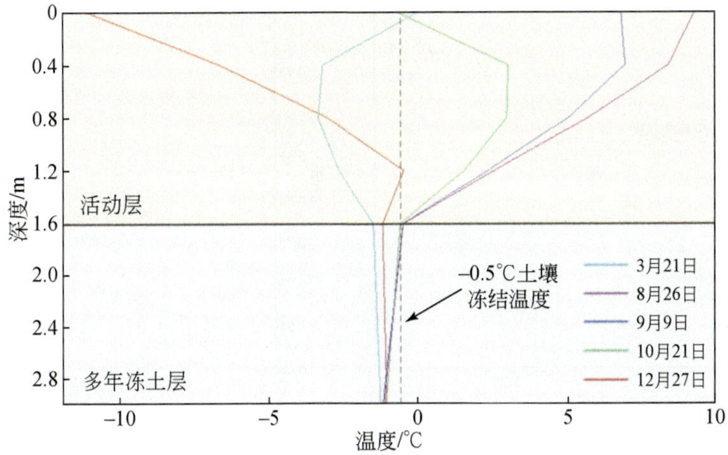

图 3-10 不同时刻 1-1′测线浅层地温随深度分布

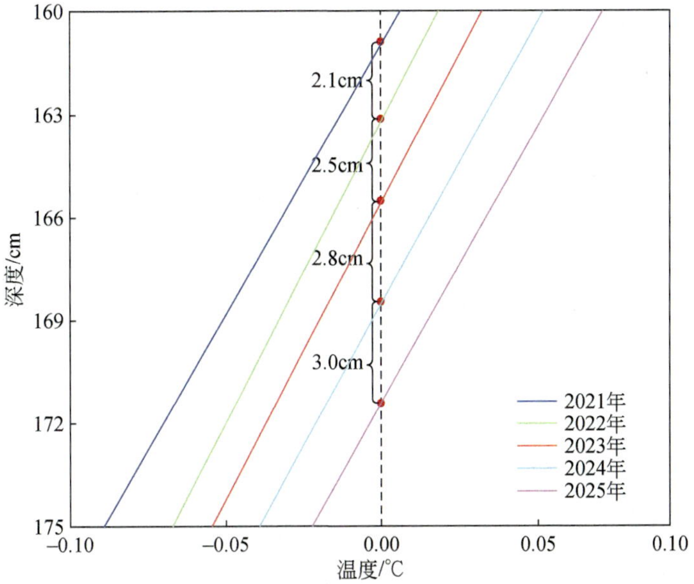

图 3-11 2021～2025 年 8 月 26 日 1-1′测线地温随深度分布

图 3-12（a）和图 3-12（b）分别为 2021～2025 年融深最大时刻（8 月 26 日）测点 H 处地温和饱和度（饱和度指未冻水含量的饱和度），可以得出：2021～2025 年测点 H 地温呈升高趋势，升高速率逐年降低，平均升高速率为 0.017℃/a；2021～2023 年该处土体仍处于冻结状态，由于土体温度升高导致饱和度增大 0.07；2024 年多年冻土上限将退化至测点 H 以下，土体完全融化导致未冻水含量突增，饱和度较 2023 年增大 0.29，2024 年和 2025 年土体均达到饱和，可知气温升高对含水量的影响随着土体完全融化而消失。

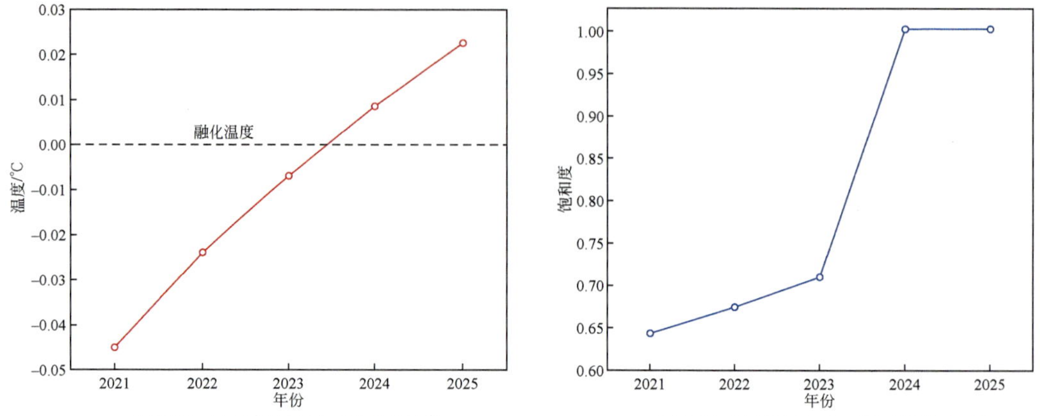

(a)2021~2025年8月26日测点H温度

(b)2021~2025年8月26日测点H饱和度

图 3-12 2021～2025 年 8 月 26 日测点 H 温度和饱和度

（二）水分场演化规律

2021～2025 年坡脚测点 E 和坡顶 G 的总含水量（含水量和含冰量的总和）变化曲线分别如图 3-13（a）和图 3-13（b）所示，对比可知坡脚测点 E 总含水量在 5 年内从 0.251 提高至 0.259，平均升高速率为 0.16%/a；坡顶测点 G 总含水量平均下降速率为 0.16%/a；根据总含水量变化趋势可以将一个冻融循环内的水分迁移分为四个阶段：1 月 1 日至 3 月 15 日土体处于冻结状态，孔隙冰的阻隔作用导致总含水量变化幅度较小，水分迁移现象不明显；3 月 15 日至 7 月 20 日孔隙冰逐渐融化，土体渗透性提高，总含水量变化幅度增大，水分迁移现象逐渐显现；7 月 20 日至 10 月 20 日，活动层土体融化程度较高，总含水量变化趋势达到极大值 0.64%/a，这一阶段的总含水量变化量占全年总含水量变化总量的 50%，水分迁移现象尤为明显；随着气温降至负温，10 月 20 日至 12 月 31 日土体再次冻结，总含水量变化幅度减小，水分迁移现象逐渐消失。

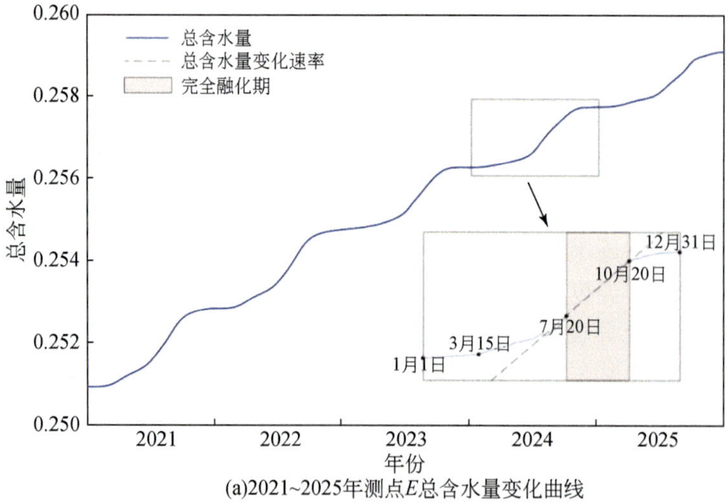

(a)2021~2025年测点E总含水量变化曲线

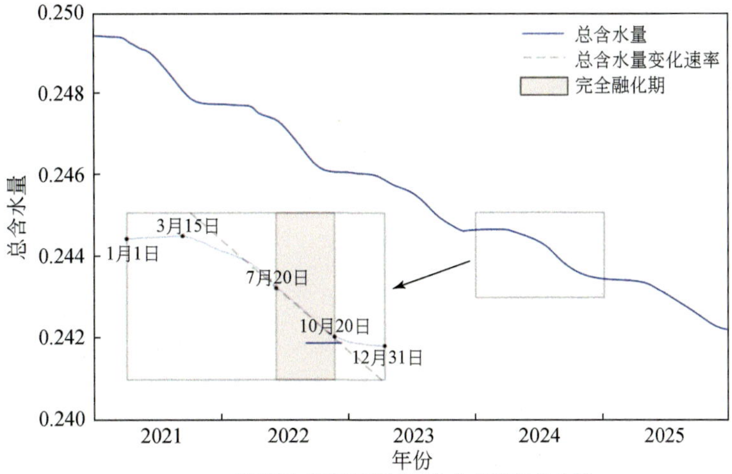

(b)2021~2025年测点G总含水量变化曲线

图 3-13 2021～2025 年坡顶和坡脚水分迁移规律

图 3-14 为 2021～2025 年 8 月 2-2′测线总含水量分布，可以得出坡顶总含水量逐年减小，坡脚总含水量逐年增大，在同一个冻融周期内，坡脚土体总含水量大于坡顶，经历 4 个冻融循环后坡脚土体总含水量比坡顶大 7.4%，说明水分自坡顶向坡脚迁移；越靠近坡顶和坡脚，总含水量变化趋势越明显，由于水分自坡顶的补给和向坡脚的运移达到平衡，距坡顶 55m 处土体总含水量不变。图 3-15 为 2021～2025 年坡脚不同深度 5 个测点 A～E 含水量随时间的变化曲线，模拟结果显示坡脚活动层土壤含水量呈垂直分布特征，含水量随深度增大而增大，由此可见活动层水分迁移方向包括沿顺坡方向和重力方向。

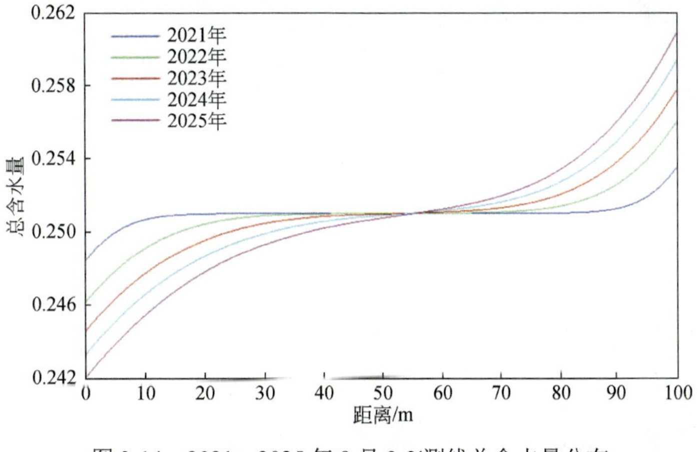

图 3-14 2021～2025 年 8 月 2-2′测线总含水量分布

图 3-16（a）和图 3-16（b）分别为 2021～2025 年 2 月 1 日斜坡含冰量分布云图和 8 月 26 日斜坡含水量分布云图。由图 3-16（a）可知 2 月活动层土体内的水分主要以孔隙冰的形式存在，含冰量约 16%，多年冻土上限以下土体含冰量呈先减小后增大再减小的趋势，其中活动层以下含冰量分布呈现先减小后增大的趋势，活动层基底以下存在 0.5m 厚的高含冰量层，土体含冰量达到 28%左右，含冰量最大值出现在 7.5m 深度处，与钻孔取样得出的

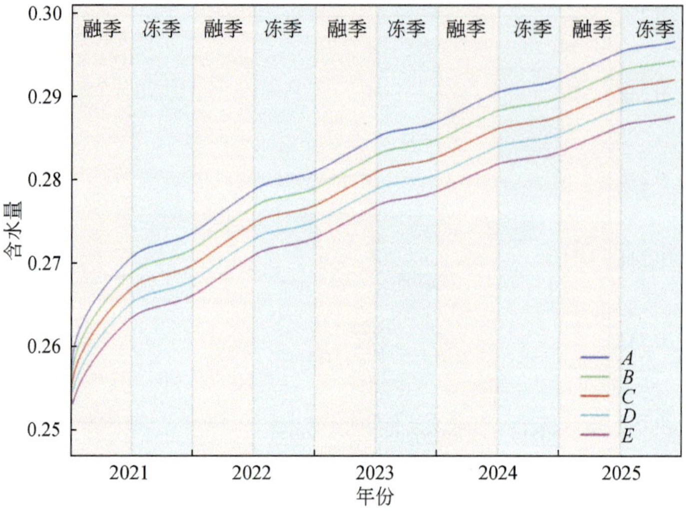

图 3-15　2021～2025 年坡脚不同深度含水量随时间变化

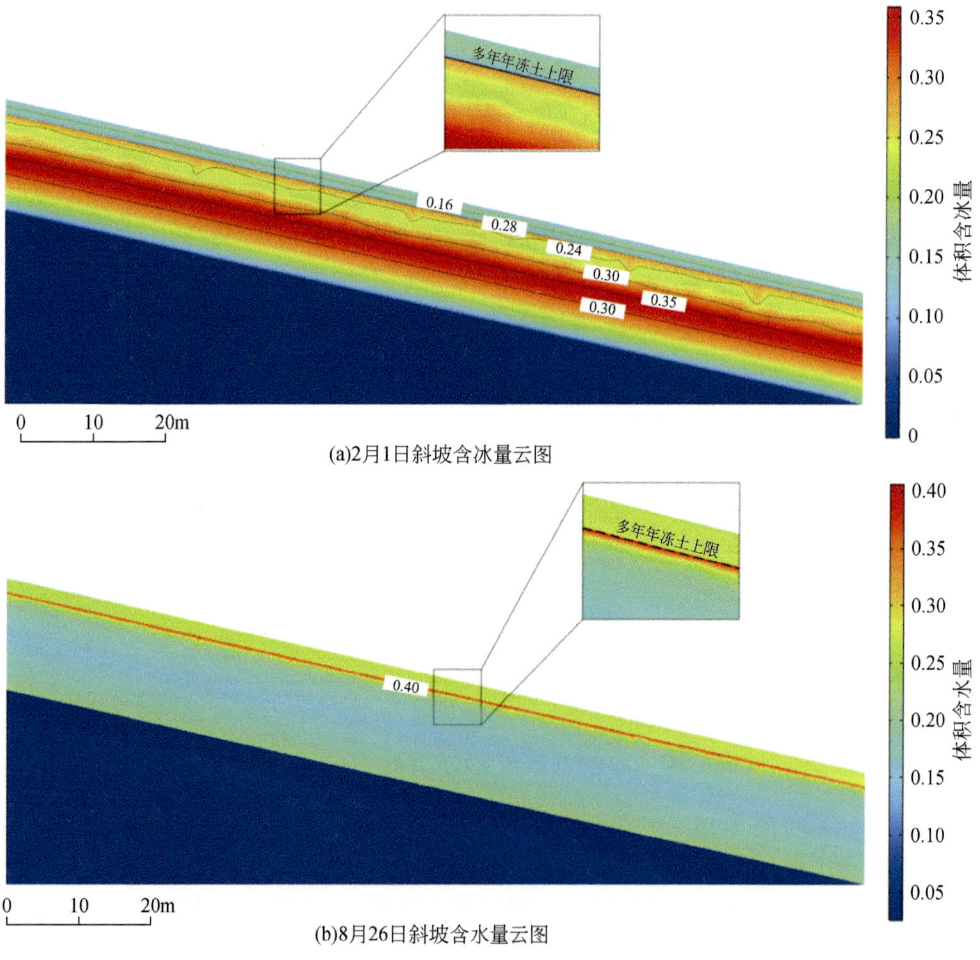

图 3-16　冻季和融季斜坡含冰量和含水量云图

结果相近，含冰量高达 0.35。图 3-16（b）为融深最大时刻含水量分布云图，可以得出此时活动层完全融化，含水量约 26%，且在活动层基底以下高含冰量层有一定融化，出现厚度约 15cm、含水量高达 40%的富水层。

（三）应力应变场演化规律

图 3-17 反映了气温周期性变化下斜坡冻胀融沉位移规律。图 3-17（a）和图 3-17（b）分别为 2021～2025 年坡脚不同深度 5 个测点 *A*～*E* 的水平位移和竖直位移变化，可以得出：位移随深度的增加逐渐减小，斜坡表面位移最大，测点 *A* 的位移始终为 0，说明冻胀融沉循环仅发生在活动层；以测点 *E* 为例，随着气温降低至土壤冻结温度以下，10 月 20 日起斜坡表层发生冻胀，1 月 15 日冻胀量达到最大，此时水平冻胀位移为 2.5cm，竖直冻胀位移为 8.0cm；随着气温的回升，土体含冰量减小导致体积收缩，6 月 26 日融沉量最大，产

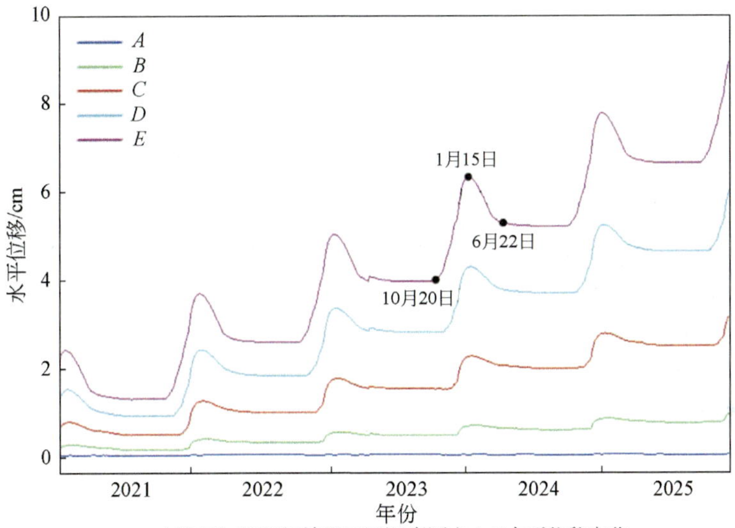

(a)2021~2025年坡脚不同深度测点*A*~*E*水平位移变化

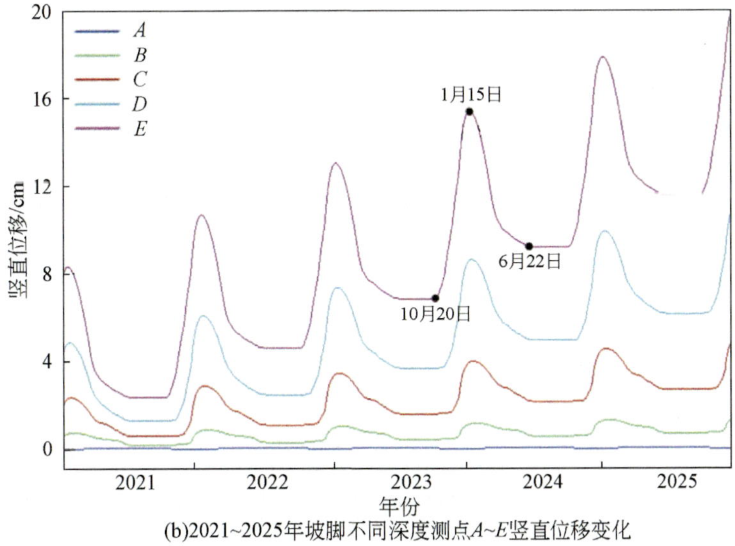

(b)2021~2025年坡脚不同深度测点*A*~*E*竖直位移变化

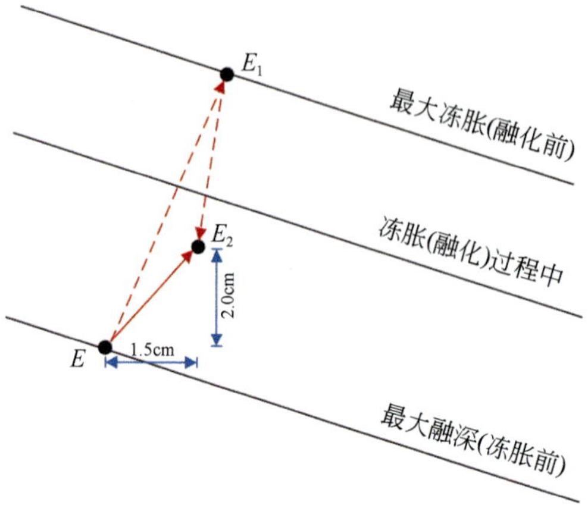

(c)坡脚单质点冻胀融沉位移示意图

图 3-17　冻胀融沉位移变化规律

生 1.0cm 的水平融沉位移和 6.0cm 的竖直融沉位移，随着深度的增加，融沉量达到最大值的时间逐渐滞后。图 3-17（c）为坡脚表面（测点 *E* 位置）单一质点的冻胀融沉位移示意图，*E*-*E*1 为冻结过程中质点冻胀变形路径，*E*1-*E*2 为融化过程中质点融沉回退路径，测点 *E* 处的土颗粒经历一次冻胀融沉后运动至 *E*2 处，产生 1.5cm 的水平净位移和 2.0cm 的竖直净位移，总位移 2.5cm，与 Harris 和 Lewkowicz 通过位移监测得出的 1.6cm/a 的坡表变形量相近。

图 3-18（a）为 2021～2025 年测点 *E*、*F*、*G* 的塑性应变变化曲线，可以得出塑性应变在每年的冻胀融沉期间发展，4～10 月坡表土体完全融化期间塑性应变不发生变化；塑性应变随时间不断增大，且坡脚塑性应变增大的速率最大，坡顶最小。图 3-18（b）为 2025 年 12 月测线 2-2′塑性应变曲线，可见塑性应变自坡顶至坡脚逐渐增大，对比图 3-15 可以得出测线 2-2′塑性应变的分布曲线与含水量的分布曲线形状相似，由此推测冻融循环产生的

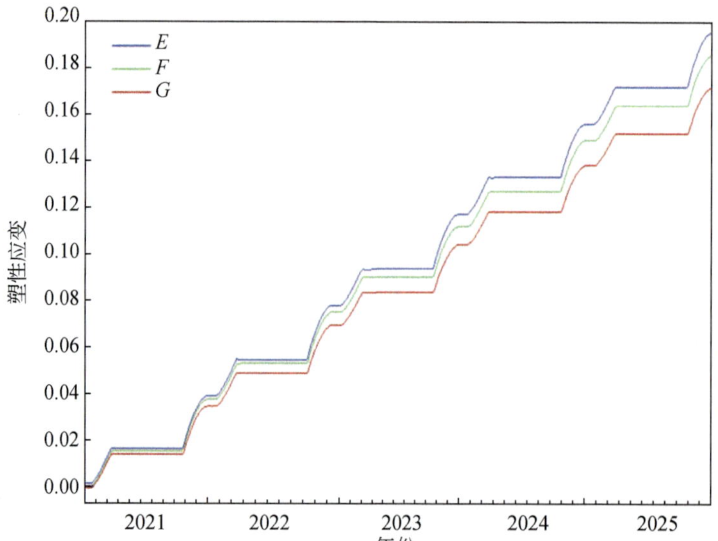

(a)2021~2025年测点*E*、*F*、*G*塑性应变变化曲线

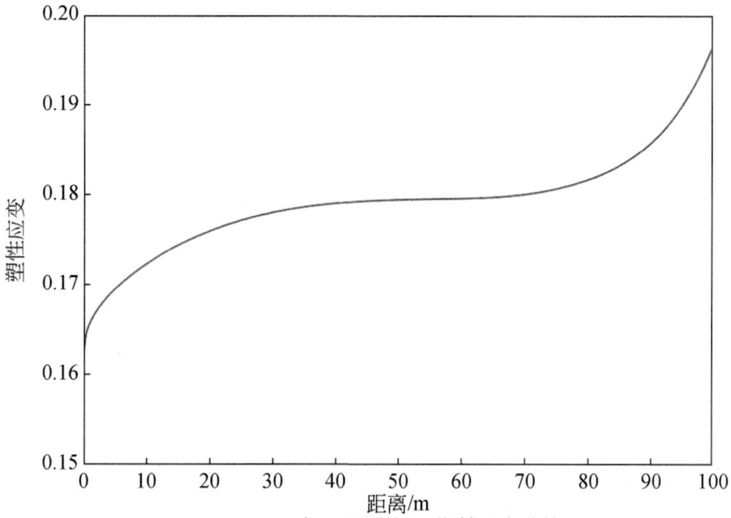

(b)2025年12月测线2-2′塑性应变曲线

图 3-18　斜坡塑性应变变化规律

塑性应变与土体含水量密切相关，由于坡脚土体总含水量比坡顶大 7.4%，4 个冻融循环周期产生的塑性应变比坡顶大 20.98%。

（四）斜坡稳定性演化规律

为直观反映降雨对多年冻土斜坡浅层稳定性的影响，通过有限元强度折减法计算斜坡安全系数，该方法的优势在于：其考虑了土体应力应变关系以真实反映斜坡受力过程；无须如极限平衡法一样划分土条进行条间力的简化；能根据实际的斜坡受力状况计算斜坡的滑移面和塑性应变；应用场景广泛，可以分析斜坡整体稳定性和局部稳定性。本章利用折减系数对土体内摩擦角和黏聚力同时进行折减以达到斜坡的极限状态，其中有限元强度折减法判断斜坡达到极限状态的判据主要包括以下几点：①有限元软件在一定求解迭代次数内计算结果不符合收敛标准则说明斜坡已处于失稳状态；②当斜坡出现位移突变或应力急剧增加的情况说明斜坡已发生破坏；③当模型出现贯通的塑性区或者塑性应变显著增大说明斜坡已经失稳。本章结合判据①和③，根据有限元计算不收敛和斜坡模型出现贯通塑性区来判断模型处于极限状态。

本章下文分析了一年内各月份斜坡安全系数变化规律以及冻融循环次数增加对斜坡安全系数的影响，以研究气温变化对多年冻土斜坡浅层稳定性的影响。2021 年各月份安全系数随气温变化曲线如图 3-19（a）所示，可以得出斜坡稳定性与气温均呈正弦函数变化，且两者呈负相关，即多年冻土斜坡稳定性随着气温升高而下降。然而斜坡稳定性的变化具有一定滞后性，7 月气温达到全年峰值，1 月气温达到全年最低值，但气温影响地温传导需要一定时间，8～9 月斜坡安全系数达到全年最低值，2 月斜坡安全系数达到全年最高值。在一个冻融循环内，10 月气温降至土壤冻结温度以下，土体冻结水分消散，抗剪强度回升，斜坡安全系数开始增加；2～4 月随着温度的上升土体孔隙冰相变为孔隙水，安全系数大幅下降，年内气温升高导致安全系数下降约 12.1%。图 3-19（b）为 2021～2025 年 8 月斜坡安全系数，由图可知：随着冻融循环次数的增加，斜坡安全系数减小，经历 4 个冻融循环后斜坡安全系数降低约 0.4，且安全系数随冻融循环次数变化曲线斜率逐年减缓，说明斜坡稳定性下降幅度随冻融循环次数的增加而下降。

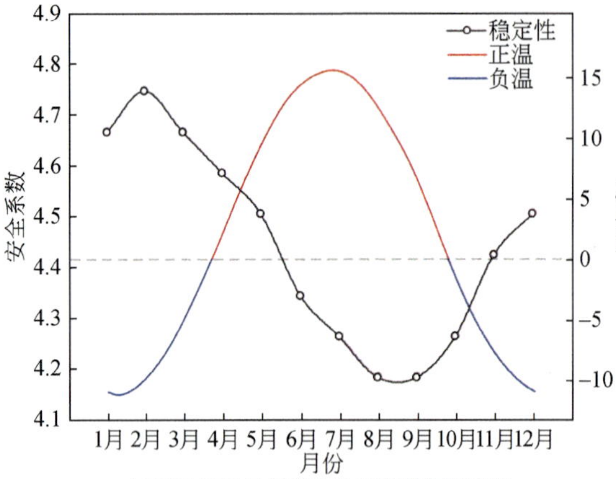

(a)2021年各月斜坡安全系数随气温变化

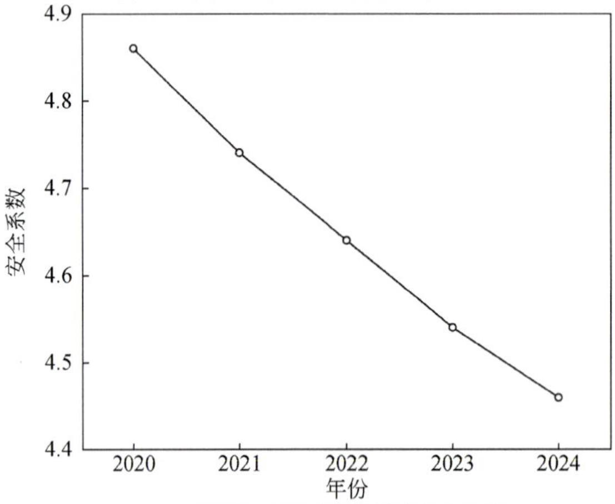

(b)2021~2025年8月斜坡安全系数

图 3-19 气温变化对斜坡稳定性的影响

（五）气温变化对浅层冻土滑坡失稳的影响机理浅析

计算结果表明土体冻融循环控制着水分迁移现象，多年冻土区斜坡活动层水分不仅存在着沿重力方向的迁移，还有自坡顶至坡脚的顺坡迁移。气温升高，土体融化程度增大，水分自坡顶至坡脚迁移的现象愈发显著，完全融通期含水量变化速率达到峰值；反之，气温降低，土体冻结程度增大，水分迁移现象逐渐消失，完全冻结期水分迁移速率最小。根据总含水量的变化趋势将水分迁移过程分为四个阶段，其中 5～10 月水分迁移现象尤为显著，此时青海省处于雨季，降雨量占全年的 80%以上，推测如果此时雨水大量入渗将导致融土迅速饱和，土体应力状态改变、孔隙水压力增加，对斜坡稳定性产生威胁。

已有研究表明土体孔隙冰含量上升导致基质吸力和胶结力增大（晏长根等，2019），2 月活动层土体含冰量达到 18%，此时土体黏聚力较大，因此，冻结期斜坡整体稳定良好；模拟得出多年冻土上限以下存在 0.5m 厚高含冰量层，已有研究表明，冰分离现象、大气水和融水下渗、冻结初期双向冻结是活动层基底形成高含冰量层的主要原因，且含冰量有随冻融循环次数增加继续增大的可能，8 月 26 日融深达到最大，高含冰量层有一定的融化，产生约 15cm 厚的富水层，鉴于细粒土排水能力较差，孔隙水压力难以消散，活动层失稳的概率增大。

在当地气温以 0.33℃/a 的速度升高的情况下，多年冻土处于升温退化状态，2021～2025 年多年冻土上限将下移 10.4cm，活动层基底下的高含冰量层融化将导致土体瞬间饱和，随着融深的继续扩大，高含冰量层有进一步融化的可能，活动层厚度增大使上覆融土提供了更大的下滑力，冻融交界面未冻水含量大幅度升高，孔隙水压难以消散、抗剪强度大幅下降，水分聚集产生的润滑作用导致抗滑力下降（王娇月等，2011），活动层沿多年冻土层下滑的风险大大上升。

活动层冻胀融沉发生在冻结期和融化期，即每年的 10 月至次年 4 月，模拟结果表明坡脚表面土体产生 2.5cm/a 的净位移，土骨架变形导致干密度降低，塑性应变增大，土颗粒间胶结作用随冻融循环次数的增加逐渐减弱，抗剪强度有损失至残余值的可能，且冻融产生的塑性应变与土体含水量大小呈正相关，塑性应变自坡顶至坡脚逐渐增大，5 年间坡脚产生的塑性应变比坡顶大 20.98%，坡脚处容易产生水分聚集，土体力学性质劣化显著，形成薄弱带，进而诱发牵引式热融地质灾害。

斜坡安全系数与年内气温变化形式均为正弦函数形式，安全系数随气温升高而降低，两者呈负相关，由于活动层热传递需要时间，因此斜坡安全系数的变化相比气温变化存在一定滞后性。该斜坡安全系数较高，但长时间尺度下的冻融循环将导致斜坡稳定性逐渐降低，推测长期冻胀融沉引发的坡表蠕变可能是低缓多年冻土斜坡活动层失稳的必要条件，且气温对多年冻土斜坡稳定性的影响仍需进一步考虑短时间尺度下的极端高温。

第三节　降雨条件下浅层冻土滑坡失稳机理

降雨是地质灾害发生的重要影响因素之一，其中降雨诱发的滑坡灾害广泛存在且频繁发生，对人民生命财产安全和自然环境造成严重威胁，对降雨型滑坡灾害展开研究并采取有效的防灾减灾措施是地质灾害研究领域的热点。国内外学者对降雨型滑坡的研究主要在于其失稳机制、变形机制、动力学机制、稳定性分析、灾害预测预报等方面。目前关于降雨条件下滑坡失稳变形机制的研究成果丰富、研究手段包括模型试验、数值模拟和现场监测等。亦有学者通过理论和工程经验，用多元化的手段对降雨型滑坡稳定性进行分析评价，主要包括定性分析法、定量分析法和不确定分析法，其中，不确定分析法将不确定性因素通过统计学思维结合至斜坡稳定性分析中，未来随着深度学习、人工智能、支持向量机和可靠度理论等方面的发展，不确定性分析法将成为斜坡稳定性分析的关键手段。而理论研究终究需要服务于实际应用，增加对降雨型滑坡的认识进而预测灾害的发生并采取有效的防灾减灾措施是最终落脚点，根据降雨和滑坡历史资料利用统计学方法判定降雨型滑坡失稳临界值，实现降雨型滑坡时间、空间和规模上的预警是当前的研究热点之一，但当前的预测预报模型依赖于大量历史资料，无法精确反映地质条件，极少考虑雨水入渗规律及岩土体的力学性质变化，因此该方向的研究有待进一步深入。

综上不难发现当前针对普通降雨型滑坡的研究已经有了一定进展，但多年冻土区斜坡失稳不仅需要考虑降雨对土体物理力学性质的影响，还涉及雨水入渗和温度变化对冻土水热迁移的影响，揭示降雨和气温变化耦合作用下多年冻土斜坡水热力响应机制对认识浅层冻土滑坡失稳机制具有重大意义，但当前关于降雨引起冻土斜坡失稳的研究甚少，且主要关注冻土斜坡失稳过程和稳定性变化。因此，下文以祁连山地区典型浅层冻土滑坡为研究对象，结合气象站历史降雨资料，根据斜坡失稳前当地发生强度低但持续时间长的降雨特征，系统地研究了气温变化和降雨耦合作用下多年冻土斜坡浅层水热力演化机制，为揭示浅层冻土滑坡失稳机制提供了理论依据。

一、典型浅层冻土滑坡

青海省祁连县默勒镇海浪村发育一处典型浅层冻土滑坡（E100°49'58"，N37°43'47"）如图 3-20 所示，根据现场调查结果，该浅层冻土滑坡发育海拔范围为 3763～3800m，滑体平面呈不规则舌状，属于滑动型浅层冻土滑坡，发育位置位于斜坡中下部，斜坡整体坡度约 15°，滑坡发育位置坡向为阴面。根据运动和堆积特征将浅层冻土滑坡分为滑源区和流动堆积区（图 3-21），滑体全长 90m，其中滑源区长 32m，流通堆积区长 58m，滑源区坡度较陡，呈现为凹地形，且遥感影像纹理粗糙，滑体向沟口方向流通堆积。斜坡表面发育的植被为藏蒿草，上部植被较下部稀疏，植被覆盖率较高，整体可达 70%，滑体表面植被大多被破坏，仅堆积区表面有稀疏植被残留。斜坡表层为厚 20cm 左右的黑色草甸土，其下为含有碎石的泥炭土和粉质黏土，后缘发育有不规则形状的陡坎，陡坎高度约 1.5m，后缘表层土体含水率小于前缘；前缘有鱼鳞状草皮翻滚叠起和冻胀草丘隆起。

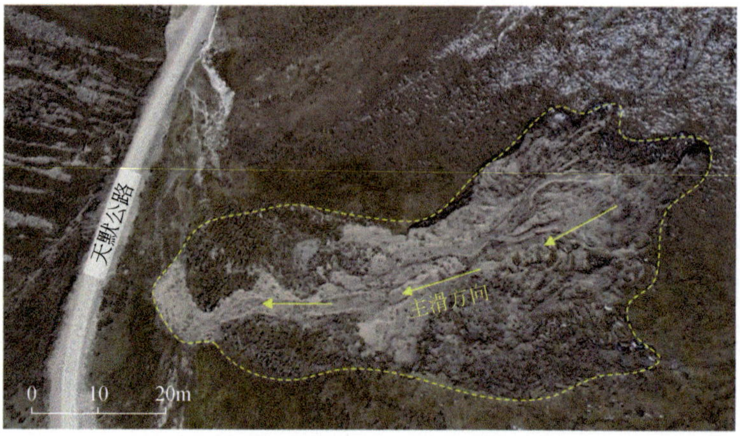

图 3-20　祁连县默勒镇海浪村浅层冻土滑坡

通过现场钻孔资料（图 3-22）可得斜坡地层信息：地表以下 0～1.6m 为活动层，10 月处于融化状态，无肉眼可见冰晶，活动层由粉质黏土、砂质黏土和泥炭组成，其中 0～1.4m 土层较松散，1.4～1.6m 土层相对致密；1.6～12.7m 为多年冻土层，其中 1.6～2.1m 土层为含冰量高达 20%～30%的黏土，2.1～4.5m 土层为含冰量 5%～20%的黏土和泥岩，4.5～8.4m 为富冰冻土层，含冰量可达 30%～40%，8.4～12.7m 为含冰量 5%～25%的黏土和泥岩；12.7m

以下为基岩层，主要为砂砾岩，无明显冰晶颗粒。结合现场调查和钻孔资料获取主滑方向地质剖面如图 3-23 所示。

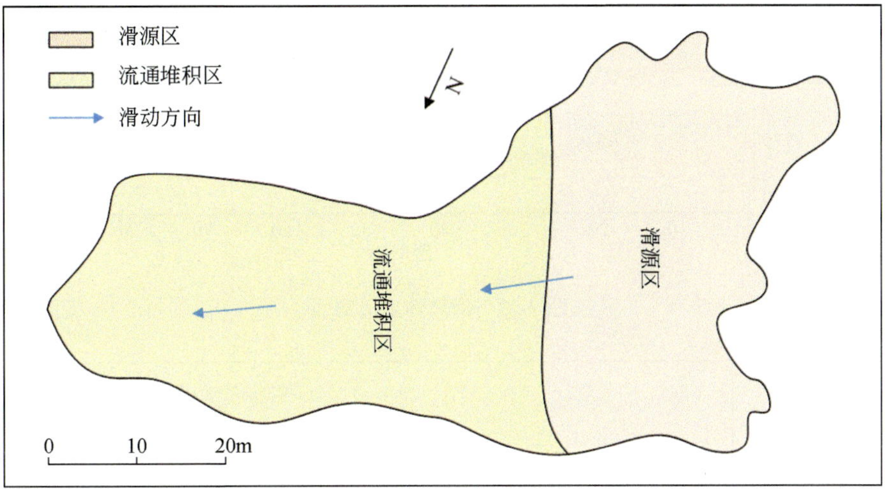

图 3-21　浅层冻土滑坡分区

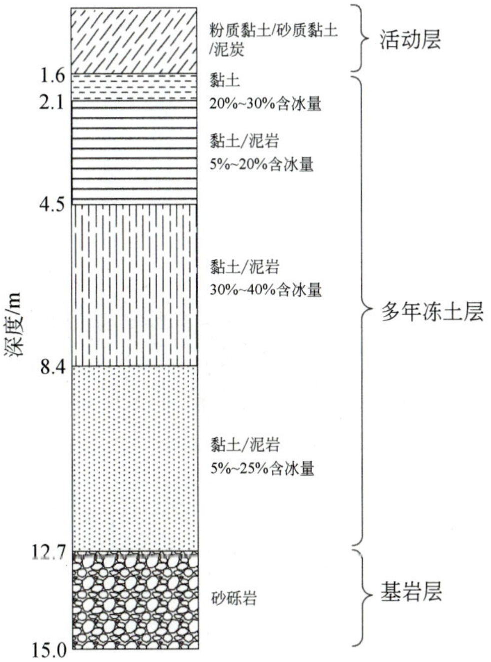

图 3-22　钻孔地层信息

根据祁连县气象站观测资料获得该灾害点附近降雨概况。根据当地 2008～2020 年年降雨量统计图［图 3-24（a)］，当地年降雨量整体呈波动上升趋势，2015～2018 年年降雨量持续增大，2018 年降雨量达 574mm，为 2008～2020 年间降雨量峰值。该浅层冻土滑坡恰好发生于 2018 年 8 月末，且 2018 年 6～8 月降雨量占全年总降雨量 67.6%，由此推测该浅

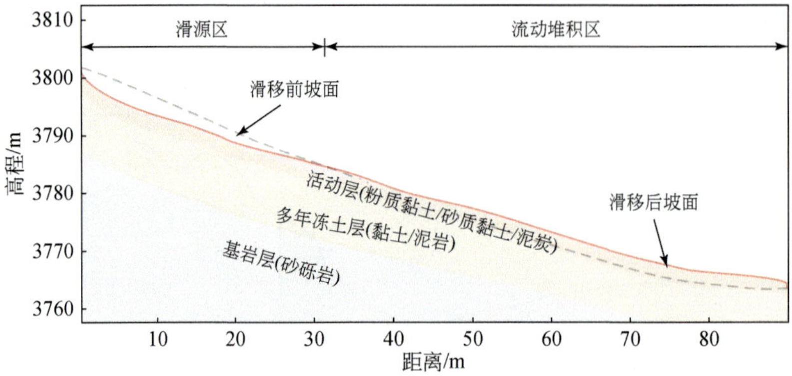

图 3-23 滑坡体主滑剖面

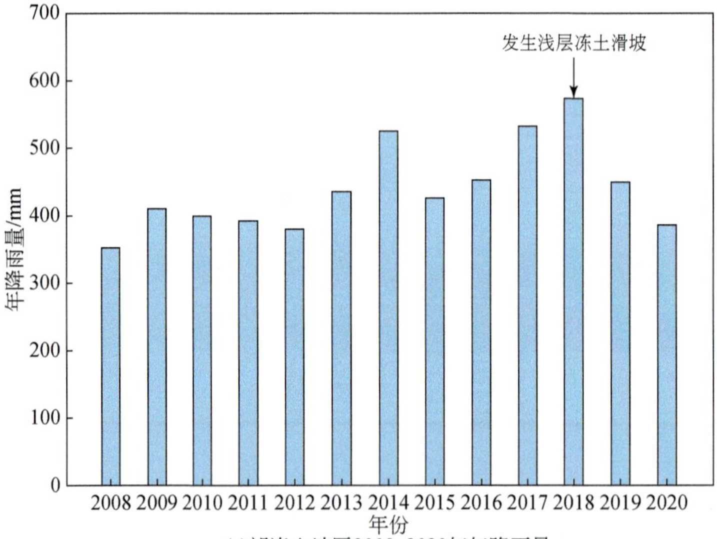

(a)祁连山地区2008~2020年年降雨量

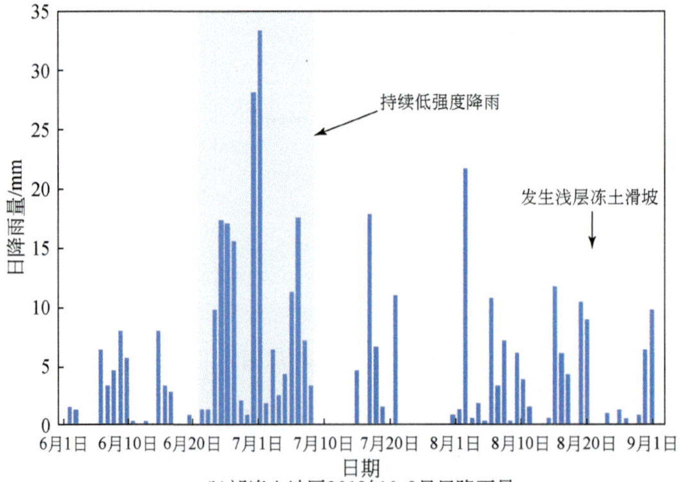

(b)祁连山地区2018年6~8月日降雨量

图 3-24 祁连山地区降雨概况

层冻土滑坡失稳与降雨密切相关。根据 2018 年 6～8 月的日降雨量统计图［图 3-24（b）］，当地夏季降雨量呈现雨量较小、持续时间较长的特征，其中 6 月 22 日至 7 月 9 日发生了连续 18d 的降雨，降雨量达到 162mm，日均降雨量为 9mm/d，最大日降雨量为 33mm/d。

二、典型浅层冻土滑坡模型建立

基于冻土水热力耦合模型，根据斜坡地层信息（图 3-22）和滑坡主滑方向地质剖面（图 3-23）建立活动层失稳前的多年冻土斜坡三场耦合模型，其二维有限元网格计算模型如图 3-25 所示，斜坡模型长 90m，坡度为 15°，地表以下 0～1.6m 为活动层，土质为粉质黏土、砂质黏土和泥炭；地表以下 1.6～12.7m 为多年冻土层，土质为黏土和泥岩；地表 12.7m 以下为基岩层，主要为砂砾岩。有限元模型采用三角形网格进行划分，由于活动层水热力演化剧烈，因此将活动层网格细化。

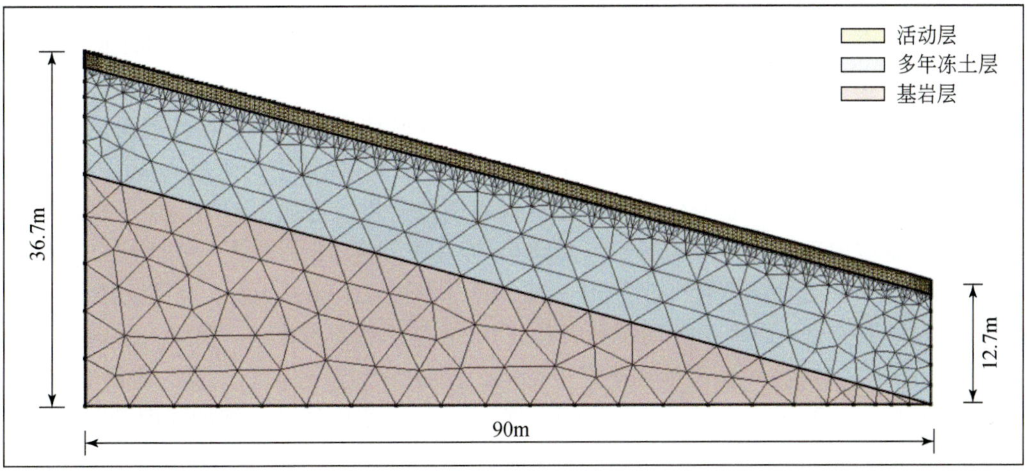

图 3-25 有限元网格计算模型

为对照分析降雨对浅层冻土滑坡的单一影响，建立仅考虑气温变化而不考虑降雨的工况一和考虑气温变化和降雨的工况二：工况一仅施加气温变化工况模拟斜坡 10 月 10 日至次年 12 月 31 日的水热力演化；工况二以工况一 7 月 1 日的水热力计算结果为初始状态，在气温变化的基础上施加强度 9mm/d、历时 18d 的降雨工况，模拟斜坡 7 月 1 日至 7 月 18 日降雨过程中和 7 月 19 日至 7 月 30 日降雨停止后 12d 内的水热力演化。通过对比施加工况一和工况二后多年冻土斜坡模型 7 月 1 日至 7 月 30 日水热力演化过程，以分析降雨条件下浅层冻土滑坡失稳机理。

根据当地气温变化情况和气候变暖特征，结合附面层理论将地表温度视为平均气温并简化成三角函数形式作为模型上表面温度边界条件。模型下表面温度边界条件为热流边界条件，根据深层地热梯度与土体导热系数的乘积进行换算，取 $0.06W/m^2$；模型两侧为绝热边界；将钻孔实测地温设为初始值，下表面采取热流边界条件，计算时间设为 100 年，使地温分布基本稳定，结果作为 2020 年 10 月 10 日温度场初始状态。模型两侧和下表面为不透水边界条件；不考虑降雨时上表面不透水边界条件，考虑降雨时上表面为流量边界；土体初始体积含水率作为水分场初始状态，活动层初始含水率为 0.22，多年冻土层初始含水率为 0.43。模型上表面为自由位移边界条件，两侧水平位移为 0，下表面为固定位移边界条件。

数值模拟所需力学参数根据钻孔取样进行室内试验所得，活动层深度 0～1.4m 土层较为松散，1.4～1.6m 土层较为致密，松散土层饱和渗透系数取 1.2×10^{-6}m/s，相对致密土层饱和渗透系数取 4×10^{-9}m/s。

三、数值模拟结果分析

（一）降雨引起地温升高

在研究降雨对地温的影响时考虑了雨水温度的影响，目前鲜有关于雨水温度的研究的学术文献，但影响雨水温度的因素众多，其中，雨滴从高空下落过程中与大气产生热传递，因此本文仅考虑气温为影响雨水温度的关键因素。有学者统计了 8 月气温和地面雨水温度的关系，结果显示气温中值和地面雨水温度中值几乎一致，误差在 0～1℃左右。因此忽略以天为时间单位的气温波动，将平均气温作为地表温度边界条件，假设入渗雨水的温度和地表温度一致，7 月 1 日至 18 日的日平均气温约 14～15℃，模型中的雨温同样为 14～15℃。

上节研究成果显示气温变化导致地温呈现周期性变化，进而引起活动层冻融循环，为分析降雨对斜坡内部温度传导的影响，2018 年 7 月 1 日至 18 日工况一和工况二模型地表以下 0.4m 和 1.6m 处地温变化分别如图 3-26（a）和图 3-26（b）所示。降雨入渗导致 0.4m 深度处地温即刻上升，而由于活动层基底存在 0.2m 厚的相对致密层，雨水入渗需要一定时间，降雨 0～13d 对 1.6m 深度地温不产生影响。仅施加气温变化时，7 月 18 日 0.4m 深度地温升高 0.90℃，1.6m 深度地温升高 0.087℃；在气温变化基础上施加降雨工况后，7 月 18 日 0.4m 深度地温升高 1.84℃，1.6m 深度地温升高 0.18℃。降雨导致深层地温增长显著，0.4m 深度地温增长速率随时间减小，1.6m 深度地温增长速率随时间增大。

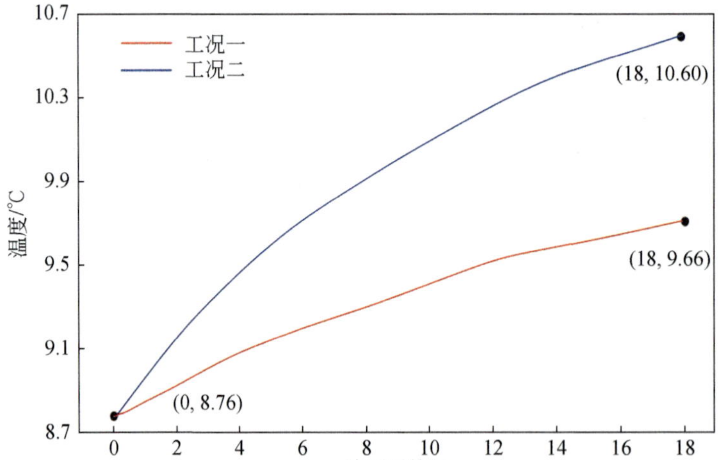

(a)深度0.4m地温随时间变化

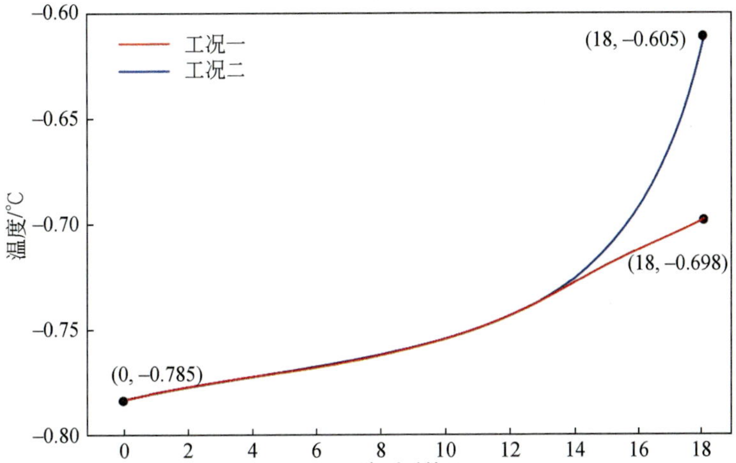

(b)深度1.6m地温随时间变化

图 3-26 降雨导致不同深度地温随时间变化

经分析，地温存在热梯度，而 7～8 月外界气温处于年内最高值，因此斜坡浅层地温随深度的增加而降低，由于雨水温度与地表温度一致，随入渗深度的增加，雨水接触到的土体温度逐渐降低，雨水和土体发生热交换将导致雨水温度降低、土体温度升高（从内能转移的角度也可以理解这一现象），同时，大量雨水入渗导致融土孔隙气排出，孔隙水进入，增加了土体导热系数，有利于夏季温度较高的大气与土体之间的热传导。

（二）降雨对斜坡水分场的影响

降雨入渗导致夏季高温对斜坡浅层地温的影响更显著，地温升高将引起冻融循环周期的变化。为分析降雨对土体冻融的影响，7 月 18 日和 7 月 30 日两种工况下模型的含冰量云图如图 3-27 所示，结果表明：仅考虑气温变化条件下 7 月 18 日活动层融深位于 1.35m，活动层基底含冰量为 0.34；当施加降雨工况后，7 月 18 日活动层融深位于 1.49m，活动层基底含冰量为 0.33，可见降雨 18d 导致活动层融深增大 14cm，活动层基底含冰量较不考虑降雨时减小 2.94%。仅考虑气温变化条件下 7 月 30 日活动层融深位于 1.43m，活动层基底含冰量为 0.27；施加 18d 的降雨工况且降雨停止后 12d 时活动层已完全融化，活动层基底含冰量为 0.16，可见降雨停止后 12d 活动层融深增大 17cm，活动层基底含冰量较不考虑降雨时减小 40.74%。综上所述，降雨对活动层融化影响显著，加速了活动层融化进程，且雨水入渗对孔隙冰融化产生持续影响，降雨停止后活动层融深增大幅度提升，且随着雨水下渗，活动层基底含冰量大幅降低。

由于研究区夏季降雨强度较低，雨水对坡面的冲刷作用相对不明显，因此，降雨从外界水分补给和导致地温上升促进孔隙冰融化两个方面提高活动层未冻水饱和度，进而直接影响到土体的力学性质以影响斜坡浅层稳定性。图 3-28 为 7 月 18 日和 7 月 30 日两种工况下模型的饱和度云图，结果表明：不考虑降雨时，7 月 18 日活动层 0～1.4m 为饱和度约 0.58 的融土层，活动层底部 20cm 为饱和度约 0.45 的冻土层，随着温度的传导，7 月 30 日融深增大，活动层底部冻土层厚度减小为10cm，饱和度增至0.48。施加降雨工况后活动层饱和度大大增加，7月18日融土层的饱和度约0.88，较工况一模型提高0.3，活动层底部饱和度约0.45的冻土层厚度减小至13cm；由于水分下渗及冻土进一步融化，7月30日活动层完全融化，饱和度约0.85，活动层基底以下形成10cm厚饱和度约0.90的富水层。

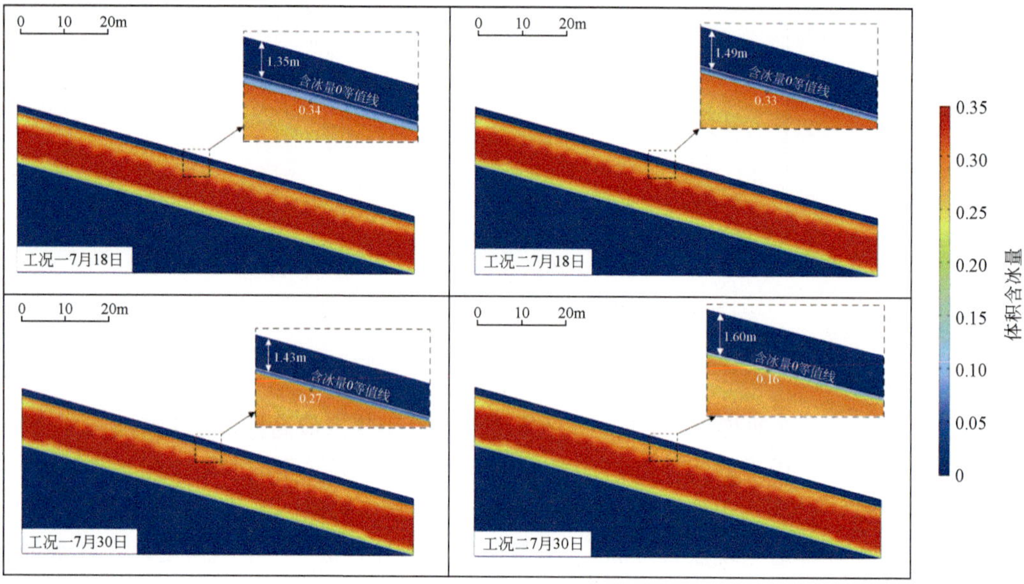

图3-27　7月18日和7月30日两种工况下模型含冰量

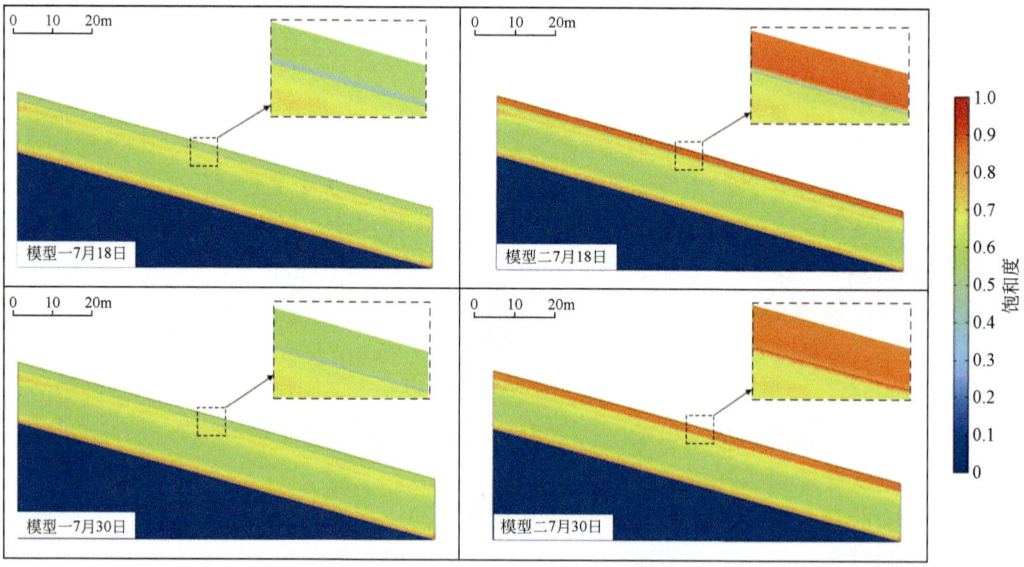

图3-28　7月18日和7月30日两种工况下模型饱和度

根据不同深度渗流速度随时间变化曲线［图3-29（a）］和降雨不同阶段模型流速分布云图［图3-29（b）］，分析降雨条件下渗流速度变化规律如下：7月1日降雨初始时刻活动层 0～1.2m 深度的土体已完全融化，渗流速度随深度减小，此时融水沿坡面法向向内部运移；降雨 0～3d 雨水入渗导致流速迅速增加，此时雨水渗透深度有限，流速增大速率随深度增大而减小；随着雨水继续下渗，自降雨 3d 起，流速增大速率随深度增大而增大；1.4m 深度土体的孔隙冰在降雨 9d 融化，流速开始增大；降雨 9d 雨水沿重力方向竖直下渗，在孔隙冰的阻隔作用下，降雨 18d 土层深度增加，渗流方向愈发接近顺坡；降雨停止后，1.4m 深度范围内土体流速下降，此时流速随深度增大而增大；由于 1.4～1.6m 深度为渗透性较差的相对致密层，1.6m 深度处流速在降雨停止后 2d 才逐渐增大，且流速增量很小；降雨停止后 12d，渗流方向完全转变为顺坡。

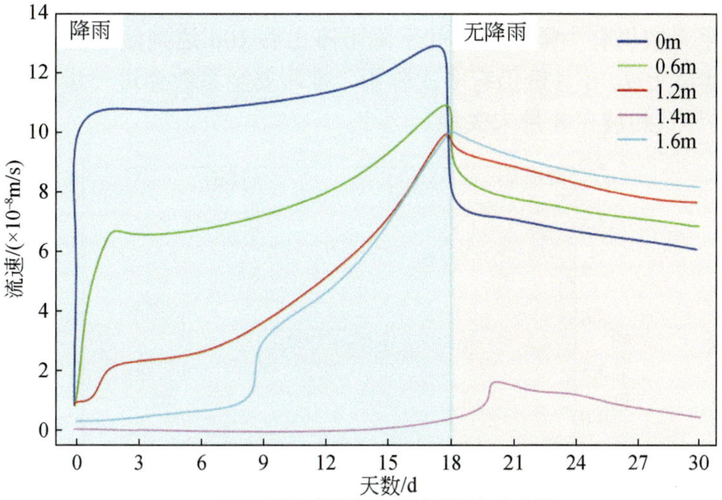

(a)不同深度渗流速度随时间变化曲线

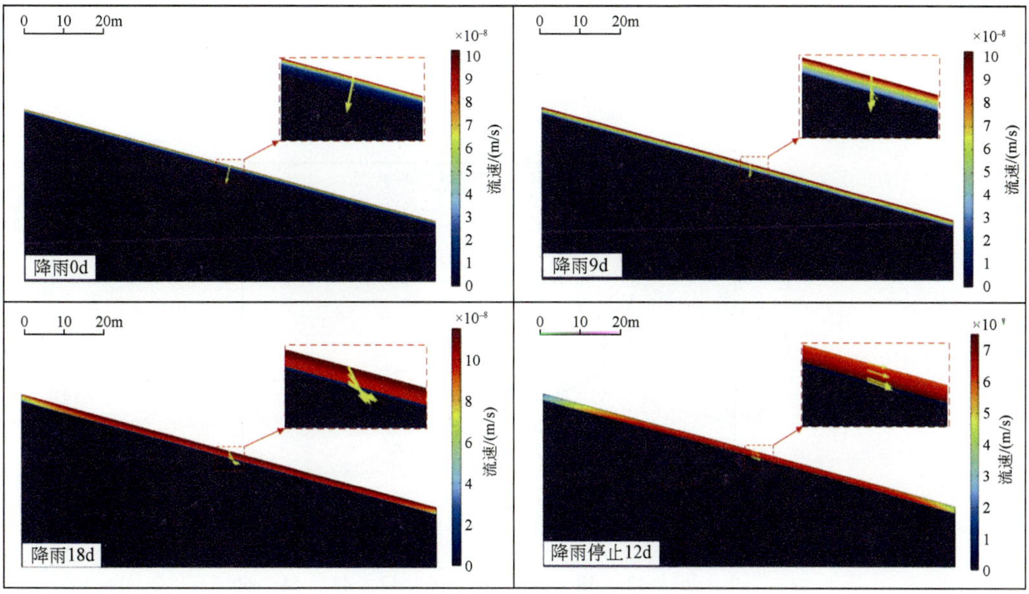

(b)降雨不同阶段模型流速分布云图

图 3-29 降雨条件下渗流速度变化规律

（三）降雨对斜坡稳定性及变形的影响

为分析低强度长时间降雨对多年冻土斜坡浅层影响，基于强度折减法计算模型在工况二下的安全系数变化，图 3-30 为工况二降雨条件下 7 月 1 日至 7 月 30 日斜坡安全系数变化曲线，其中 7 月 1 日至 18 日为持续低强度降雨，降雨导致安全系数从 4.30 降低至 2.22，下降约 49.1%。降雨初始阶段雨水入渗量较小，0～6d 斜坡安全系数缓慢下降；随着雨水入渗量增大，活动层未冻水含量逐渐上升，渗流方向由重力方向转变为顺坡方向，6～15d 安全系数下降趋势显著增大，安全系数从 4.30 下降至 2.61；降雨末期活动层渗流速度降低，降雨 15d 起安全系数下降趋势逐渐减小至 2.48，但降雨对斜坡稳定性具有持续影响，降雨停止后斜坡安全系数仍有小幅下降，并于降雨停止后 10d 达到最小值 2.22，此时斜坡仍处于稳定状态，实际上 7、8 月份仍有多次降雨，推测安全系数会进一步下降（如图 3-31，仅作示意），最终导致斜坡在 8 月末失稳。

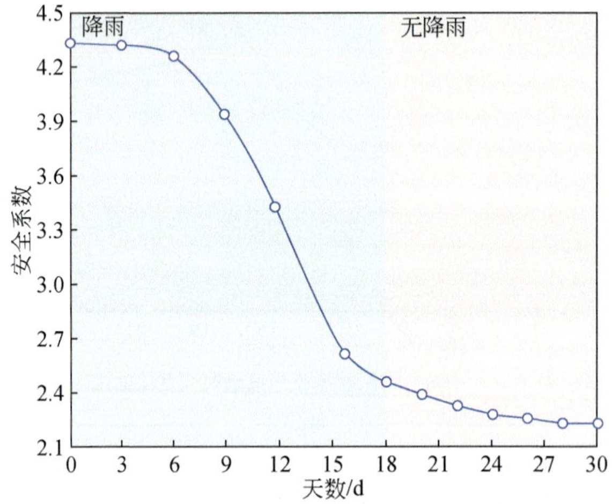

图 3-30　低强度连续降雨对斜坡稳定性的影响

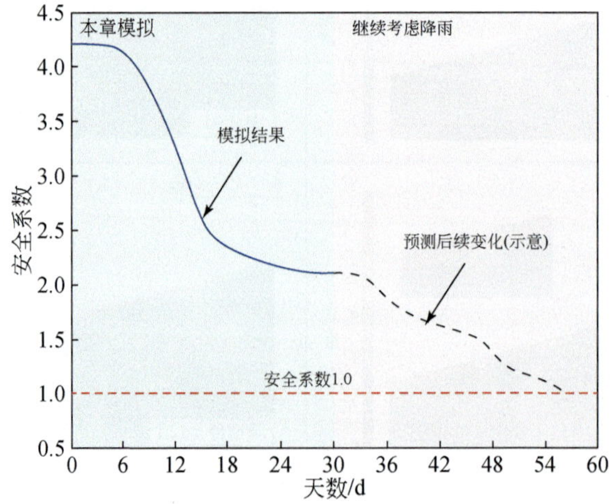

图 3-31　降雨条件下斜坡安全系数变化

图 3-32 通过三维云图直观反映了降雨工况下不同时刻斜坡极限状态下的位移，可以得出：由降雨结束后 12d 斜坡位移云图可知工况二条件下斜坡位移主要集中于活动层，符合浅层冻土滑坡变形特征，降雨 0d、9d、18d 活动层最大位移分别为 5.4mm、7.5mm 和 16.0mm，降雨停止后第 12d 达到 17.7cm，可知降雨 18d 期间斜坡表层位移逐渐增大，降雨 18d 最大位移约为降雨 0d 最大位移的 5 倍，降雨停止后斜坡表层最大位移增速迅速增长，降雨停止后 12d 最大位移约为降雨 18d 最大位移的 11 倍。且最大位移所在位置从坡顶逐渐向坡脚移动，降雨停止后 12d 最大位移位于斜坡中部和坡脚间。

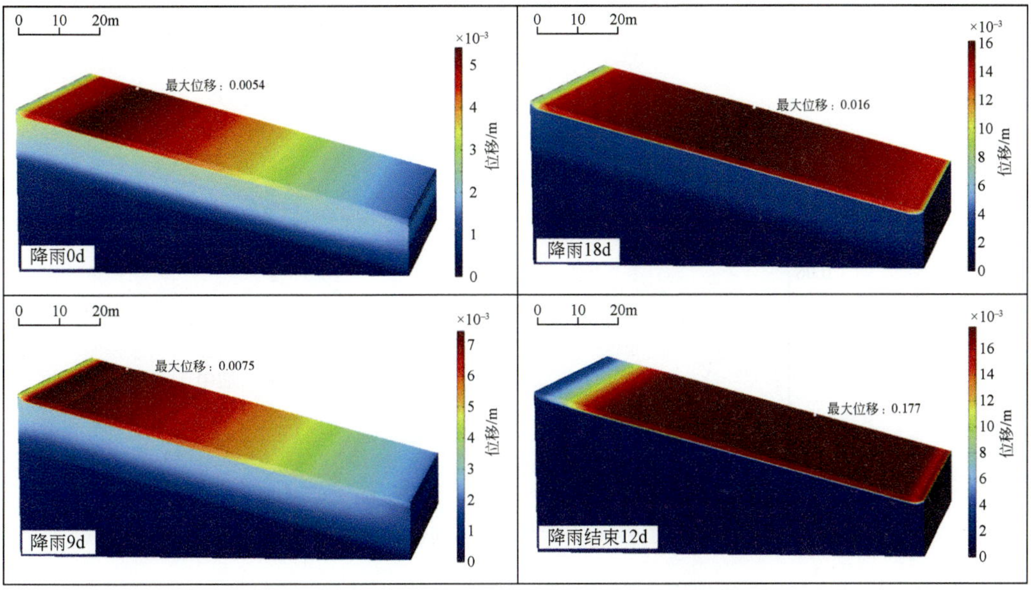

图 3-32 工况二不同阶段斜坡极限状态下的位移

图 3-33 反映了降雨工况下斜坡处于极限状态时不同位置的位移随时间变化曲线，结果表明：降雨初期斜坡表面位移缓慢增大，0～15d 坡顶的位移较大，坡脚位移较小；降雨至第 15d 时，活动层雨水入渗量较大，水分渗流方向转变为顺坡方向，此时产生相同方向的渗流力推动斜坡表层土体滑移，因此坡表变形发展迅速，其中坡中和坡脚位移增大趋势尤为显著，坡顶位移增幅相对较小；降雨停止后活动层土体近乎饱和，抗剪强度显著下降，极限状态下的位移迅速增长。

四、降雨诱发浅层冻土滑坡失稳机理浅析

模拟结果显示，降雨 18d 导致 0.4m 深度地温升高 0.94℃、1.6m 深度地温升高 0.093℃，可见雨水入渗导致斜坡浅层地温升高，降雨对地温的影响随深度增加而减小。地温升高促进冻土融化，同一时刻降雨条件下活动层融深较大，降雨停止后 12d 活动层基底富冰层含冰量减小 40.74%。雨水入渗和冻土融化导致活动层饱和度提高 77%～95%，降雨停止后 12d 活动层以下出现了 10cm 厚富水层。分析认为，降雨导致活动层融土含水量增加、容重增大，水分聚集对土颗粒产生动态浮托力，土体力学性质下降；7 月 1 日至 18 日地表温度达

到最大值，地温随深度增加而降低，雨水下渗过程中内能向温度较低的土体转移，且活动层饱和度上升提高了土的导热性，有利于大气与土体之间的热传导，因此表现为雨水入渗导致地温升高，降雨条件下融深可能进一步增大，活动层以下细粒富冰冻土层融化产生富水层，孔隙水压难以消散，土体有液化的可能，且水分的润滑作用削弱了冻融交界面的抗滑力，发生浅层冻土滑坡的风险大大增加。

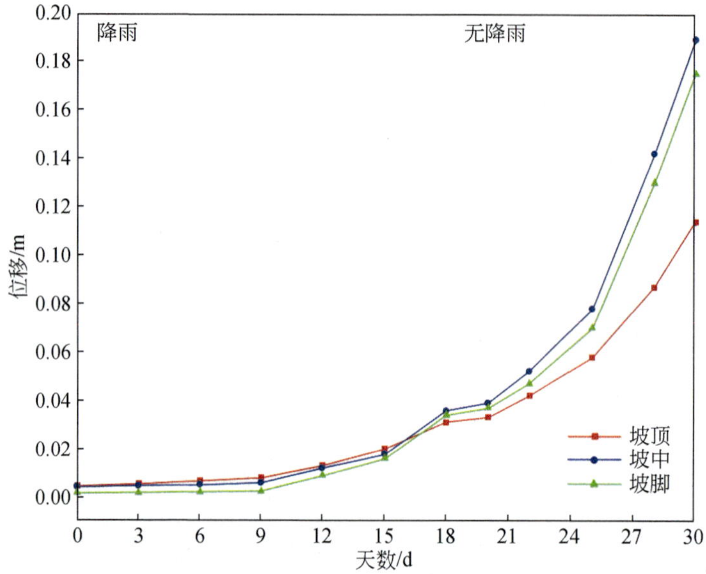

图 3-33 工况二斜坡极限状态下不同位置位移随时间变化

极限状态下斜坡的位移集中在活动层，潜在滑面位于活动层和多年冻土交界面，符合浅层冻土滑坡变形特征。降雨初期水分沿重力方向下渗，此时位移缓慢增大；当雨水入渗量较大时，地下冰起隔水作用，导致渗流方向逐渐转变为顺坡，流速随深度增大而增大，同一深度斜坡中部流速最大，此时位移显著增大，最大位移所在位置由坡顶附近转移至坡中和坡脚之间。由此可见，降雨条件下融土达到一定饱和度后，活动层形成顺坡方向的渗流场，产生顺坡方向的渗透力，增大了上覆融土的下滑力，此时土体饱和度较高，力学性质降低，导致坡表变形加剧，增大了活动层沿多年冻土层滑脱的可能性。

降雨条件下斜坡安全系数从 4.30 下降至 2.22，下降幅度达 48.4%，降雨入渗前 3d 安全系数下降速率缓慢，3～15d 安全系数迅速下降，第 15d 起安全系数下降速率逐渐降低，于降雨停止后 10d 达到最小值，此时斜坡仍处于稳定状态，推测后续的降雨将进一步降低斜坡安全系数，并导致斜坡在 8 月末失稳。综上所述，降雨对多年冻土斜坡浅层稳定的影响显著，雨水入渗对多年冻土斜坡浅层水热力产生持续性的影响，在低强度、长时间的降雨工况下，斜坡最小安全系数出现时间滞后于降雨数天，斜坡可能在降雨停止后的数天失稳，推测此时斜坡的破坏形式为坡脚附近活动层最先沿冻融交界面薄弱层破坏，从而牵引上部土体下滑引起浅层冻土滑坡。

第四节　浅层冻土滑坡诱发热融滑塌失稳机理研究

热融滑塌是指外界因素导致富冰多年冻土或者厚层地下冰暴露融化产生临空面，上覆饱和或过饱和土体失去支撑，在重力作用下呈流塑状向下坍塌滑动，滑塌体在夏季往往以泥流的形式顺坡运移，后壁形成近乎垂直的陡壁，滑塌导致后壁处地下冰重新暴露，进而使滑塌体不断溯源发展，直至后壁处地下冰暴露量逐渐减少甚至消失或者滑塌体溯源发展至坡顶，形成完整的热融滑塌。热融滑塌的发育时间较长，发育过程缓慢，不但影响区域生态环境，甚至可能对工程构筑物稳定性产生威胁。热融滑塌的诱发因素包括河流及海岸的热力侵蚀、湖岸的热融沉陷、活动层沿多年冻土层滑动形成的浅层冻土滑坡、坡脚开挖等人类活动等。有研究在野外调查工作的基础上，结合遥感解译和历史资料分析的手段查明了青藏高原多年冻土地区热融滑塌的主要触发因素为活动层沿多年冻土层滑动形成的浅层冻土滑坡。

第二、三节共同揭示了气候因素诱发浅层冻土滑坡的机制：气温周期性变化导致活动层力学性质不断劣化；夏季高温引起土体融化，导致冻融交界面孔隙水压提高，抗剪强度下降；低强度长时间降雨入渗促进热量向活动层内部传输，活动层饱和度增大并产生顺坡渗流力，引发坡表不断变形。研究区热融滑塌发展过程可以简要概括为浅层冻土滑坡导致冻土暴露融化，后壁不断坍塌后退，饱和土体呈流塑状滑动形成坡面泥流。大部分学者主要通过现场调查、遥感解译、原位监测和模型试验等手段研究热融滑塌的影响因素和变形发展过程，然而热融滑塌涉及土体冻融过程中的温度-水分-变形复杂耦合，目前甚少有学者针对浅层冻土滑坡诱发热融滑塌的机制进行研究，鉴于模型试验难以做到还原斜坡真实条件，原位监测无法完整反映斜坡的温度场、水分场和变形场演变过程，考虑通过数值模拟的方式还原灾害发展过程中的水热力物理场演化规律。在热融地质灾害现场调查工作的基础上，发现祁连县天盆河上游地区热融滑塌灾害发育集中，本章以该地区一处由浅层冻土滑坡诱发的典型热融滑塌为研究对象，通过一系列手段查明了该灾害的发展过程，基于冻土水热力耦合数值模拟的方法，系统深入地研究了 2020 年 7 月至 2021 年 12 月热融滑塌源区的水热力过程，探讨了浅层冻土滑坡触发热融滑塌的机制。

一、典型热融滑塌

根据多源遥感数据，祁连县为青海省内热融滑塌发育数量最多的区县，结合现场调查结果得出 2019 年以来区域热融滑塌数量呈明显上升趋势（图 3-34），而研究区热融滑塌往往是由浅层冻土滑坡引起富冰多年冻土暴露融化诱发的，由此推测近年来研究区多年冻土稳定性有所降低。调查结果表明，祁连县天盆河上游地区热融滑塌灾害发育较为集中，如图 3-35 所示，区域内发育有热融滑塌 15 处。

以天盆河南岸多隆村北孔克里地区发育的热融滑塌灾害（E100°53'1"，N37°15'11"）为研究对象，收集了该处 2017 年、2019 年和 2021 年高分一号和二号历史影像数据，以此对比分析灾害的发育过程，如图 3-35 所示。2017 年影像显示斜坡植被覆盖完整，可见该区域未发生斜坡失稳灾害；2019 年的遥感影像显示该处已经发生小规模滑坡，导致坡表植被造成破坏，滑体沿坡体堆积；2021 年该滑坡规模明显增大，滑体长度扩展至 290m，滑动造成植被破坏、土体裸露，其色调明显异于周围色调，滑体纹理粗糙、紊乱，边界清晰呈长条状，滑体上不发育植被。

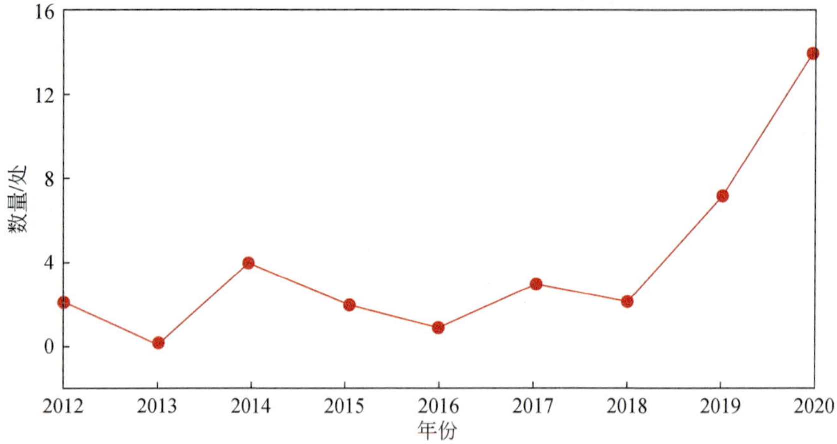

图 3-34 祁连县天盆河上游热融滑塌分布

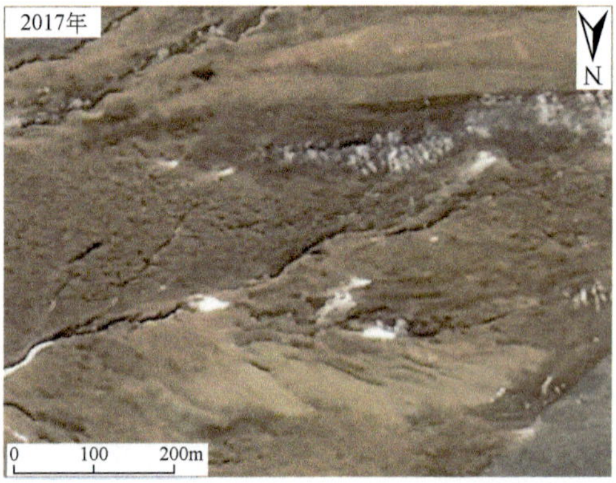

(a)2017年遥感影像

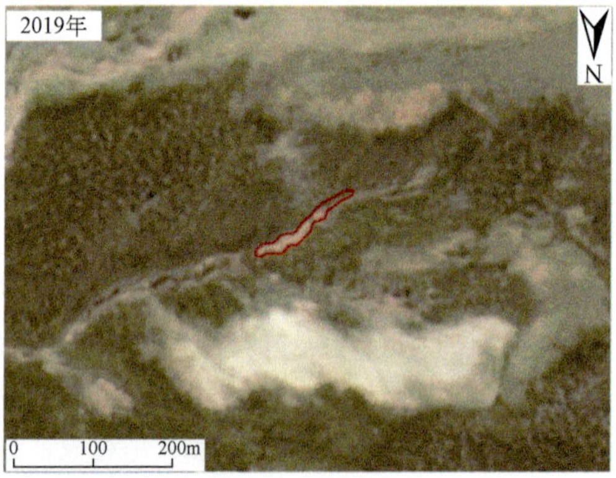

(b)2019年遥感影像

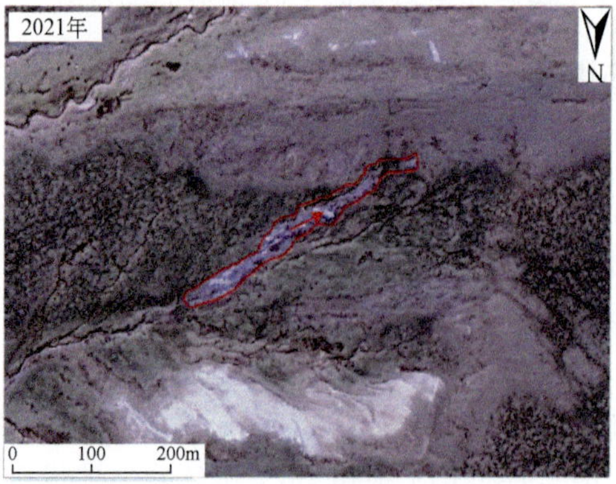

(c)2021年遥感影像

图 3-35 孔克里热融滑塌历史遥感影像

为进一步加深对该典型热融滑塌灾害地质环境条件的认识，通过原位钻孔获得斜坡地层信息（图 3-36），地表以下 0～1.5m 为活动层，由粉质黏土和泥岩组成，呈红棕色，而 2020 年的调查结果显示后壁高度约 1.5m，可见此时斜坡破坏形式为浅层冻土滑坡；1.5～12.5m 为多年冻土层，由黏土和泥岩组成，含有大量冰晶，其中 1.5～2.8m 为含冰量 20%～35%的富冰冻土层，2.8～9.9m 为含冰量 10%～20%的多冰冻土层，9.9～12.5m 为含冰量不足 10%的少冰冻土层。并于 2020 年和 2021 年夏季均对该灾害点进行了现场调查。2020 年调查结果显示［图 3-37（a）］，该灾害发育高程范围为 3868～3920m，滑体平面形状呈长条状，滑体长约 285m，宽约 20～40m。现场调查显示，灾害发育在坡度约 10°的阴坡上，沟谷横断面呈“U”形，地形呈西高东低，斜坡表面为破坏处植被覆盖率高达 80%，主要发育高寒草甸，此时滑体厚度约 1～1.5m，后壁高度为 1.5m，结合钻孔资料可以得出此时斜坡破坏类型为浅层冻土滑坡。2021 年调查结果显示 2020～2021 年孔克里热融滑塌处于发展阶段，2021 年 7 月后壁发育有近乎垂直的陡坎，高度约 4.2m，且仍有碎石滚落和泥流体向下流动［图 3-37（b）］，陡坎底部有地下水泄出，滑塌范围仍有不断扩大的趋势；流通区表面土颗粒细腻湿润［图 3-37（c）］，前缘草皮翻滚叠起，剪出口和滑体左侧冻土草甸整体堆高隆起，破碎严重。

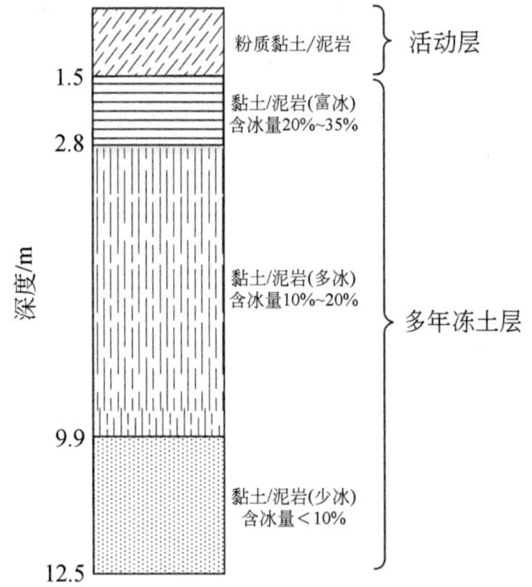

图 3-36 孔克里热融滑塌钻孔地层信息

综合以上多手段调查结果，推断 2017 年、2020 年和 2021 年斜坡地质剖面图变化如图 3-38 所示，结合第四、五两章研究成果分析可知，冻融循环条件下活动层不断经历冻胀融沉，平行于坡面方向的剪切变形和沿坡面法向的膨胀变形导致土颗粒结构破坏而变得松散，力学性质不断劣化，受夏季高温和降雨丰沛的影响，活动层土体快速融化并达到饱和，冻融交界面形成富水层，抗剪强度大大降低甚至存在液化的可能，导致活动层沿多年冻土层滑脱，于 2020 年形成冻土浅层滑坡，后壁地下冰暴露融化，融水向外渗流排泄，松散物质以泥流的形式迅速流失，下部土体滑塌使上部土体失去支撑下滑，地下冰进一步出露，滑塌过程不断反复，向坡顶溯源侵蚀，2021 年逐渐积累形成热融滑塌。

(a)2020年无人机航拍影像

(b)热融滑塌后壁

(c)热融滑塌流通区

图 3-37　孔克里热融滑塌灾害现场

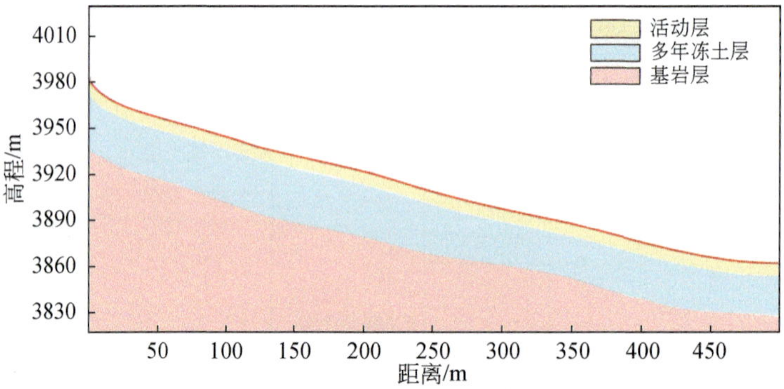

(a)2017年斜坡地质剖面

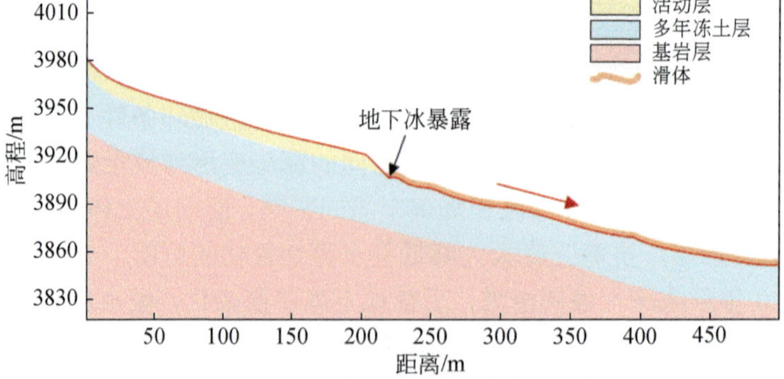

(b)2020年浅层冻土滑坡地质剖面

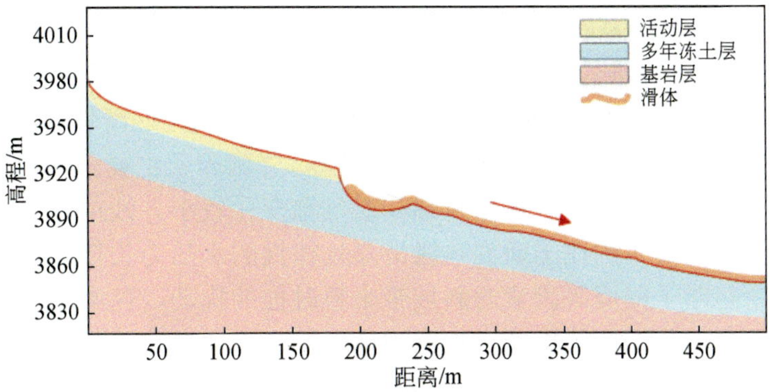

(c)2021年热融滑塌地质剖面

图 3-38　孔克里热融滑塌地质剖面演化过程

二、典型热融滑塌数值模型建立

青藏高原地区热融滑塌灾害的主要触发原因为浅层冻土滑坡，通过多手段调查结果亦证实了孔克里热融滑塌是由于浅层冻土滑坡导致后壁处地下冰暴露融化，并不断向坡顶侵蚀逐渐积累而形成的。而后壁陡坎底部地下冰融化导致上覆土体失稳下滑是一个温度-水分-变形耦合的过程，因此，明确热融滑塌源区的水热力演化机制对揭示研究区热融滑塌的发展演化过程至关重要。本章根据钻孔地层信息（图 3-36）和地质剖面［图 3-38（b）］构建 2020 年夏季活动层沿多年冻土层滑脱导致地下冰暴露，但热融滑塌尚未发生的二维有限元计算模型如图 3-39 所示。由于本章仅关注热融滑塌源区的水热力响应，因此未建立完整的灾害模型，本章所建立的有限元模型长 60m，斜坡坡度为 10°，整体划分为未滑区、后壁和滑动区三个部分，以对比分析不同区域的水热力演化差异。地表以下 0～1.5m 为活动层，1.5～15m 为多年冻土层，模型采用自由三角形网格划分，由于斜坡浅层水热力演化显著，故将模型活动层网格细化。

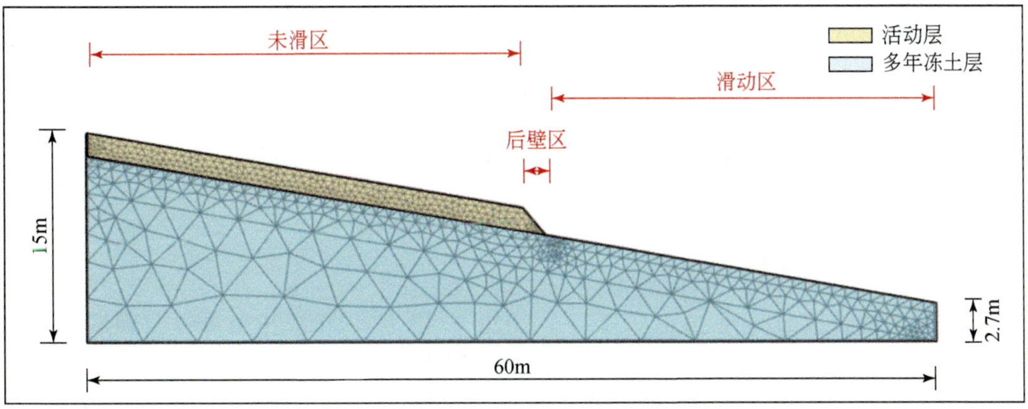

图 3-39　有限元计算模型

模型仍基于冻土水热力耦合原理进行计算，通过有限元软件 COMSOL Multiphysics 求解温度场、水分场和变形场的偏微分方程，并利用强度折减法计算极限状态下的斜坡位移，实现热融滑塌源区水热力耦合数值模拟。鉴于热融滑塌相对一般滑坡灾害的特殊性，夏季气温升高引起的地下冰融化是滑塌变形的主要因素，降雨因素主要影响土体饱和度导致滑体以泥流形式运移，降雨带来的热量转移相对气温变化较小，浅层地温几乎完全受控于大气温度，且本章主要目的在于研究热融滑塌规律性的水热力长期演化过程，揭示灾害发展机理，因此忽略了降雨等因素对斜坡带来暂时性的扰动，仅考虑气温变化对热融滑塌源区水热力演化的长期持续影响。根据当地气温变化情况和气候变暖特征，结合附面层理论将地表温度视为平均气温并简化为三角函数的形式作为模型上表面温度边界条件，表达式如下：

$$T = 2 + 13\sin\left(\frac{2\pi t}{3.1104\times10^{7}} + \frac{\pi}{2}\right) + \frac{0.037t}{3.1104\times10^{7}}$$

模型下表面温度边界条件为热流边界条件，根据深层地热梯度和土体导热系数的乘积进行换算，取 0.06W/m^2；模型两侧为绝热边界；模型四周均为不透水边界条件；模型上表面为自由位移边界条件，两侧水平位移为 0，下表面为固定位移边界条件。

数值模拟所需参数设置如表 3-3 所示。

表 3-3　地层物理力学参数

参数	活动层	多年冻土层
重度/（kN/m^3）	18	20
弹性模量/MPa	40	30
泊松比	0.25	0.3
饱和渗透系数/（m/s）	2×10^{-6}	8×10^{-10}
黏聚力/（kPa）	20	28
内摩擦角/（°）	12	20
饱和含水率	0.35	0.45
残余含水率	0.05	0.03

三、数值模拟计算结果分析

（一）地温演化规律

数值模拟的计算时间为 2020 年 7 月至 2022 年 12 月，即将 2020 年 7 月现场调查结果作为模型初始状态，计算外界气温变化下的热融滑塌源区水热力演化特征，下文针对计算所得温度场、水分场和变形场的演化特征展开逐一分析。

第四章的研究显示气温升高对斜坡浅层地温影响显著，而浅层冻土滑坡引起多年冻土层暴露，后壁位置地下冰融化是热融滑塌逐渐形成的直接原因，明确气温变化条件下斜坡浅层地温场的演化过程对揭示热融滑塌演化机制极为重要。设置二维测点和测线获取地温数据以便进行分析，如图 3-40 所示，在未滑区、后壁和滑动区中部地表以下 50cm 处分别设置三个测点以获取深度 50cm 处地温随时间变化曲线；在三个区域中部分别设置三条垂直测线以获取年平均地温随深度的变化曲线。

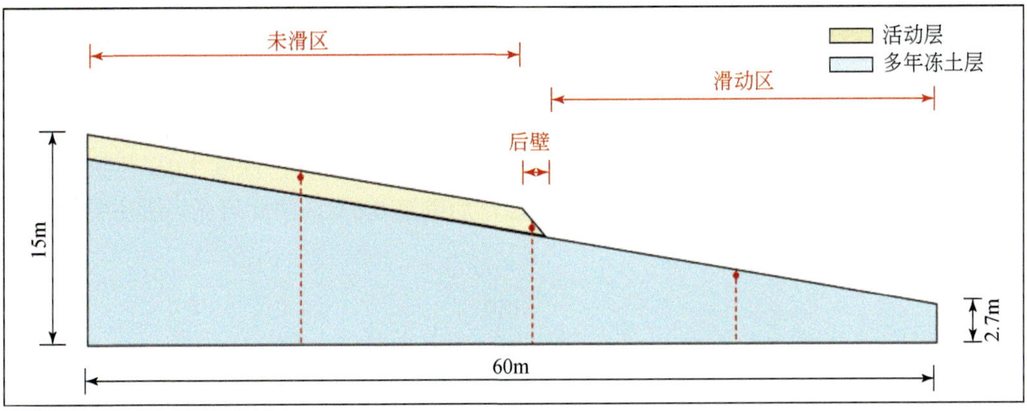

图 3-40　未滑区、后壁和滑动区测点和测线布置

图 3-41 反映了 2020 年 7 月至 2021 年 7 月未滑区、后壁和滑动区深度 50cm 处地温随时间变化曲线，由此可以得出斜坡不同区域地温变化规律：未滑区、后壁和滑动区地温变化曲线均呈三角函数形式，但各区域地温曲线振幅和相位有所不同，未滑区和滑动区地温变化曲线相似，后壁地温受浅层滑坡影响显著。其中，未滑区深度 50cm 处地温变化幅度最高，夏季最高可达 8℃，冬季最低降至−7℃，地温变化周期与第四章模拟结果一致，8 月初达到全年地温最大值，1 月中旬达到全年地温最小值；由于滑动区为刚暴露的多年冻土层，土体孔隙富含水和冰，因此整体年平均地温相对较低，但土壤导热性能相对较好，深度 50cm 处地温变化幅度为−6℃至 6℃，地温最高值和最低值出现时间均较未滑区提前 15 天左右；受地表扰动的影响，后壁土体密实度较低，排水和固结过程中含水量下降导致导热系数进一步下降，因此深度 50cm 处地温变化幅度最小，夏季地温最高值仅 3.5℃，冬季地温最低值为−2℃，且地温最高值和最低值出现时间较未滑区滞后 12 天左右。

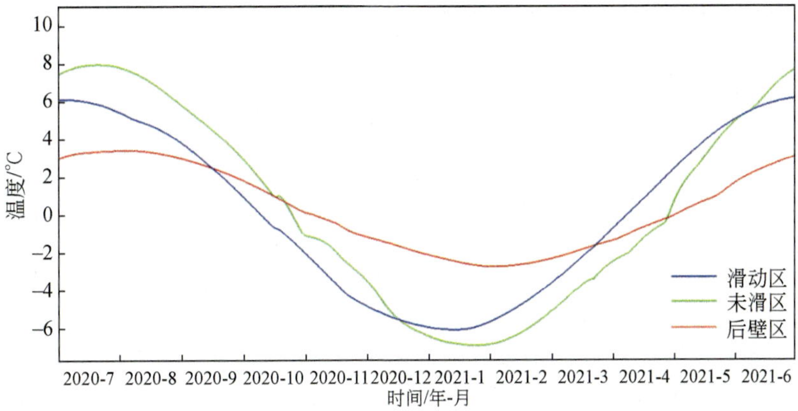

图 3-41　未滑区、后壁区和滑动区深度 50cm 处地温随时间变化规律

在未滑区、后壁和滑动区三条测线布置一系列测点获取各个区域地温随深度变化规律，地表以下 0～5m 范围内每 0.5m 设置一个地温测点，5m 以下范围内每 1m 设置一个地温测点，在软件内导出每个测点在一年内各计算时间步下的地温数据并计算平均值，得出 2021 年未滑区、后壁和滑动区年平均地温随深度变化曲线如图 3-42 所示，结果表明：斜坡地温以一定的梯度随深度的增大呈先降低后升高的趋势，符合多年冻土地温分布特征。不同区域在深度 1.5m 以下产生明显差异，后壁年平均地温始终最高，0～1.5m 深度滑动区年平均地温最低，1.5m 深度以下未滑区年平均地温最低，滑动区和未滑区同一深度地温差距较小，2.0～6.0m 深度范围内未滑区和后壁的年平均地温存在明显差异，深度 2.0m 位置未滑区和后壁年平均地温差距最大，未滑区年平均地温比后壁高 0.6℃。由此可见，活动层失稳破坏将导致受扰动区域浅层地温升高。

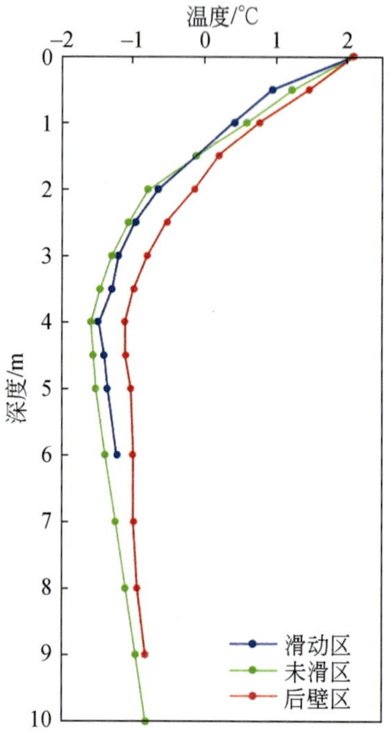

图 3-42 未滑区、后壁区和滑动区 2021 年平均地温随深度变化规律

图 3-43 反映了融季和冻季斜坡整体温度场分布情况，图 3-43（a）、图 3-43（b）和图 3-43（c）分别为 2020 年 8 月 1 日、2021 年 1 月 1 日和 2021 年 8 月 1 日斜坡温度场云图。由图 3-43（a）可以得出，2020 年融季活动层地温梯度为负，自地表向下地温逐渐降低，且近地表处地温等值线与斜坡地势形态几乎呈平行分布；滑动区正温等值线所在位置深度较未滑区小，且等值线分布密集，说明滑动区浅层地温下降较快，同一深度地温较未滑区低；地表扰动对后壁 4.5m 范围内的地温产生影响，滑坎处浅层温度低于未滑区和滑动区，地温等值线分布差距较大，整体地温较高。由图 3-43（b）可以得出，2021 年冻季活动层地温梯度为正，自地表向下地温逐渐升高；未滑区负温等值线分布较密集，地温升高较快，且活动层以下存在约 50cm 厚的正温夹层，可见活动层滑动对未滑区地温也产生了一定影

响；滑动区负温等值线所在位置深度较小，同一深度地温较未滑区低。图 3-43（c）和图 3-43（a）地温分布规律相似，但等值线向下产生小幅移动，4℃等温线向下移动 15cm，2℃等温线向下移动 12cm，0℃等温线向下移动 10cm，可知斜坡浅层地温升高，但等值线下移幅度逐渐减小，地温受地表扰动影响随深度的增加而减小。

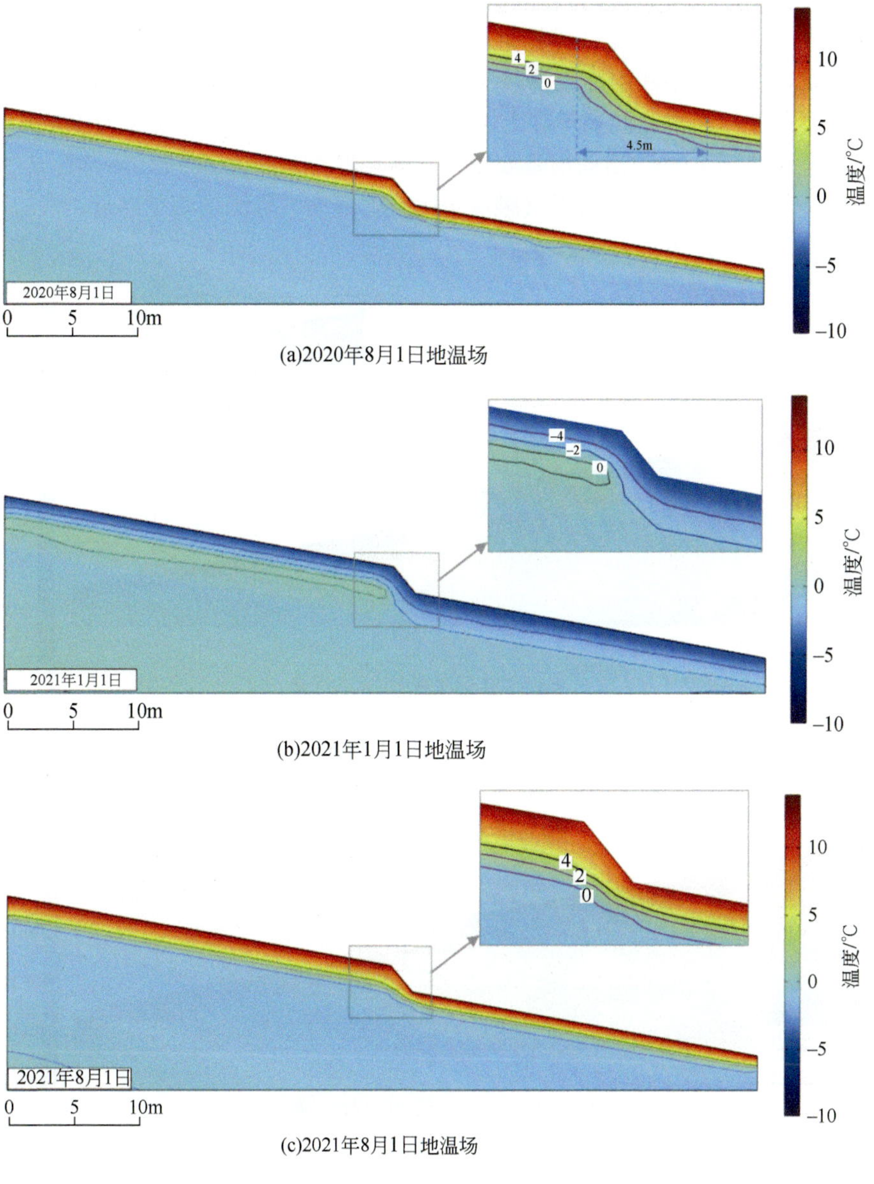

(a)2020年8月1日地温场

(b)2021年1月1日地温场

(c)2021年8月1日地温场

图 3-43　融季和冻季斜坡地温场云图

（二）水分迁移规律

斜坡地温场变化通过影响冻结水和未冻水含量从而作用于斜坡浅层稳定性，将 2020 年夏季浅层冻土滑坡刚发生的斜坡含冰量分布与 2021 年夏季浅层冻土滑坡发生一年的斜坡含冰量分布对比，以分析斜坡浅层含冰量变化对热融滑塌形成的影响，图 3-44（a）和图 3-44（b）分别为 2020 年和 2021 年融深最大时刻（8 月 30 日）斜坡含冰量分布云图，可以得出：2020 年未滑区最大融深为 1.5m，与现场调查所得活动层与多年冻土层交界面位置相符，活动层基底以下 1.2m 范围内为形成富冰层，含冰量达到 0.30 左右，钻孔资料显示 1.5～2.8m 范围为高含冰量层，可见计算结果与钻孔结果相近，该斜坡活动层基底富冰层厚度大大超过了本章第三节典型浅层冻土滑坡灾害发育的斜坡，由此推测地下冰含量高是热融滑塌发生的必要条件；而滑动区多年冻土层由于暴露时间较短，最大融深为 90cm。2021 年未滑区最大融深达到 1.9m，活动层基底以下富冰层厚度减少为 60cm，后壁的富冰层消融，滑动区最大融深为 1.5m，尽管未滑区融深更大，但滑动区融深增幅更明显，浅层冻土滑坡的发生导致斜坡浅层地下冰大幅消退。

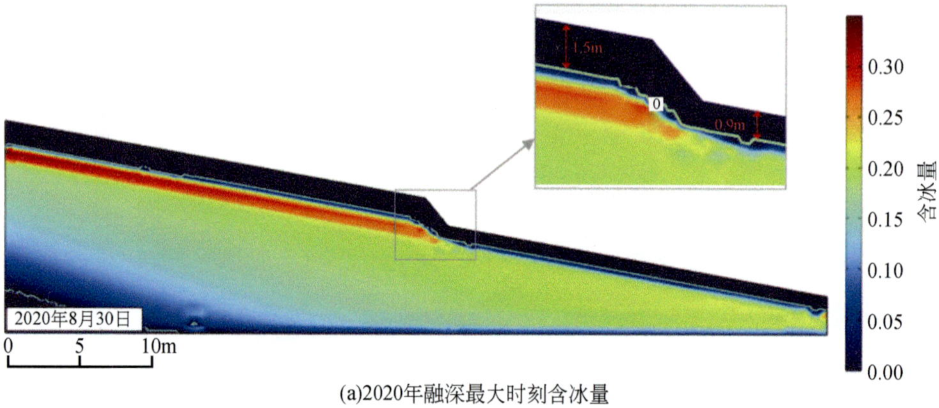

(a)2020年融深最大时刻含冰量

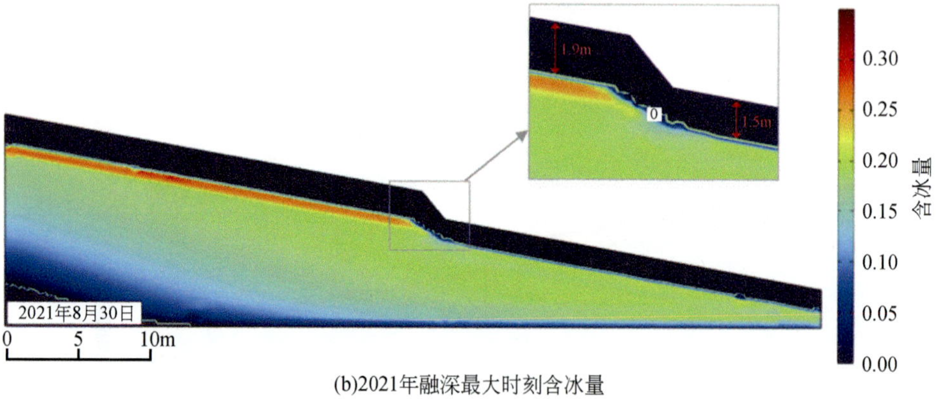

(b)2021年融深最大时刻含冰量

图 3-44 融深最大时刻斜坡含冰量云图

图 3-45 反映了 2020 年和 2021 年气温最高时刻（7 月 1 日）和融深最大时刻（8 月 30 日）斜坡未冻水含量云图，以分析斜坡浅层含水量变化对热融滑塌形成的影响。2020 年 7 月 1 日未滑区活动层已经融化，未冻水含量达到 0.18，活动层基底存在 70cm 厚的冻结层，滑坎底部未冻水含量为 0.28，滑动区浅层水分聚集，表层未冻水含量高达 0.36[图 3-45(a)]；

2020 年 8 月 30 日融深达到最大，未滑区活动层基底以下未冻水含量达到 0.21，滑坎底部水分聚集现象更加显著，含冰量高达 0.38［图 3-45（b）］。2021 年 7 月 1 日未滑区活动层基底未冻水含量上升至 0.19，水分有向融化锋面聚集的趋势，冻结层厚度减小至 30cm，滑动区融化层厚度达到 90cm［图 3-45（c）］；8 月 30 日未滑区活动层基底以下出现 20cm 厚富水层，未冻水含量达到 0.30，滑坎底部出现明显的水分聚集，富水带贯通未滑区和滑动区，对后壁稳定性产生极大威胁，滑动区融化层厚度扩大至 1.5m，表层土体饱和度较高，与现场调查所示流通区表层土壤呈软塑性的特征相吻，且融化层基底未冻水含量比浅层未冻水含量高 0.06，说明水分向融化锋面聚集的现象愈发显著［图 3-45（d）］。

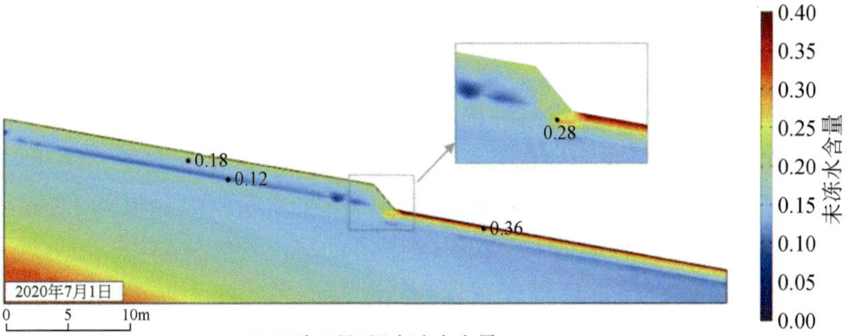

(a)2020年7月1日未冻水含量

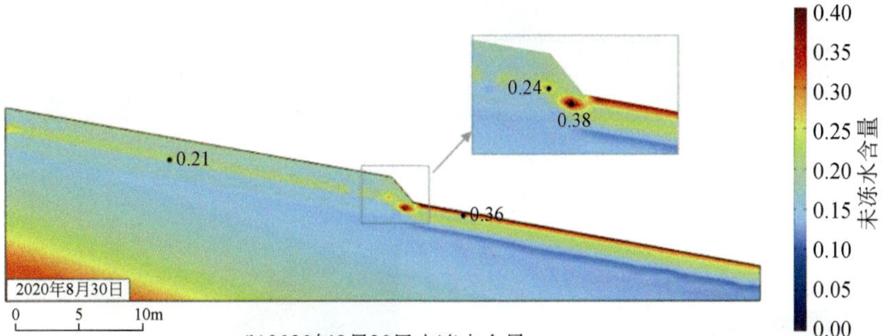

(b)2020年8月30日未冻水含量

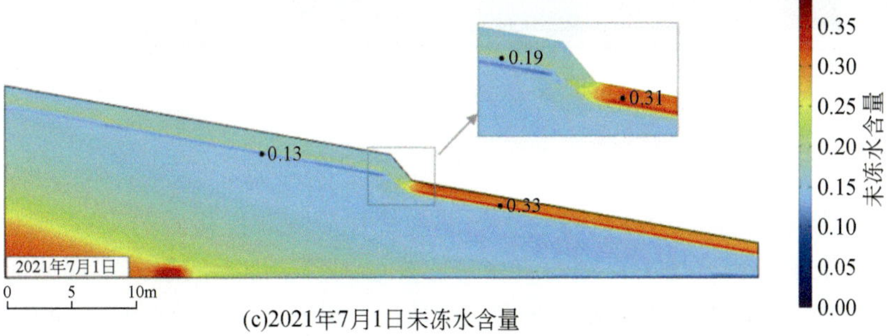

(c)2021年7月1日未冻水含量

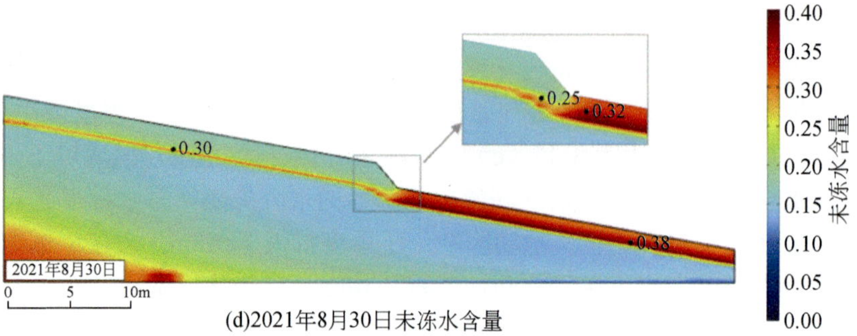

(d)2021年8月30日未冻水含量

图 3-45　未冻水迁移规律

（三）斜坡变形特征

仍通过有限元强度折减法计算斜坡极限状态下的应变与位移，图 3-46 为极限状态下 2020 年 8 月 1 日斜坡塑性应变和位移云图，可以得出：2020 年 8 月 1 日塑性应变仅分布于活动层，塑性应变带自滑坎底部开始向坡面贯通，潜在滑面距离后壁约 1.2m；斜坡变形符合塑性应变带分布特征，此时斜坡变形仅分布于活动层，最大位移出现在 1.3～1.5m 深度，滑移量达到 0.68m，此时斜坡破坏模式表现为活动层沿多年冻土层滑脱。

(a)2020年8月1日塑性应变

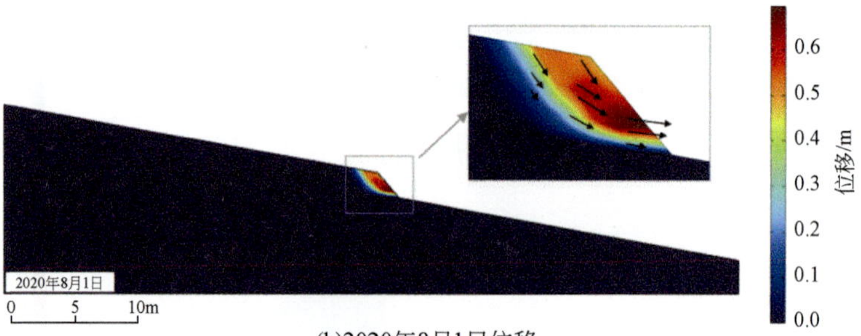

(b)2020年8月1日位移

图 3-46　极限状态下 2020 年 8 月 1 日斜坡塑性应变和位移分布

图 3-47 为极限状态下 2021 年 8 月 1 日斜坡塑性应变和位移云图，可以得出：由于 2021 年 8 月 1 日冻土消融程度增大，塑性应变带位置达到多年冻土浅层，滑塌体前缘从滑坎底部向未滑区延伸 1m 左右位置与水平面呈 20°剪出，潜在滑面距离后壁约 4.0m，且深度最大值达到 3.0m；此时斜坡变形发展至多年冻土层，最大位移出现在滑坎以下 0.3m，滑移量达到 1.70m，滑塌体变形具有多年冻土浅层富水土体滑塌导致上覆土体下滑的特点，此时

斜坡破坏模式表现为热融滑塌。

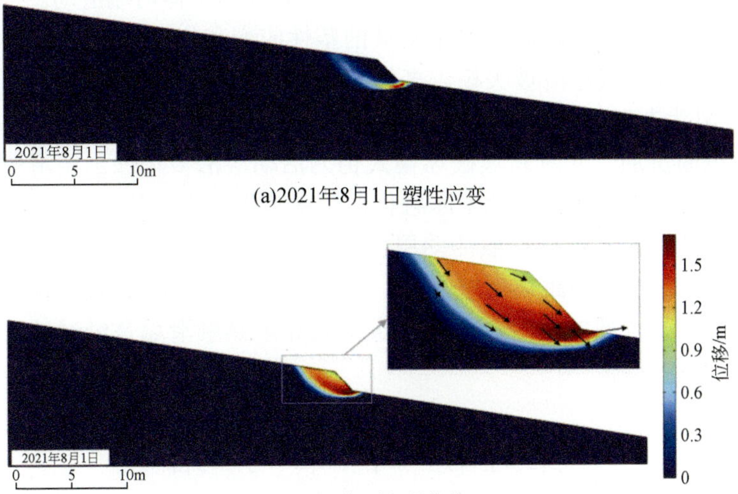

(a)2021年8月1日塑性应变

(b)2021年8月1日位移

图 3-47　极限状态下 2021 年 8 月 1 日斜坡塑性应变和位移分布

四、浅层冻土滑坡诱发热融滑塌失稳机制浅析

基于 2020 年 7 月至 2021 年 12 月冻融周期内的水热力计算结果探讨热融滑塌源区的演化过程。本文的地温场模拟结果印证了通过地温监测得出的结论，当地表温度与大气平均温度一致时，斜坡不同区域热状态仍有显著差异，说明活动层沿多年冻土层滑脱对斜坡浅层地温产生显著影响。模拟结果表明，未滑区地温在一个冻融周期内的变化规律和年平均地温随深度的分布符合典型的多年冻土区地温特征；滑动区活动层被破坏，暴露在坡表的多年冻土层温度较低，2020 年融季和 2021 年冻季滑动区浅层地温低于未滑区，由于高含冰量的致密多年冻土层导热性较好，滑动区深度 50cm 处地温极值出现时间较未滑区提前约 15 天；后壁浅层地温等值线分布受活动层滑脱影响明显，同一深度地温较未滑区和滑动区高，地表扰动导致滑坎处土体结构变松散，土体导热性较差，深度 50cm 处地温变化幅度较小、地温极值出现时间较未滑区滞后约 12 天。

活动层破坏对温度场产生扰动从而影响土体冻融过程。模拟得出未滑区融深最大时刻出现在 8 月 30 日，2020 年未滑区最大融深达到地表以下 1.5m，符合相关文献的水热监测结果，计算所得最大融深位置与现场调查得出的多年冻土上限一致。经历一个冻融周期后，未滑区最大融深增大 40cm，活动层以下富冰层减小 60cm，滑动区最大融深增大 60cm，后壁富冰层完全消融，可见冻土斜坡浅层失稳增大了冻土融化程度。地下冰融化导致土体未冻水含量上升，滑动区浅层含水量较高，与现场特征一致，随着滑动区融深的增大，水分向融化锋面迁移现象愈发显著，由此推测，数年后冻季滑动区将重新形成富冰层；融季未滑区活动层融化，水分沿重力方向迁移，在高含冰量多年冻土层阻隔作用下水分聚集在冻融交界面，2021 年 8 月末未滑区冻融交界面形成厚约 20cm、未冻水含量为 0.30 的富水层，孔隙水压大幅上升，增大了土体液化的可能，活动层滑脱的风险增加，可能导致热融滑塌范围扩大；后壁水分聚集现象明显，富水带贯通未滑区和滑动区，且后壁富水层厚度较未滑区富水层大，可能引起土体大幅融沉，造成滑坎处临空土体坍塌滑动。

基于强度折减法计算了极限状态下斜坡的塑性应变和位移，计算结果符合实际，2019年至 2020 年发生冻土浅层滑坡失稳，多年冻土层刚暴露，冻土融化程度低，因此 2020年 8 月 1 日极限状态下的斜坡变形分布在活动层，潜在滑面深度较浅，塑性应变带沿多年冻土上限向坡面贯通，此时斜坡破坏模式仍为活动层沿多年冻土层滑脱；由于地表扰动导致多年冻土层出露，促进了地下冰融化，后壁多年冻土层浅层未冻水含量大幅上升，土体融沉导致上覆失去支撑的松散活动层坍塌滑动，符合热融滑塌变形特征。计算得出的 8 月 1 日滑塌体潜在滑面距离后壁 4.0m，最大深度为 3.0m，由此推测滑塌会进一步引起地下冰暴露融化，导致灾害范围不断扩大，孔克里热融滑塌是经过数次坍塌滑动积累形成的。

第五节　本 章 小 结

多年冻土斜坡由每年经历冻融循环的活动层和常年保持冻结的多年冻土层构成，且冻土是一个复杂的多孔四相介质，灾害失稳过程涉及温度-水分-应力应变的时空耦合作用，因此多年冻土斜坡稳定性问题十分复杂，亟需解决以下两个问题：明确热融地质灾害发育规律和孕灾机制，以及气温变化和降雨对多年冻土斜坡水热力演化的影响。本章构建了冻土水热力耦合数值模型，基于有限元软件模拟了多年冻土斜坡在气候因素影响下的水热力演化过程，揭示了发生在斜坡上的热融地质灾害失稳机制。

（1）将祁连县热融地质灾害广泛发育的区域作为研究区，基于现场精细调查结果建立多年冻土区热融地质灾害隐患点斜坡模型研究气温周期性变化下的水热力响应机制。模拟结果表明气温变化影响活动层冻结程度，改变土体渗透性从而控制水分迁移，夏季活动层融化后水分迁移现象最显著；气温变化改变活动层未冻水含量，导致斜坡浅层力学性质存在季节性差异，活动层下的高含冰量曾在夏季融化形成富水层，冻融交界面孔压大幅上升，且气候变暖导致活动层和富水层厚度逐年增大，增大了活动层融土下滑力、降低了冻融交界面抗滑力；斜坡表面每年产生数厘米冻胀融沉变形，活动层蠕变量与含水量相关，因此坡脚土体变形明显，土体强度不断劣化。

（2）建立典型浅层冻土滑坡发生前的多年冻土斜坡模型，基于当地夏季降雨特征模拟了强度低、长时间降雨工况下模型的水热力响应机制。模拟结果表明降雨导致夏季高温产生的热量快速进入活动层，对斜坡浅层地温产生扰动，进而影响土体冻融过程，活动层融化速度增大，雨水入渗导致融土饱和度大幅增加，活动层以下有形成富水层的可能，增大了土体容重、削弱了土体力学性质，活动层基底孔隙水压力积累发生浅层失稳的风险增加；随着活动层饱和度加大，水分渗流方向由竖直向下逐渐转变为顺坡方向，因此降雨数天后活动层位移有显著增大的趋势，极限状态下斜坡位移分布符合冻土浅层滑坡变形特征，最大位移所在位置出现在坡体中下部；气温与斜坡稳定性呈负相关，冻融循环次数增加导致夏季斜坡稳定性逐渐降低，但仅考虑短时间尺度的气温周期性变化不足以使该模型失稳，而降雨对斜坡稳定性影响显著，雨水入渗对活动层水热力产生持续影响，斜坡稳定性最小时间滞后于降雨数天。

（3）文献调研表明研究区热融滑塌的主要触发原因为浅层冻土滑坡引起富冰冻土暴露融化，选取祁连县典型热融滑塌灾害，基于遥感解译和现场调查分析该灾害发育过程为2020年发生浅层冻土滑坡，2021年形成热融滑塌，且滑塌体仍有不断扩大的趋势。建立该典型热融滑塌灾害发生前的浅层冻土滑坡模型，模拟2020年7月至2021年12月气温变化下模型的水热力演化机制。模拟结果表明活动层滑脱对斜坡浅层地温产生影响，同一深度后壁浅层地温较高，地温极值出现时间滞后，地温场的扰动影响了土体冻融过程，后壁富冰层完全消融，滑动区最大融深增幅较大；冻土融化导致土体未冻水含量上升，未滑区活动层基底形成富水层，后壁多年冻土层浅层水分聚集显著，斜坡浅层稳定性受到威胁；极限状态下2020年斜坡位移表现为活动层沿多年冻土层滑脱，2021年斜坡位移表现为多年冻土浅层融沉导致上覆土体滑塌，符合浅层冻土滑坡-热融滑塌灾害全过程变形特征。

（4）对气候因素触发热融地质灾害失稳的机制展开分析，如图3-48所示：气温周期性变化导致活动层不断发生冻胀融沉，土颗粒间胶结力减弱，力学性质不断劣化从而发生蠕变，受冰分离、水分下渗和双向冻结效应的影响，经历多个冻融循环后活动层基底聚集大量冰晶，甚至可能形成地下冰层［图3-48（a）］。冷季活动层和基底高含冰量层处于冻结状态，斜坡稳定性良好；暖季活动层融化，在气候变暖的背景下多年冻土上限不断下移，活动层基底富冰层有一定融化形成富水层，且融深不断加深，土体抗剪强度降低，富水层的形成导致细粒土孔隙水压来不及消散，稳定性大大降低［图3-48（b）］。雨季雨水入渗导致融化的活动层饱和度上升，对土颗粒产生浮托力，增加了土体容重，当活动层饱和时，雨水在地下冰阻隔下发生顺坡渗流，产生顺坡方向的渗透力拖曳土骨架变形，加剧活动层位移，对活动层稳定性极为不利［图3-48（c）］。多年冻土斜坡稳定性与气温呈负相关，且随着冻融循环次数的增加缓慢下降，水分自坡顶至坡脚的迁移导致冻融循环引起的活动层坡脚位置力学性质劣化最严重，最可能先沿冻融交界面薄弱带发生破坏，牵引上部土体下滑，诱发浅层冻土滑坡［图3-48（d）］。活动层滑脱后富冰层暴露，滑动区暴露的多年冻土融化导致表层土体含水量较高，浅层地表扰动导致夏季未滑区富水层厚度增幅增加，未滑区活动层失稳概率上升，后壁水分大量聚集，容易引起下伏土体沉陷产生临空面导致上覆土体滑塌，土体以泥流状向下运移，未滑区富水层水分自后壁底部向外倾泄［图3-48（e）、图3-48（f）］。

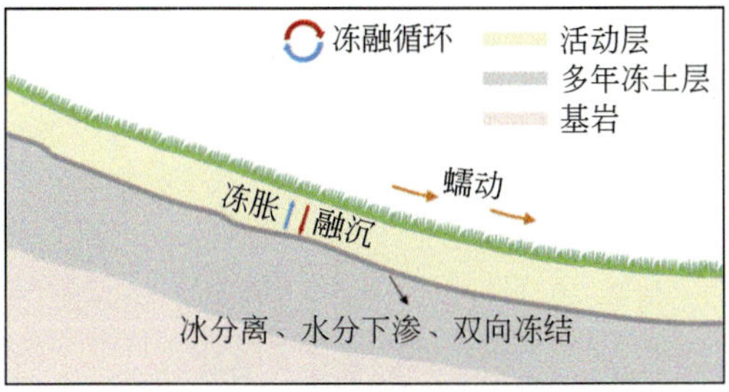

(a)冻融循环影响斜坡稳定性

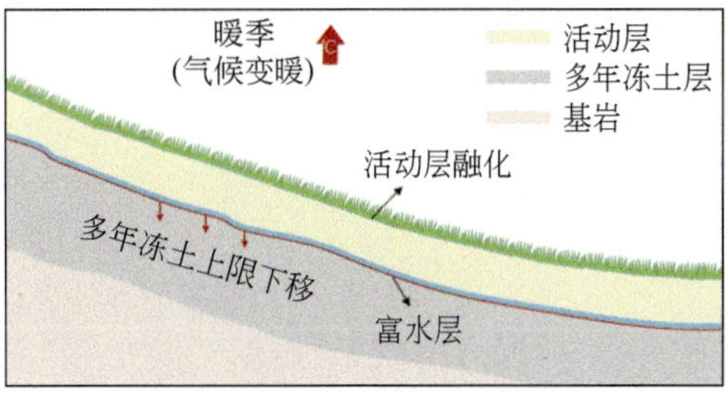

(b)夏季活动层力学性质较差

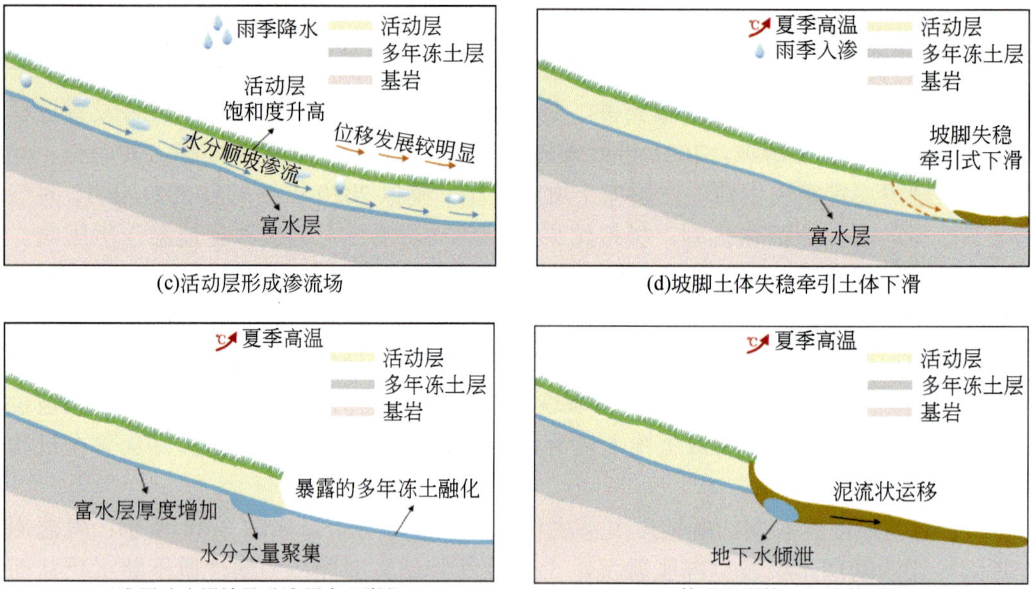

(c)活动层形成渗流场　(d)坡脚土体失稳牵引土体下滑

(e)浅层冻土滑坡导致浅层水分聚集　(f)热融滑塌体呈泥流状运移

图 3-48　气候因素驱动热融地质灾害失稳机制

第四章　热融地质灾害分区评价

第一节　热融地质灾害易发程度与危险性分区目的及原则

一、分区目的

地质灾害分区的目的在于把区内地质灾害发生的地质环境背景条件接近，灾害种类基本上一致，易发程度和危害程度相当，防治对策相近的区域划分在一起。把前述各方面不相同的区域划分开，有利于分别对地质灾害发生原因进一步进行综合研究，为地质灾害防治，地质灾害适时治理提供依据。

二、分区原则

地质灾害易发程度、危险性划分根据地质环境背景条件及地质灾害发育现状进行，分区遵循以下原则：

1. 自然及地质环境背景条件差异性原则

地质灾害的发生与其所处的温度变化条件、气象水文、岩土体特征、地层岩性、地质构造、新构造运动等自然及地质环境背景条件密切相关。充分研究不同区域控制地质灾害发生、分布及危害的自然及地质环境条件差异，在进行地质灾害分区时，将发生条件相近的区域划入同一个区，条件不同的划入不同的区。

2. 地质灾害形成主导因素原则

在进行地质灾害分区时，充分考虑地质灾害的现状分布特征，现状分布是地质灾害易发程度的直接反映。同一级次的程度分区，地质灾害的现状分布密度大致相近。

3. 综合分析原则

全面考虑构成区的各因素，以保证所划分的每一个分区都具有其自身特点。在进行地质灾害分区时，还应充分考虑人类工程活动的方式和强度，保护自然环境的措施和力度等方面的综合因素。

4.“以人为本”的原则

突出“以人为本”的原则，分区也要突出地质灾害与人类生产生活的密切程度，即地质灾害的发育程度与人口分布密度的关系，人类工程活动与地质灾害的关系。还要考虑到地质灾害对人类生产生活存在的潜在危害性，准确预测地质灾害的危险性，减少损失，保证人民群众的生产生活安全，更好地为社会发展和经济建设服务。

三、评价思路与方法

（一）评价思路

地质灾害发育现状是其易发性的客观反映，要想准确的进行地质灾害易发性分区，必须依赖野外实际调查工作，本着这一思路，此次调查十分重视对基础地质元素的搜集与分析，野外工作结束时已形成本区地质灾害易发性基本轮廓，即初步的定性分区结果；同时考虑到地质环境条件的复杂性，通过对影响地质灾害发育的诸多因素分析，采用半定量方法进行分区计算，作为对定性评价的补充，最后综合两种结果，形成本区地质灾害的易发性、危险性分区图。本次工作拟采用层次分析法和 GIS 空间分析统计方法相结合的工作方法对区内地质灾害易发性进行评价和区划，主要技术路线和方法如下：

（1）对调查区进行单元网格剖分。

（2）建立评价指标体系，利用层次分析法确定各因子和各要素的权值。

（3）对各评价因子指标进行量化，并采用归一化数值变换方法统一量纲。

（4）确定评价指标权值和数据归一化的基础上，利用 GIS 的空间分析功能进行数据的空间叠加。

（5）经统计分析确定易发性区划的分界点，将评价结果分成不同等级。

（6）在 GIS 分析成图的基础上综合考虑各种因素，进行修改完善，最终编制调查区地质灾害易发性区划图及危险性区划图。

（二）评价方法

层次分析法（analytic hierarchy procces，AHP）：又称多层次权重分析法。是美国运筹学家 T.L.Saaty 等于 20 世纪 70 年代中期提出的一种定性与定量相结合的多准则决策的系统分析方法，其基本原理是把复杂系统分解成目标、准则、方案等层次，在此基础上进行定性和定量分析的决策。它把人的决策思维过程层次化、数量化、模型化，并用数学手段为分析、决策提供定量的依据，是一种对非定量事件进行定量分析的有效方法，特别是在目标因素结构复杂且缺少必要的数据情况下，需要将决策者的经验判断定量化时，该法非常实用。该方法适用于多准则、多目标或无结构特征的复杂问题的决策分析，它按照各因子相互之间的内在支配关系，建立层次结构模型，通过因子的两两比较，建立判断矩阵，进行层析排序，确定各因子的相对重要性。

运用层次分析法建模，大体上可按下面 4 个步骤进行：①建立递阶层次结构模型；②构造判断矩阵；③计算权向量；④一致性检验。

第二节 热融地质灾害易发程度分区及评价

一、地质灾害易发程度分区

（一）基本 GIS 的信息量分析模型

信息量分析模型通过计算诸影响因素对斜坡变形破坏所提供的信息量值，作为区划的定量指标，既能正确地反映地质灾害的基本规律，又简便、易行、实用，

便于推广。计算原理与过程如下：

（1）计算单因素（指标）X_i提供斜坡失稳（A）的信息量I（X_i/A）：

$$I（X_i，A）=\lg\frac{P(X_i/A)}{P(X_i)}$$

式中：P（X_i/A）—斜坡变形破坏条件下出现X_i的概率；P（X_i）—研究区指标X_i出现的概率。

具体运算时，总体概率用样本频率计算，即：

$$I（X_i，A）=\lg\frac{N_i/N}{S_i/S}$$

式中：S—已知样本总单元数；N—已知样本中变形破坏的单元总数；S_i—有X_i的单元个数；N_i—有指标X_i的变形破坏单元个数。

（2）计算某一单元P种因素组合情况下，提供斜坡变形破坏的信息量I_i，即：

$$I_i=I（X_i，A）=\sum_{i=1}^{p}\mathrm{Lg}\frac{N_i/N}{S_i/S}$$

（3）根据I_i的大小，给单元确定稳定性等级。$I_i<0$表示该单元变形破坏的可能性小于区域平均变形破坏的可能性；$I_i=0$ 表示该单元变形破坏的可能性等于区域平均变形破坏的可能性；$I_i>0$表示该单元变形破坏的可能性大于区域平均变形破坏的可能性；即单元信息量值越大越有利于斜坡变形破坏。

（4）经统计分析（主观判断或聚类分析）找出突变点作为分界点，将区域分成不同等级。

评价指标的基础数据均为定量描述的数据，须采用标准化、规格化、均匀化或对数，平方根等数值变换方法统 量纲，方可代入评价模型。

（二）评价指标体系建立

地质灾害易发区系指容易产生地质灾害的区域，分区的原理是工程地质类比法，即类似的静态与动态环境条件，产生类似的地质灾害；过去地质灾害多发的地区，也是以后地质灾害多发的地区。地质灾害易发程度区划侧重的是热融滑塌、融冻泥流、热融沉陷等灾害发育的数量多少和活跃程度。评价指标包括发育因子、基础因子和引发因子三类，其中发育因子主要参考已有地质灾害群体的统计特征，基础因子和引发因子主要参考可能形成地质灾害的各类地质环境背景特征。见图 4-1。

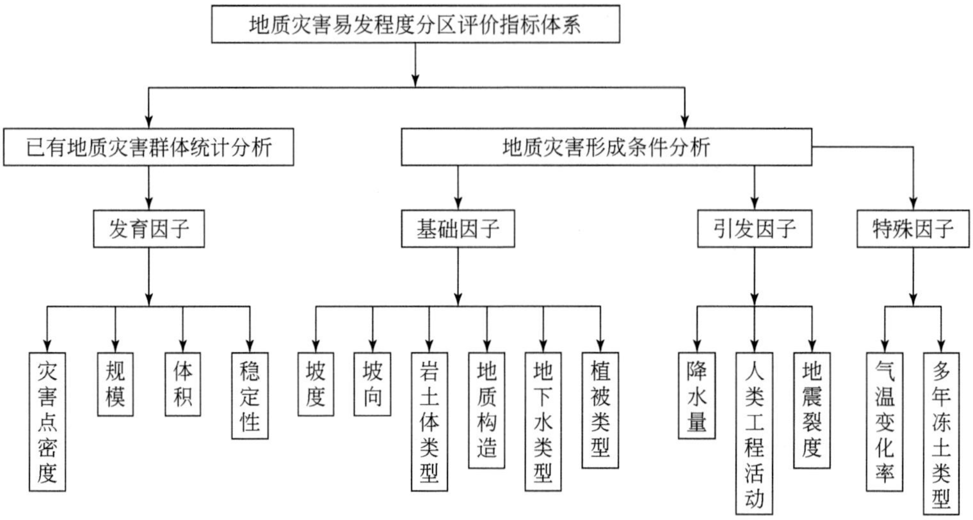

图 4-1　地质灾害易发程度评价指标体系框图

在已有地质灾害群体特征统计分析及地质灾害形成条件分析的基础上，结合前人研究成果，本次参照评价指标贡献率法的计算结果，采用专家赋值法，确定了地质灾害易发程度区划中各个指标的权重，见表 4-1。

表 4-1　地质灾害易发程度区划评价指标权重分配表

因子分类	发育因子（0.45）				基础因子（0.2）						诱发因子（0.2）			特殊因子（0.15）	
指标类型	灾害点密度	灾害点体积	灾害点规模	灾害点稳定性	坡度	坡向	岩土体类型	构造融区	地下水类型	植被	降雨	地震	人类工程活动	冻土稳定性	气温变化率
权重	0.4	0.2	0.2	0.2	0.2	0.15	0.15	0.1	0.2	0.1	0.35	0.35	0.3	0.4	0.6

（三）评价指标量化

评价指标包括定量指标和定性指标。对于定量指标，如斜坡的坡度、坡高、降雨量等，取其原始观测值，并作适当的数值变换即可；对于定性指标，如土体结构、地质构造等，需要建立一个评价指标的分级划分标准，根据各项指标对不同级别的相对贡献来取值。

1. 已有地质灾害群体统计指标

根据已有地质灾害群体统计分析，地质灾害发育因子主要考虑热融滑塌、融冻泥流、热融沉陷三类地质灾害的点密度、规模、体积及稳定性。统计样本覆盖了本次实地调查及收集前人工作的所有灾害点，旨在客观反映冻土退化引发地质灾害的发育程度差异。

其中灾害点密度可通过 GIS 投影分析直接量化，规模、体积已有实地调查的量化数据，直接归一化即可（图 4-2、图 4-3、图 4-4），稳定性按照不稳定赋值为 3、较稳定赋值为 2、稳定赋值为 1 后进行线性归一化，得到的结果图如 4-5。

2. 坡度指标

根据冻土退化引发地质灾害在不同坡度斜坡的发生频率，将坡度按如表 4-2 进行定

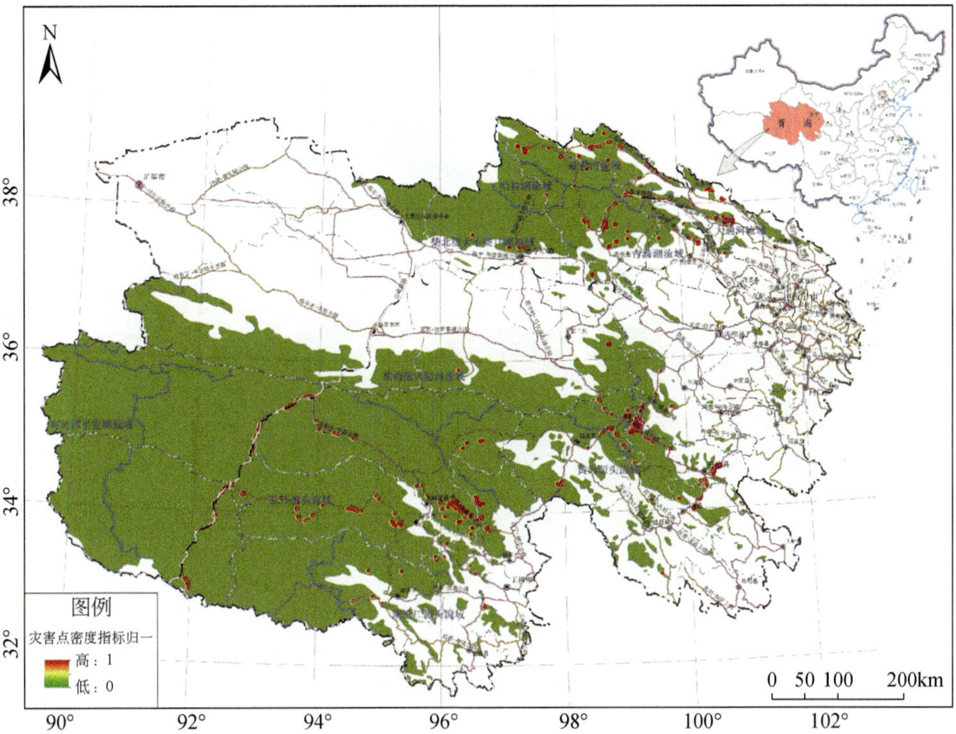

图 4-2　灾害点密度指标归一化图

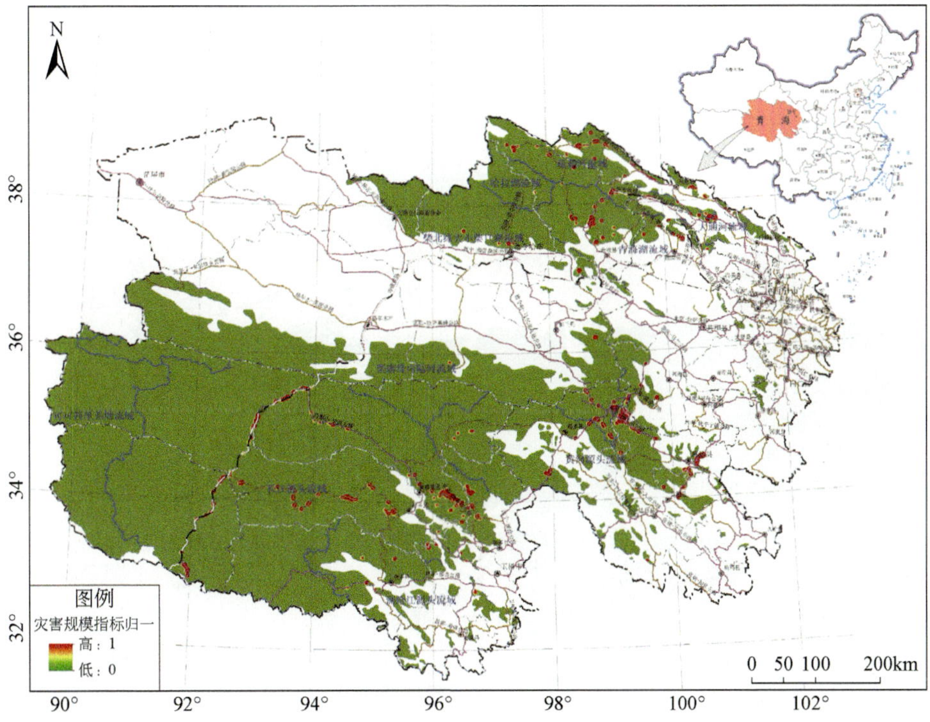

图 4-3　灾害规模指标归一化图

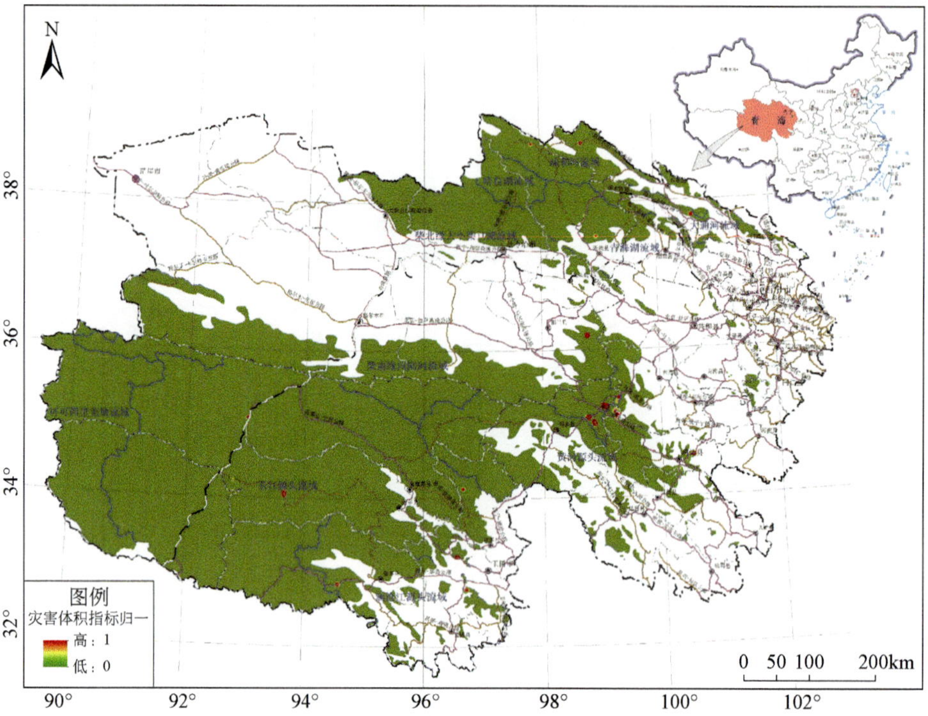

图 4-4 灾害体积指标归一化图

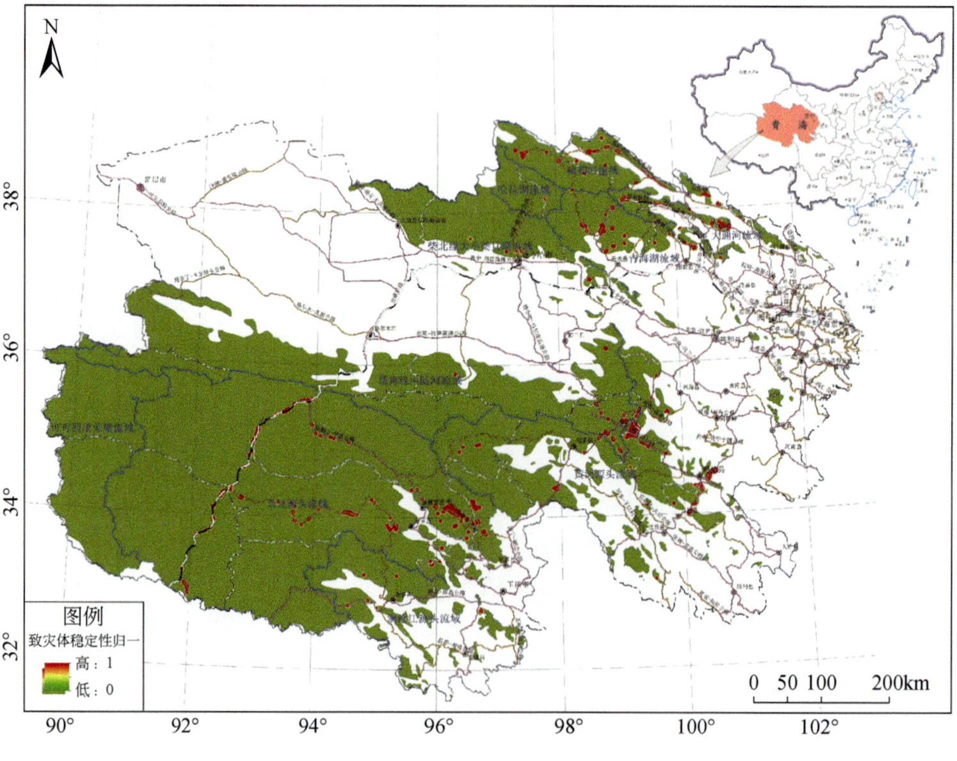

图 4-5 致灾体稳定性指标归一化图

表 4-2 地质灾害坡度易发程度赋值定义一览表

坡度/（°）	0～5	5～15	15～25	25～35	>35
赋值	1	8	6	3	1

义赋值。实地调查及资料分析认为，冻土退化引发的地质灾害大多发生在坡度为 5°～15°的缓坡，其次是 15°～25°的斜坡，将其地质灾害易发程度分别定义为 8、6、3 和 1，0°～5°的缓坡和大于 35°的陡坡不易发生灾害，将其地质灾害易发程度定义为 1。

利用 GIS 从全省 DEM 数据中提取坡度信息，按照上表所示的定义进行 0～1 之间的线性归一化，得到坡度指标归一化结果图，见图 4-6。

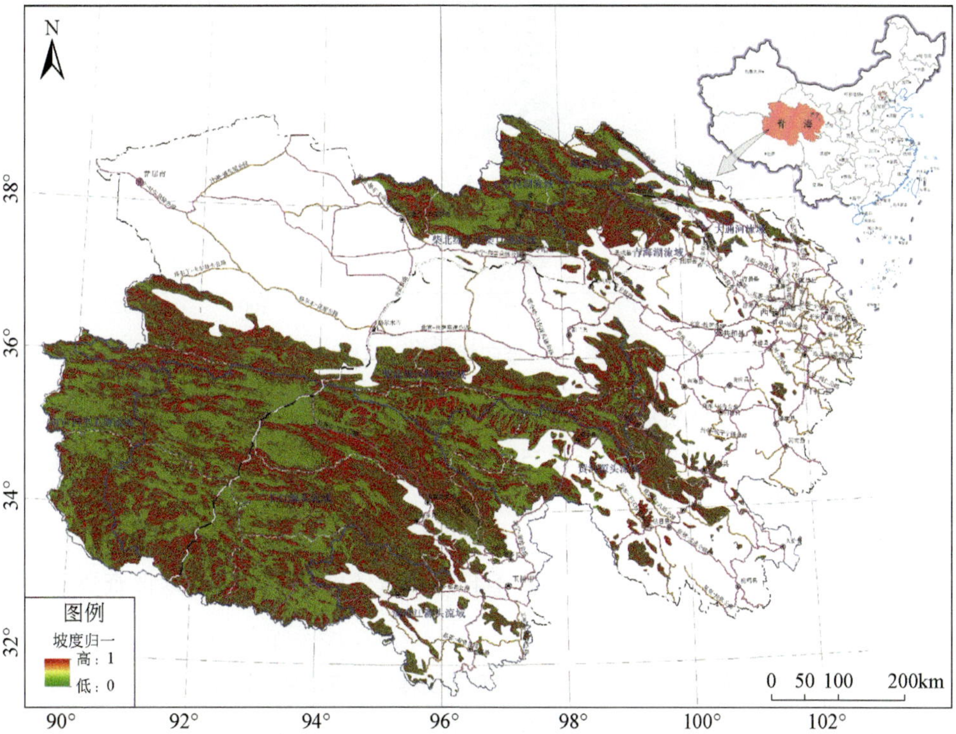

图 4-6 坡度指标归一化图

3. 坡向指标

本次评价利用 GIS 从 DEM 数据中提取调坡向信息，根据不同坡向热融地质灾害的发生频率进行经验赋值（表 4-3），然后进行归一化，结果如图 4-7。

表 4-3 地质灾害坡向易发程度赋值定义一览表

坡向/（°）	45～225	225～360	0～45
赋值	1	4	4

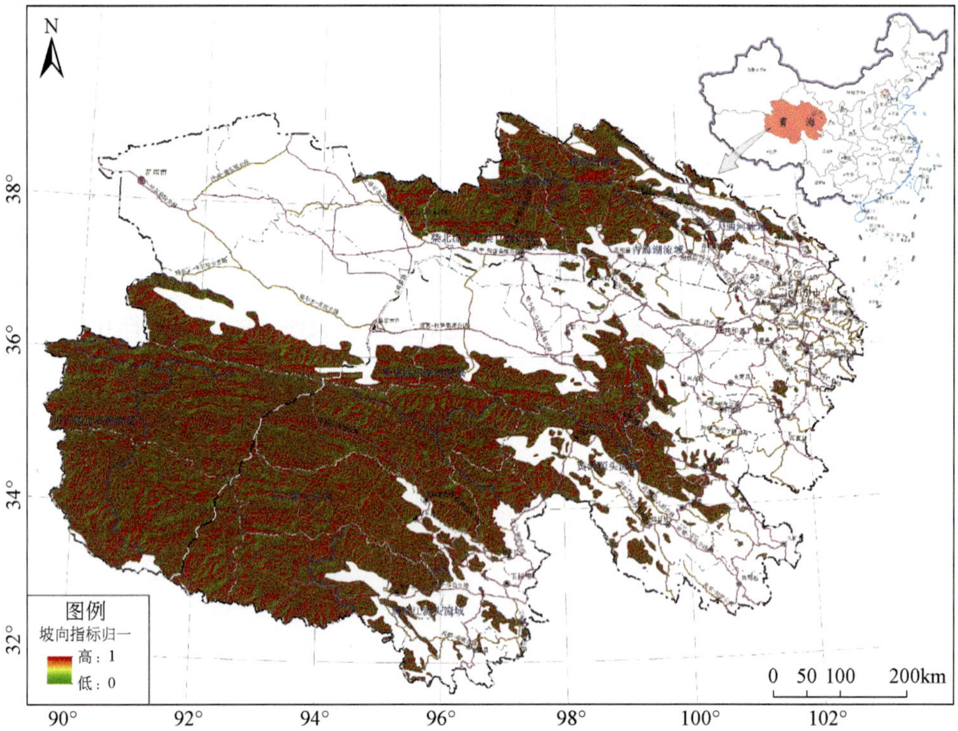

图 4-7　坡向指标归一化图

根据实地调查，热融地质灾害多发生在坡度为 225°～360°及 0°～45°的阴坡，将其地质灾害易发程度定义为 4，坡度为 45°～225°地区热融地质灾害发育频次小，将其定义为 1。

4. 岩土体类型指标

本次岩土体类型指标参考底图为青海省地质环境监测总站收编的全省 1∶100 万工程地质图，按不同岩土体类型进行赋值（表 4-4），赋值依据主要参考实地调查资料及以往资料收集分析。

表 4-4　地质灾害岩土类型易发程度赋值定义一览表

冻土	卵砾类土	黄土类土	淤泥类土	盐渍土	砂类土	黏性土	坚硬岩组	坚硬-较坚硬岩组	软硬相间岩组	软弱岩组
6	6	4	6	4	6	6	1	2	3	5

本次调查结果初步认为，冻土特别是卵砾类土，淤泥类土，黏性土分布区热融地质灾害发生频率较高，将其地质灾害易发程度赋值定义为 6，坚硬岩组分布区无冻土分布，将其赋值定义为 1，其余岩土体参考实际调查的地质灾害发育频次，分别赋值为 1～6。按上述赋值进行线性归一化处理后，结果如图 4-8。

5. 构造融区指标

全省地质构造发育，大型地质构造为重要的融区，不利于多年冻土的分布，因此本次在大型构造发育部位赋于 4km 的缓冲区，越靠近构造其影响范围就越大，反之就越小。根据地质灾害易发程度的影响进行 0～1 之间归一化差值处理，见图 4-9。

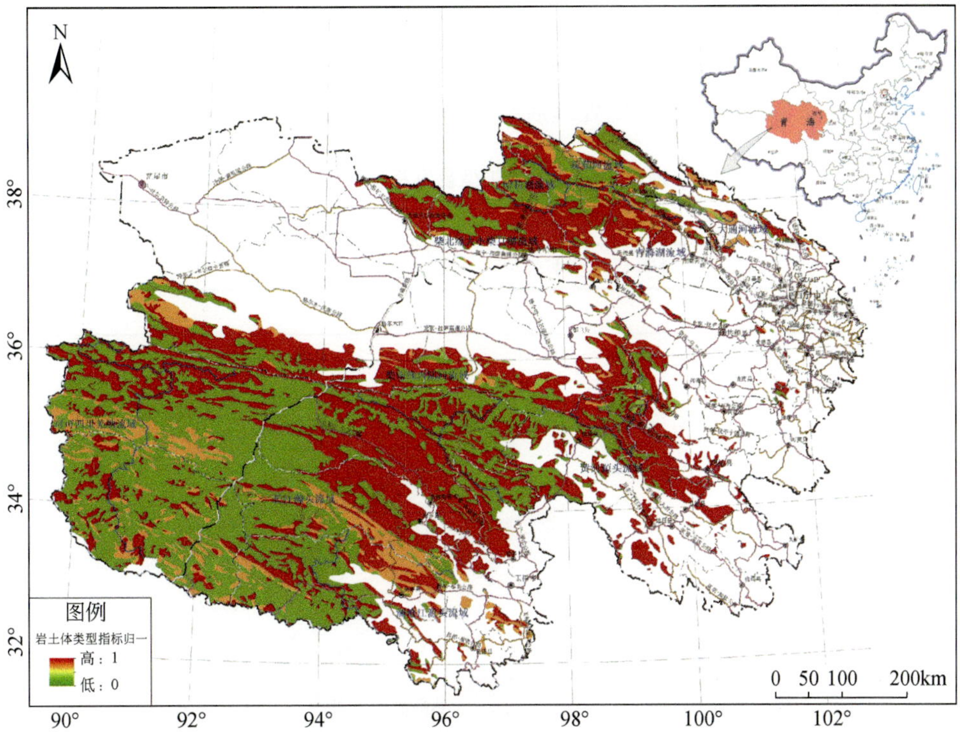

图 4-8　岩土体类型指标归一化图

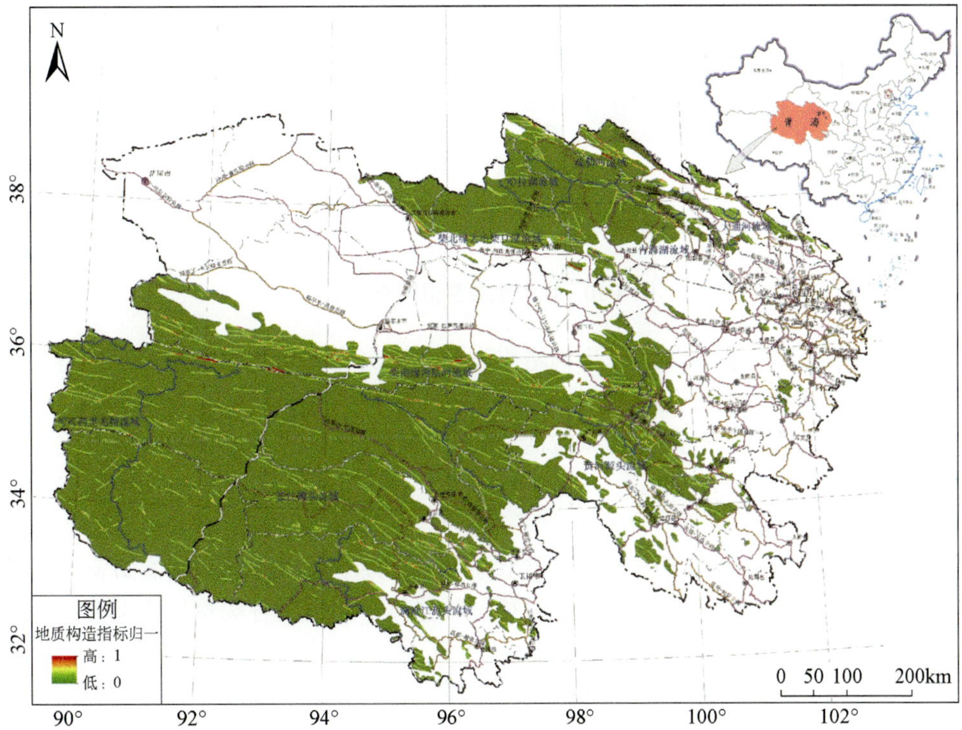

图 4-9　地质构造指标归一化图

6. 地下水类型指标

根据冻土消融引发地质灾害在不同地下水类型条件下的发生频率，将地下水类型按表 4-5 进行定义赋值。线性归一化处理后结果如图 4-10。

表 4-5　地质灾害地下水类型易发程度赋值定义一览表

地下水类型	冻结层水	松散岩类孔隙水	碎屑岩类裂隙孔隙水	基岩裂隙水
赋值	5	4	3	2

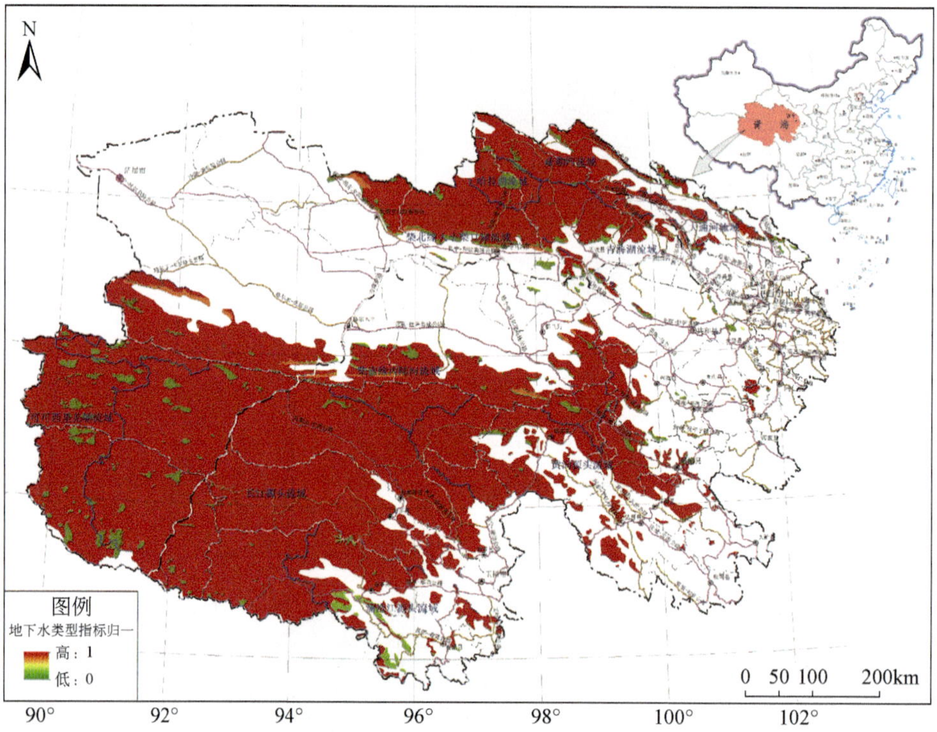

图 4-10　地下水类型指标归一化图

实地调查及资料分析认为，冻土消融引发的地质灾害大多发生的地下水类型为基岩类冻结层水，其次是松散岩类孔隙水，将其地质灾害易发程度分别赋值为 5 和 4，中易发地下水类型为碎屑岩类裂隙孔隙水和碳酸盐岩类裂隙溶洞水，将其地质灾害易发程度分别赋值为 3 和 2。

7. 草地类型指标

草地指标参考底图为地理国情草地类型分布图，按不同草地类型赋值如表 4-6。

赋值依据主要参考本次野外调查及以往资料分析，得出的各类草地类型分布区热融地质灾害发育频次。

在冻土极发育的沼泽湿地地区热融沉陷地质灾害发育频次较高，将其地质灾害易发程度定义为 11；在冻土发育差的阔叶林地区，将其地质灾害易发程度定义为 2；在冻土不发育的无植被荒漠区地段，其地质灾害易发程度被定义为 1。

表 4-6　地质灾害坡度易发程度植被类型赋值定义一览表

序号	植被类型	赋值
1	高寒草原（甸）类 低地草甸类	5
2	山地草甸类	3
3	高寒荒漠类	2
4	湿性荒漠草原类	1
5	其他	0

利用全省植被类型图中提取植被类型信息，按照上表所示的定义进行 0～1 之间的线性归一化，得到植被指标归一化结果图，见图 4-11。

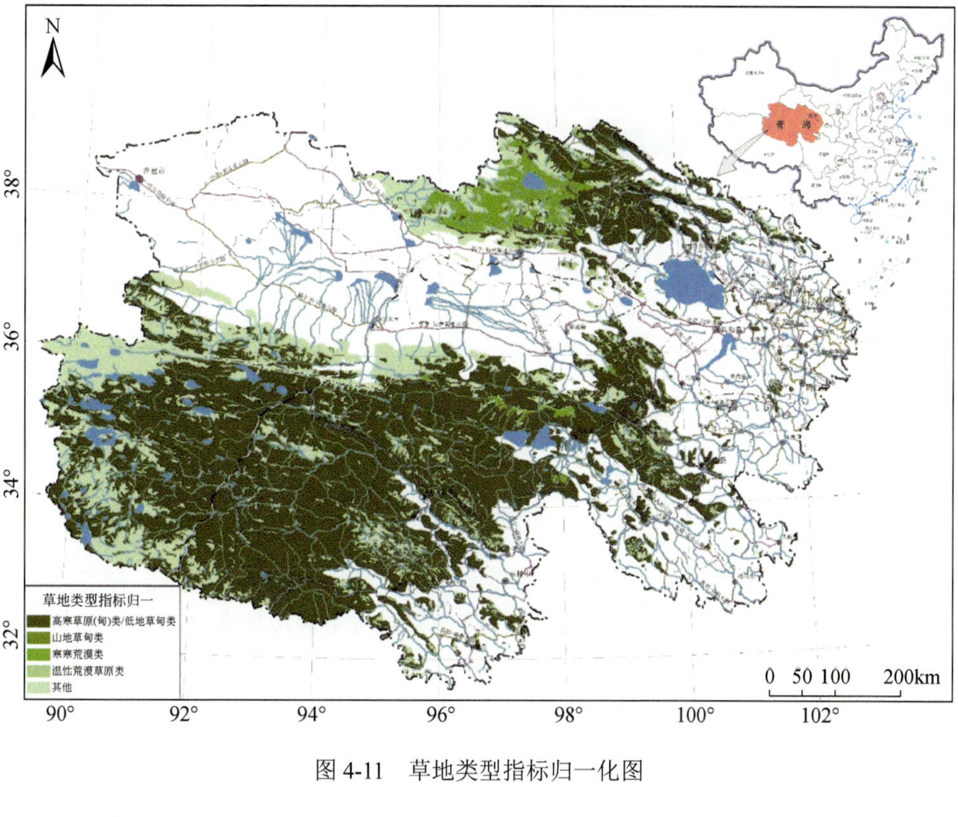

图 4-11　草地类型指标归一化图

8. 人类工程活动指标

人类工程活动对热融滑塌、融冻泥流及热融沉陷的形成影响是极为复杂的，如何定量化反映是个难题。考虑到公路等交通建设是区内最具代表性的人类工程活动，对灾害影响最明显，且具有贯穿或覆盖全区的特点，本次人类工程活动的量化以区内的公路为基准线，做缓冲区分析，间隔 3000m 分别向两边做三个缓冲区，再经栅格化和归一化处理，参与评价。人类工程活动主要集中在河流以及沟谷的两侧，因此这一量化方式有着实际的物理意义，见图 4-12。

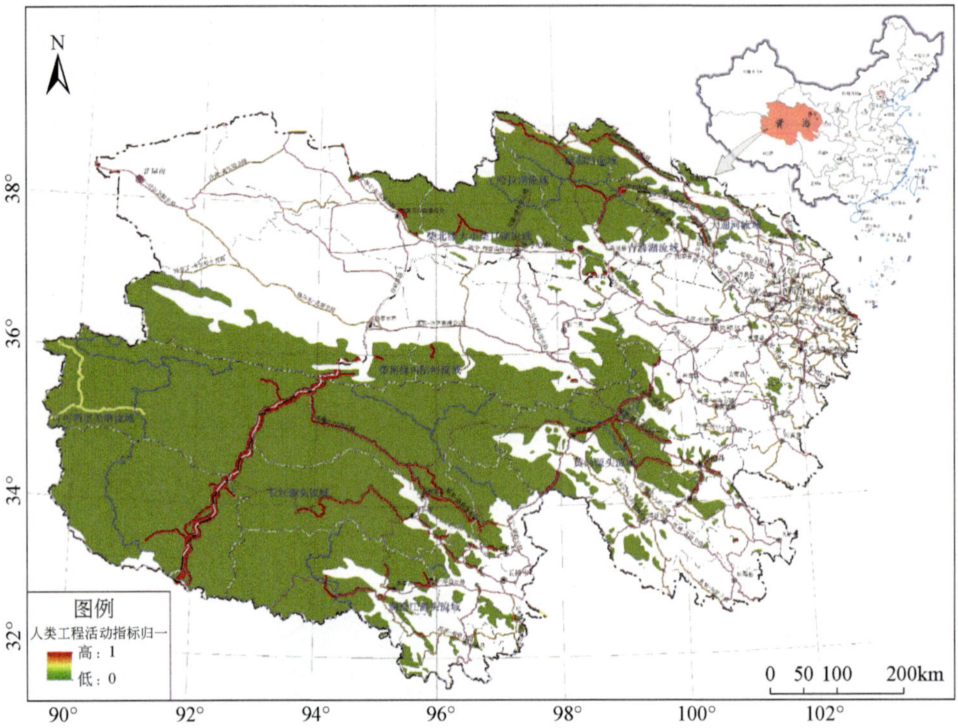

图 4-12 人类工程活动指标归一化图

9. 降水、地震、气温变化率指标

根据已有全省降水量、地震烈度及气温变化率的量化指标，将上述三类指标直接进行线性归一化，分别得到降水量、地震烈度、气温变化率三项指标归一化结果如图 4-13、图 4-14、图 4-15。

10. 冻土稳定性指标

冻土稳定性指标参考中科院西北生态环境资源研究所发布的全省地温梯度图，按照不同的地温区间将全省冻土稳定性分为 6 个等级，并对每个等级按表 4-7 进行赋值，归一化后结果如图 4-16。

表 4-7 多年冻土指标赋值一览表

冻土稳定性	极稳定	稳定	亚稳定	过渡型	不稳定	极不稳定
温度区间/℃	$T<-5$	$-5\leqslant T<-3$	$-3\leqslant T<-1.5$	$-1.5\leqslant T<-0.5$	$-0.5\leqslant T<0$	$T\geqslant 0$
赋值	1	2	3	4	5	6

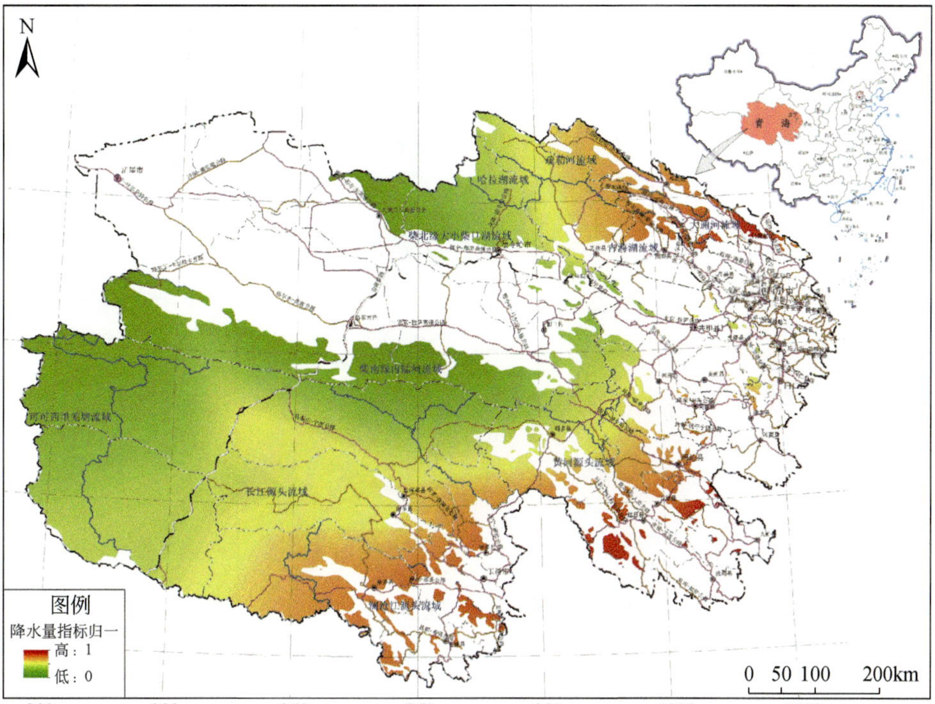

图 4-13 降水量指标归一化图

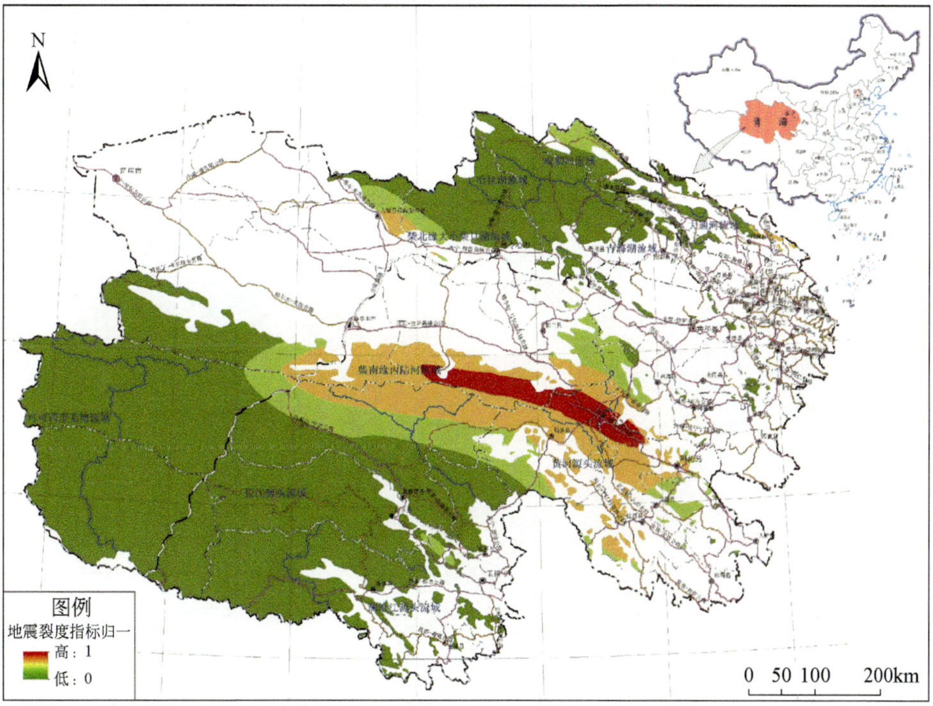

图 4-14 地震烈度指标归一化图

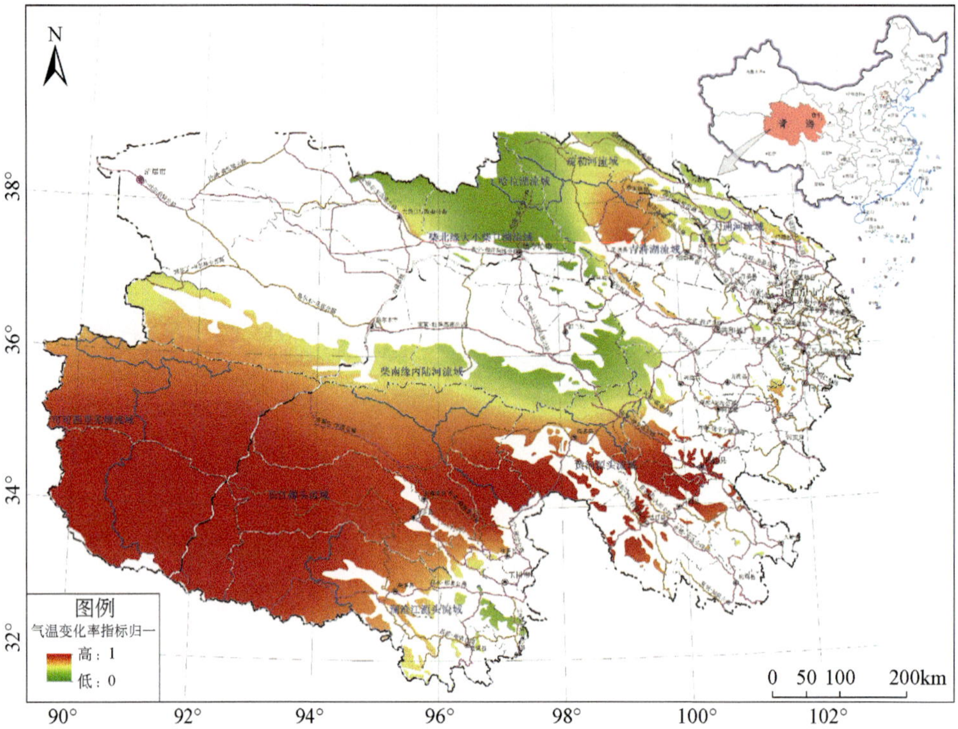

图 4-15　气温变化率指标归一化图

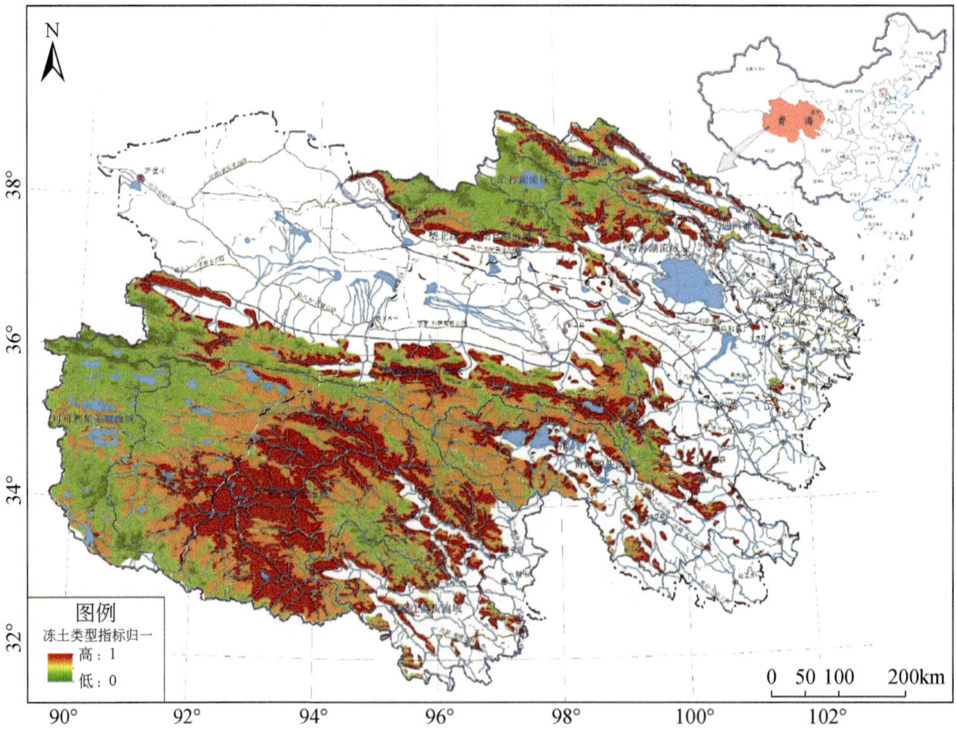

图 4-16　冻土类型指标归一化图

（四）基于 GIS 的信息量叠加

1. 运算方法及过程

在前述评价指标分析和数据归一化的基础上，首先利用 ArcGIS 系统的空间叠加与统计功能，统计每一评价单元的所有指标值，得到数字矩阵的计算结果；然后，再利用 ArcGIS 平台提供的分析计算功能，将研究区各评价单元数据按照权重分配结果进行信息叠加计算。

2. 运算结果

经过对各个因子信息的叠加计算，得到全区地质灾害易发程度评价结果，见图 4-17。

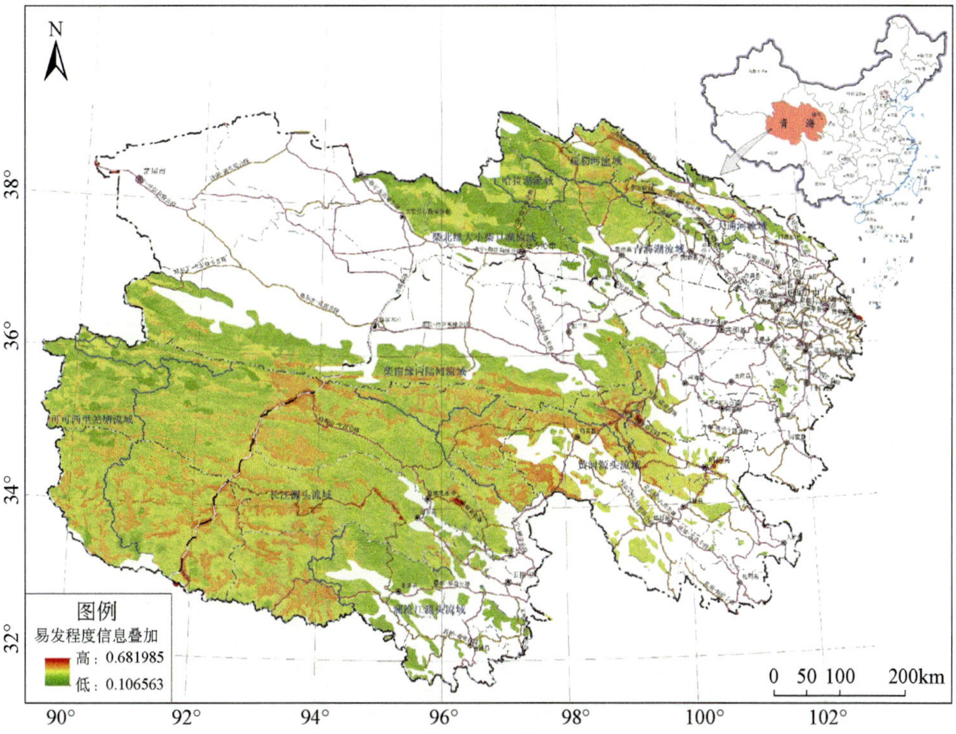

图 4-17　青海省热融地质灾害易发程度信息叠加图

3. 易发程度等级划分

合理地确定易发程度分区界线值也是区划的关键环节之一。一般采用突变点法和等间距法。经过统计分析，从中找出突变点作为易发程度分区界线值，将区域划分为高易发区、中易发区和低易发区三个不同等级的区域，见图 4-18。在定量计算分级分区的基础上，综合考虑各种因素，修正出青海省地质灾害易发程度分区图，见图 4-19。

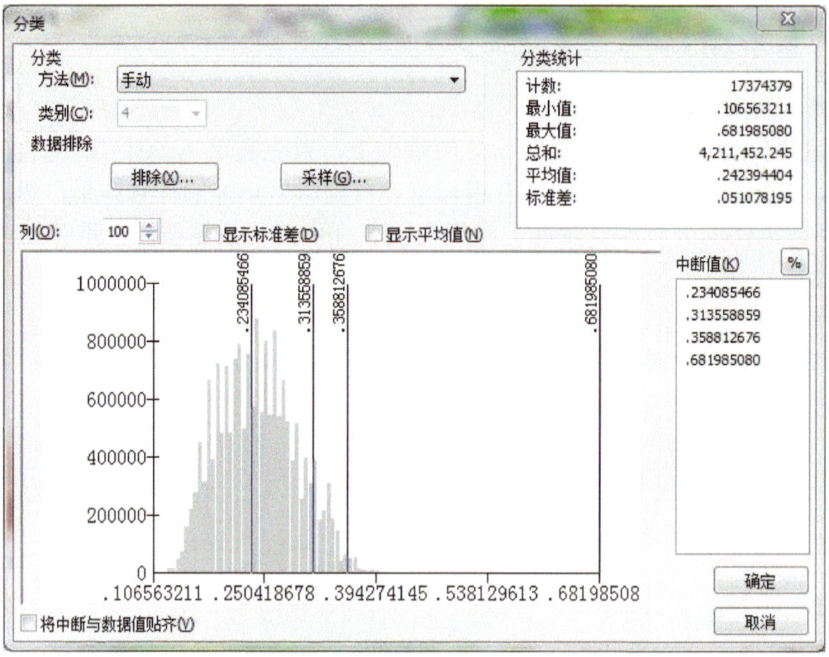

图 4-18　青海省热融地质灾害易发程度分级图

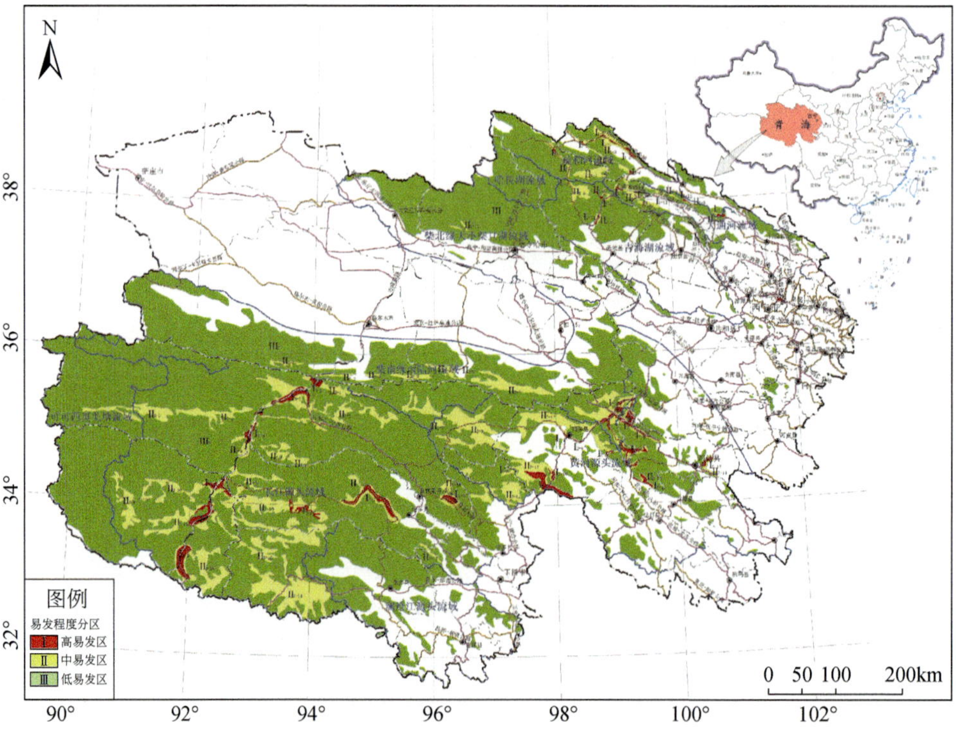

图 4-19　青海省热融地质灾害易发程度分区图

二、地质灾害易发程度分区评价

依据地质灾害易发程度区划结果，结合全区全省多年冻土区地质灾害（热融滑塌、融冻泥流、热融沉陷）的发育程度、多年冻土的分布、降水、地形坡度坡向、地质构造、地下水的赋水性、岩土体类型、地震、植被、气温变化、人类工程活动等因素，将全区地质灾害易发程度划分为高易发区、中易发区、低易发区。其中所划定的高易发区共36片，总面积为7328.08km^2，占多年冻土区面积的2.11%；中易发区共40处，总面积为70010.12km^2，占多年冻土区总面积的20.17%；低易发区总面积为269777.5km^2，占多年冻土区总面积的77.72%。依据工作区特点，分为3个片区（祁连山片区、黄河源柴南缘片区、长江源澜沧江片区）对全省的易发区做评价。

（一）地质灾害高易发区（Ⅰ）

1. 祁连山片区（Ⅰ_1）

祁连山片区冻土面积56978.24km^2，共划定高易发区15处，总面积692.85km^2，占祁连山片区多年冻土面积的1.21%。主要分布于天峻县杨康乡、龙门乡、苏里乡、木里乡，刚察县江仓地区，祁连县央隆乡、野牛沟乡、默勒乡等地区，主体沿山脉、流域走向呈北西向带状展布。分布区内年降雨量在400～500mm；气温变化率处于祁连山较高升温变化梯度带内；区内大面积分布山地多年冻土，河谷及两侧斜坡土体类型属粒度较细的黏质土；地下水类型为冻结层上水；植被较发育，以高寒草甸为主；人类工程活动强烈。

2. 黄河源柴南缘片区（Ⅰ_2）

黄河源柴南缘片区共划定高易发区12处，总面积2554.97km^2，占黄河源柴南缘片区多年冻土面积的2.56%。主要分布于玛多县、玛沁县等地区。区内降雨量在300～400mm，地貌类型属于阿尼玛卿山高山极高山山原，地下水类型为冻结层水，斜坡土体发育，土体类型主要为细粒土，处于柴达木地震带，地震烈度0.2～0.3，植被较发育，植被类型为高寒草甸，覆盖率在60%～85%，人类工程活动较强烈。

3. 长江源澜沧江源片区（Ⅰ_3）

长江源澜沧江源片区共划定高易发区9处，总面积4080.26km^2，占祁连山片区多年冻土面积的2.15%。主要分布于曲麻莱县、治多县扎河乡—多彩乡、青藏铁路沿线等地区。区内降雨量在200～500mm不等，气温变化率处于阿尼玛卿-长江源头高升温变化梯度带，地下水类型为松散岩类冻结层水，处于可可西里 巴颜喀拉山地震带，植被较发育，植被类型为高寒草甸，覆盖率在35%～40%，人类工程活动强烈，主要以青藏铁路沿线及G109国道为主。

（二）地质灾害中易发区（Ⅱ）

1. 祁连山片区（Ⅱ_1）

祁连山片区共划定中易发区10处（$\text{Ⅱ}_{1\text{-}1}$—$\text{Ⅱ}_{1\text{-}12}$），总面积8669.94km^2，占祁连山片区多年冻土面积的15.22%；主要沿高易发区外围分布，分布于天峻县杨康乡、龙门乡、苏里乡、木里乡等地区，刚察县江仓地区等地区，祁连县央隆乡、野牛沟乡默勒乡等地区，区内年降雨量在 300～500mm；气温变化率处于祁连山较高升温变化梯度带内；区内大面积分布山地多年冻土，沿河谷两岸及两侧斜坡土体类型为细粒砂质土、黏质土；冻结层水分布广泛；植被较发育，人类工程活动较强烈。

2. 黄河源柴南缘片区（$Ⅱ_2$）

黄河源柴南缘片区共划定中易发区 13 处，总面积 16112.88km^2，占黄河源柴南缘片区多年冻土易发区总面积的 16.10%。主要分布于格尔木市、玛多县、玛沁县、曲麻莱县、兴海县、称多县、甘德县、达日县等地区。区内降雨量在 200～600mm，自北向南减少；地貌类型属于祁漫塔格-布尔汗布达大起伏高山，地下水类型主要为冻结层水，植被较发育，植被类型为高寒草甸，覆盖率在 50%～60%，人类工程活动较强烈。

3. 长江源澜沧江源片区（Ⅱ3）

长江源澜沧江源片区共划定中易发区 17 处，总面积 45227.30km^2，占长江源澜沧江源片区多年冻土面积的 23.79%；主要分布于区内的高易发区周围等地区。区内主要分布高原不连续冻土，地形地貌为长江源丘状高原小区，降雨量在 200～300mm，气温变化率处于阿尼玛卿-长江源头高升温变化梯度带，地下水类型为冻结层水，人类工程活动较强烈。

（三）地质灾害低易发区（Ⅲ）

1. 祁连山片区（$Ⅲ_1$）

片区内除高易发区和中易发区之外的多年冻土分布区均为低易发区，面积为 48043.75km^2，约占片区总面积的 84.32%；地貌类型属祁连山侵蚀构造中高山区；区内岩层多属坚硬层状灰岩、较坚硬层—薄层状砂、板岩岩组，山区沟谷及两侧斜坡多年冻土发育；降雨量在 400～600mm；地下水类型为冻结层水及基岩裂隙水；植被较发育，植被类型为高寒草甸，覆盖率在 30%～50%，人类工程活动一般。已有多年冻土地质灾害发育较少，灾害发育程度弱，为低易发区。

2. 黄河源柴南缘片区（$Ⅲ_2$）

低易发区总面积为 81385.60km^2，占黄河源柴南缘片区多年冻土面积的 81.34%。主要分布于区内除高易发、中易发区之外的多年冻土区的其他区，地层主要为坚硬层状灰岩、较坚硬层—薄层状砂、板岩岩组及山地多年冻土，降雨量在 100～700mm，地貌类型属于黄河源丘状山原盆地，地下水类型为冻结层水及基岩裂隙水，植被较发育，植被类型为高寒草原，覆盖率在 15%～90%，人类工程活动一般。

3. 长江源澜沧江源片区（$Ⅲ_3$）

分布于区内除高易发、中易发区之外的多年冻土区的其他区，分布面积 140770.4km^2，占全区面积的 74.06%，区内地貌类型由唐古拉高山极高山-澜沧江上游大、中起伏高山河谷-江河源丘状高原-江河上游大中起伏高山山原区-长江、澜沧江上游大、中起伏高山河谷区过渡，相对植被覆盖率较高，地质环境条件相对较好。此外区内多数为无人区，相对居民点少，基本无重大人类工程活动。在澜沧江流域内冻土发育较少，仅在杂多县扎青-阿多-查旦部分地区发育，该区内基本处于稳定，尚未发生过重大冻土灾害。

第三节　热融地质灾害危险区划分及分区评价

一、危险区划分方法

地质灾害危险性评价是建立在地质灾害易发程度与危害程度基础上的，易发性偏重于地质环境的自然属性，而危害程度偏重于社会属性。对一个地质灾害点而言，首先是易于发生地质灾害，并且对社会造成一定损失，我们可认为地质灾害具有很大的危险性。因此，危险性评价是利用 GIS 分析法将地质灾害险情即潜在危害与易发程度叠加而成，反映地质灾害危险程度。

（一）危险性指数计算方法

选取地质灾害威胁人口、威胁财产以及易发程度三个指标对地质灾害危险程度进行量化计算，三个指标的权重见表 4-8。

表 4-8　地质灾害危险性指数计算因子权重一览表

<table>
<tr><td>项目</td><td colspan="2">地质灾害险情</td><td>地质灾害易发程度</td></tr>
<tr><td>权重</td><td colspan="2">0.7</td><td rowspan="4">0.3</td></tr>
<tr><td>次一级因子</td><td>威胁人口</td><td>威胁财产</td></tr>
<tr><td>权重</td><td>0.5</td><td>0.5</td></tr>
<tr><td>总权重</td><td>0.35</td><td>0.35</td></tr>
</table>

（二）评价因子指标量化

评价地质灾害威胁人员及财产的程度依然通过地质灾害的威胁人员、威胁财产分布综合体现。通过威胁范围的计算，对调查区潜在地质灾害威胁范围内人口、财产进行统计计算，之后进行归一化无纲量处理，归一化结果见图 4-21、图 4-22。地质灾害易发性指标量化参考第二节的计算结果直接代入进行计算。

（三）地质灾害危险性等级划分

在上述评价指标分析和数据归一化的基础上，运用 ArcGIS 系统的栅格运算功能，将研究区各评价因子按照各因子权重进行信息叠加计算，从而得到全省地质灾害危险性信息叠加图（图 4-23）。经过统计分析，从中找出突变点作为危险程度分区界线值，将区域划分为高危险区、中危险区和低危险区三个不同等级的区域，见图 4-24。在定量计算分级分区的基础上，综合考虑各种因素，修正出青海省地质灾害危险性分级图，见图 4-20。

二、地质灾害危险性分区评价

依据地质灾害危险程度区划结果，结合全区全省多年冻土区地质灾害（热融滑塌、融

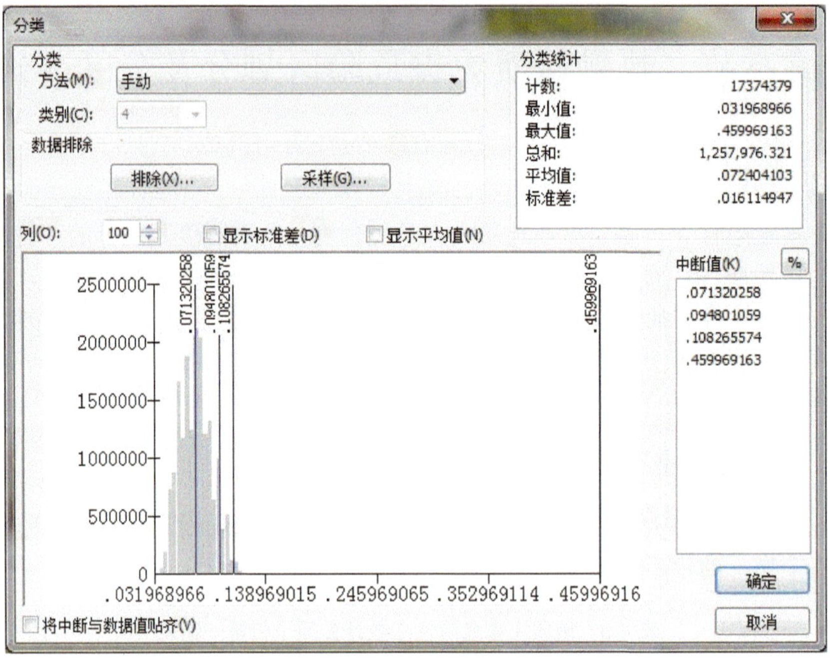

图 4-20　地质灾害危险性分级图

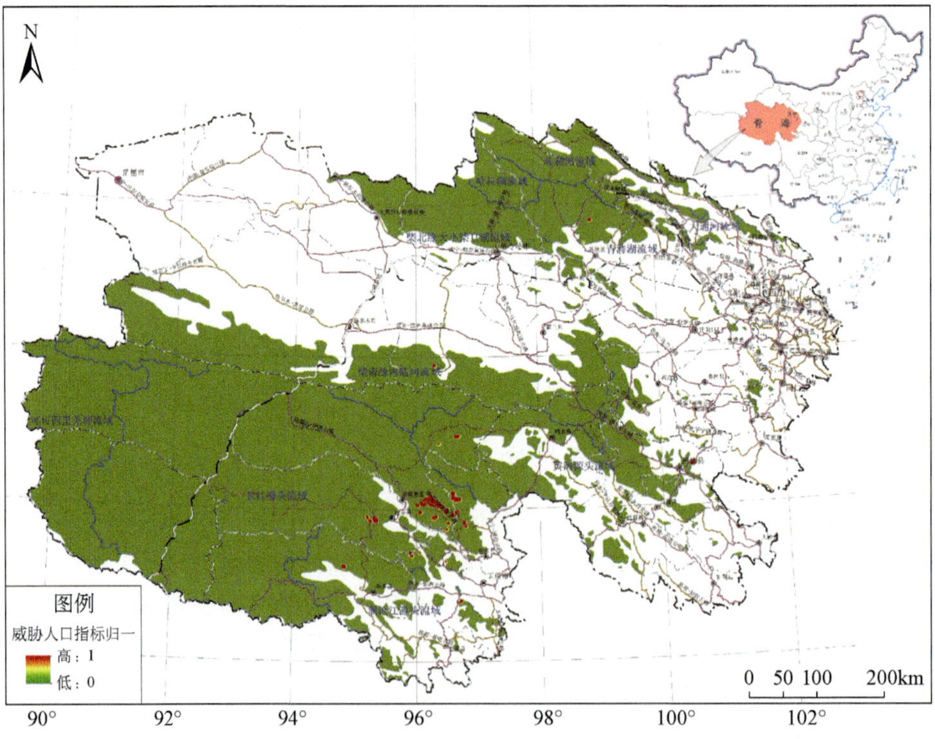

图 4-21　青海省热融地质灾害威胁人口指标归一化图

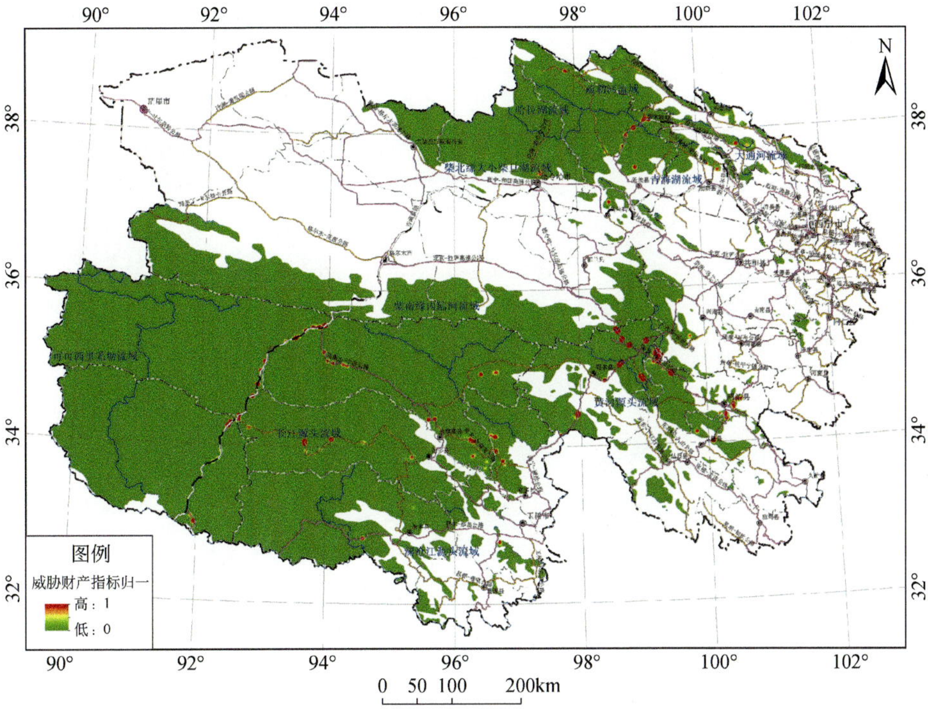

图 4-22　青海省热融地质灾害威胁财产指标归一化图

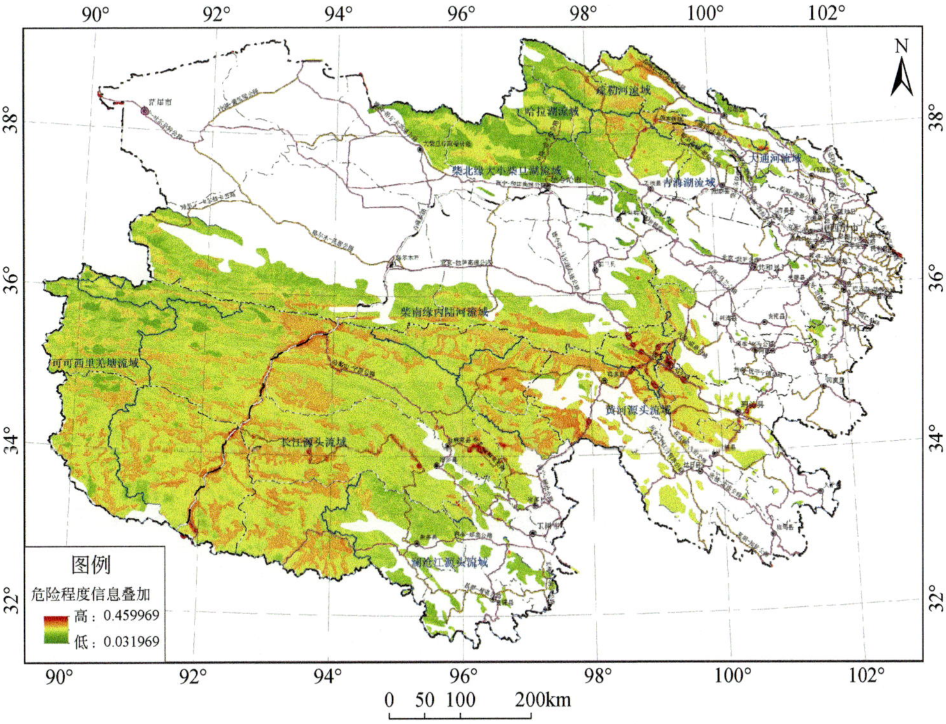

图 4-23　青海省热融地质灾害危险性信息叠加图

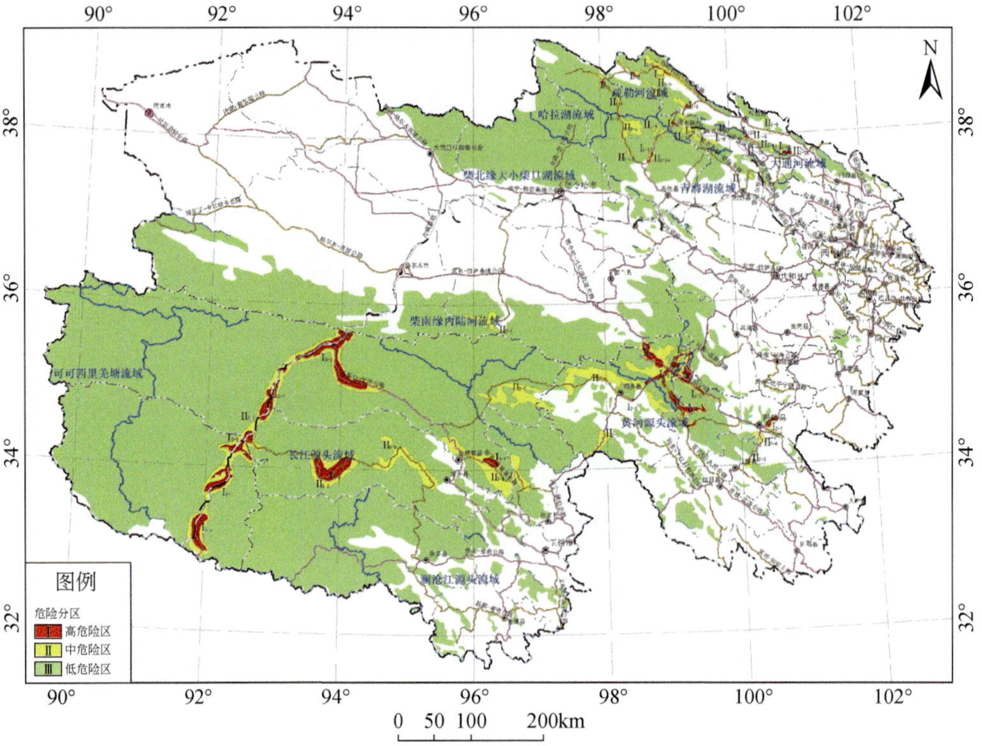

图 4-24　青海省热融地质灾害危险性分区图

冻泥流、热融沉陷）的发育程度、威胁对象及威胁财产等因素，将全区地质灾害易发程度划分为高危险区、中危险区、低危险区。其中所划定的高危险区共 26 片，总面积为 6714.08km^2，占多年冻土区面积的 1.9%；中危险区共 25 处，总面积为 21544.48km^2，占多年冻土区总面积的 6.2%；低危险区总面积为 318863.1km^2，占多年冻土区总面积的 92%。依据工作区特点，本次按 3 个片区即祁连山片区、黄河源柴南缘片区、长江源澜沧江源片区对全省的危险性做评价。

（一）地质灾害高危险区（Ⅰ）

1. 祁连山片区（I_1）

祁连山片区共划定高危险区 12 处，总面积 319.46km^2，占片区多年冻土面积的 0.56%。分布于祁连山片区天峻县、祁连县及刚察县内，热融地质灾害共 40 个，其中热融滑塌 19 个、热融沉陷 6 个、融冻泥流 15 个，灾害主要威胁草场、铁路、G338、S204、S211、X450、天木公路、天默公路、乡道、输电线路、彩钢房、牲畜（牛、羊），威胁财产 1887.61 万元。

2. 黄河源柴南缘片区（I_2）

黄河源柴南缘片区共划定高危险区 7 处，总面积 1607.35km^2，占片区多年冻土面积的 1.6%。主要分布于玛多县花石峡镇至都兰县 G109 国道沿线、西丽高速沿线、玛沁县下大武乡德马高速沿线、玛沁县拉加镇西南侧。共发育的冻土灾害有 96 个，发育融冻泥流灾害点 50 个，热融滑塌灾害点 34 个，热融沉陷灾害点 12 个，主要威胁草场、G214、共玉高速、花久高速、县道等，居民点 8 户 22 人，威胁财产合计约 55897.5 万。

3. 长江源澜沧江源片区（I_3）

长江源澜沧江源片区共划定高危险区 7 处，总面积 4781.25km^2，占片区多年冻土面积的 2.5%。主要分布于 G215 国道曲麻河乡-不冻泉-五道梁-唐古拉山镇-雁石坪-唐古拉山山口 G109 国道公路青藏铁路沿线、曲麻莱县东部约改镇，称多县-曲麻莱县公路沿线等地区，共发育冻土灾害点 100 个，热融沉陷 49 个，融冻泥流 49 个，热融滑塌 2 个。威胁牧民共 80 人，威胁财产达 15307.77 万元。

（二）地质灾害中危险区（Ⅱ）

1. 祁连山片区（II_1）

祁连山片区共划定中危险区 15 处，总面积 3358.34km^2，占片区多年冻土面积的 5.89%。分布于祁连山片区天峻县、祁连县及刚察县内，热融地质灾害共 41 个，其中热融滑塌 14 个、热融沉陷 15 个、融冻泥流 12 个，灾害主要威胁草场、G338、S204、S209、S211、S301、X519、天木公路、二尕公路、乡道、输电线路、通讯线路、居住点、牲畜（牛、羊），威胁财产 4232.9 万元。

2. 黄河源柴南缘片区（II_2）

黄河源柴南缘片区共划；中危险区 6 处，总面积 7697.15km^2，占片区多年冻土面积的 7.70%。分布于曲麻莱县、甘德县、玛沁县、玛多县及兴海县。发育融冻泥流灾害点 14 个，热融滑塌灾害点 11 个，热融沉陷 1 个，主要威胁共玉高速约 3100m，牧民 3 户 13 人，牦牛 50 头，县道约 70m，临时板房 2 间、输电线路 50m，及草场约 990 亩，威胁财产合计约 9920 万元。

3. 长江源澜沧江源片区（II_3）

长江源澜沧江源片区共划定中危险区 4 处，总面积 10488.99km^2，占片区多年冻土面积的 5.5%。主要分布于区内的高易发区周围等地区，共发育冻土灾害点 64 个，热融沉陷 33 个，融冻泥流 28 个，热融滑塌 3 个。威胁牧民共 70 人，威胁财产达 6711.48 万元。

（三）地质灾害低危险区（Ⅲ）

1. 祁连山片区（III_1）

分布于区内除高风险、中风险区之外的其他区，分布面积 53300.44km^2，占全区面积的 93.55%。冻土退化引发的地质灾害发育较弱，片区内地貌类型有安南坝-北祁连大起伏高山宽谷区、哈拉湖-大通河河源高寒盆地宽谷区、赛什腾-宗务隆干旱高山宽谷区和大通山高寒中起伏山原区，植被覆盖率相对较高，地质环境条件相对较好。

2. 黄河源柴南缘片区（III_2）

分布于区内除高危险、中危险区之外的多年冻土区的其他区，分布面积 90754.98km^2，占全区面积的 90.7%。冻土退化引发的地质灾害发育较弱。

3. 长江源澜沧江源片区（III_3）

位于区内除高危险、中危险区之外的其他区，分布面积 174807.70km^2，占全区面积的 92%。调查区内地貌类型由唐古拉高山极高山-江河源丘状高原-江河上游大中起伏高山山原区-长江、澜沧江上游大、中起伏高山河谷区过渡，相对植被覆盖率较高，地质环境条件相对较好，相对危险性较低。区内人口稀少，人类工程活动一般，冻土退化引发的地质灾害发育较弱。

第四节 本章小结

热融地质灾害为多年冻土区内气候和地质地理因素综合作用的产物，影响因素众多，其中，气候条件是控制冻土形成和发展的主要因素，各种地质地理因素不同程度对局地格局产生影响，省内热融地质灾害受多年冻土的分布、降雨、地形坡度、坡向、温度变化、地下水的赋水情况、岩土体类型、地震、构造融区、草地类型、人类工程活动等因素的影响。本书充分利用野外调查，结合多年冻土的分布发育特征，结合其他因素，对青海省热融地质灾害进行了分区评价。

（1）结合全省已调查的热融地质灾害（热融滑塌、融冻泥流、热融沉陷）的发育程度、多年冻土的分布、降水、灾害发育地形地貌、坡度、坡向、构造融区、地下水的赋水性、岩土体类型、地震、植被、气温变化率、人类工程活动等因素，将全省热融地质灾害易发程度划分为高易发区、中易发区、低易发区。高易发区共划定 36 片，其中祁连山片划定 15 处，黄河源柴南缘片区划定 12 处，长江源澜沧江源片区划定 9 处，总面积为 7328.08km^2，占多年冻土区面积的 2.11%。中易发区共划定 40 处，其中祁连山片划定 10 处，黄河源柴南缘片区划定 13 处，长江源澜沧江源片区划定 17 处，总面积为 70010.12km^2，占多年冻土区总面积的 20.17%。低易发区为除高易发区和中易发区之外的其他多年冻土分布区，总面积为 269777.5km^2，占多年冻土区总面积的 77.72%。

（2）结合全省已调查出的热融地质灾害（热融滑塌、融冻泥流、热融沉陷）的发育程度、威胁对象及威胁财产等因素，将全区地质灾害易发程度划分为高危险区、中危险区、低危险区。高危险区共划定 26 片，其中祁连山片区 12 处，黄河源柴南缘片区 7 处，长江源澜沧江源片区 7 处，总面积为 6714.08km^2，占多年冻土区面积的 1.9%。中危险区共 25 处，其中祁连山片区 15 处，黄河源柴南缘片区 6 处，长江源澜沧江源片区 4 处，总面积为 21544.48km^2，占多年冻土区总面积的 6.2%。低危险区为除高风险、中风险区之外的其他多年冻土分布区，总面积为 318863.1km^2，占多年冻土区总面积的 92%。

第五章　热融地质灾害对生态环境的影响

第一节　热融地质灾害对区域生态环境的影响

黄河源区，黏性土组成的平缓山坡且有多年冻土层的地方，融冻泥流、融冻滑塌最为发育，常呈不规则的长条形，长十余米至数百米，宽数十米。由于上部土壤层滑移剥离，使原本平坦的草地形成大小不等的凹坑，破坏土壤、植被结构的完整性，向下运移压覆，造成土壤、植被以成倍的面积破坏（石维栋等，2006）。大通河源区，冻融交替作用变化剧烈，土壤层滑移剥离，使原本平坦的草甸形成大小不等的凹坑，破坏地表植被和土壤结构的完整性，在剥落物向下运移过程中，造成土壤、植被大面积的破坏。寒草甸经过强烈地冻融剥离作用，水土流失严重，加之冬春季的大风，风蚀作用使各种成因形成的秃斑地不断扩大和连接，最终造成土地荒漠化趋势增强。区域地下水下降破坏了源区原有的地下水补径排条件，导致河流溯源侵蚀加强、垂向下切侵蚀加剧，引起地下水排泄基准面下降，导致区域地下水和生态水位下降（高明等，2016）。

由于寒区工程建设和人类经济活动严重干扰了冻土环境和生态环境自然平衡能力产生一系列变化（吴青柏等，2000，2002）。冻胀作用导致桥桩向上拔起致使桥梁发生不均匀变形破坏。对于涵洞来说冻胀和融沉作用常导致涵台开裂、涵底铺砌开裂和下沉、八字墙开裂、倾斜等，这类破坏约占涵洞破坏的 85%（吴青柏等，2002）。人类工程活动对青藏公路沿线的多年冻土产生巨大的影响（图 5-1）。融沉主要发生在多年冻土区高含冰量地段，青藏公路的破坏路段中 80%以上是冻土融化下沉引起的。融化下沉破坏与冻土含冰量、多年冻土上限、路基的热状态等因素有关。

(a)工程扰动诱发的热融滑塌（青藏公路里程K3035）　(b)湖水侵蚀诱发的热融滑塌（可可西里，错达日玛湖）　(c)冻土活动层滑脱诱发的热融滑塌（红梁河附近）

图 5-1　青藏高原多年冻土区热融滑塌（罗京等，2022）

青海省热融地质灾害不同程度地造成了经济损失，已查明的 143 处热融滑塌灾害主要危害草场，其次为道路、通讯线路及牧民牲畜。其中主要对居民点造成危害的有 3 处，共计 3 处房屋受损，2 人死亡；对省道、国道、桥梁等重要设施造成破坏的有 8 处；对草场及其他财产设施造成损坏的有 132 处；目前未发现对牦牛、羊等重要财产造成损失的热融滑塌灾害点（表 5-1）。初步估算累计造成经济损失 6979.4 万元。以思肉欠滑塌损失最为典型，位于果洛州玛沁县拉加镇思肉欠村，2017 年 9 月 7 日发生热融滑塌，转化成泥石流冲击掩埋该村 3 户（9 人）牧户住宅，导致 2 人死亡，1 人重伤，6 人轻伤，摧毁房屋 12 间，掩埋牦牛 15 头，毁坏通讯及输电线路各 800m，堆积体掩埋公路（S101 线）约 200m，堰塞湖淹没公路约 300m，造成直接经济损失约 800 万元，灾情等级为大型。

表 5-1　热融滑塌危害对象及损失统计

灾害类型	已发生灾害危害对象				典型灾害点	直接经济损失
热融滑塌	居民点	重要设施（省道、国道、桥梁等）	重要财产（牦牛、羊等）	草场及其他	思肉欠	6979.4 万元
数量（143 处）	3 处 3 个居民点 3 处房屋受损 2 人死亡	8	0	132		

已调查 242 处融冻泥流，主要危害草场，其次为道路、牧民牲畜、输电线路及通讯线路。其中主要对居民点造成危害的有 1 处，造成 2 人失踪，对省道、国道、桥梁等重要设施造成破坏的有 5 处，对牦牛、羊等重要财产造成损失的有 1 处，对草场及其他财产设施造成损坏的有 235 处（表 5-2）。初步估算累计造成经济损失 14123.66 万元。以下拉秀、扎朵、乌兰铜普三处灾害点最为典型。下拉秀。位于玉树市夏拉秀乡叶吉尼玛村，2019 年 5 月 8 日发生融冻泥流，造成 2 人失踪，牛羊损失各 40 头，淹埋草场 7 亩，造成直接经济损失约 80 万元，灾情等级为中等。扎朵：位于玉树市称多县扎朵镇直美村，2017 年 9 月 7 日发生融冻泥流，造成牧民 1 辆微型面包车受损，42 亩草场毁坏，直接经济损失 180 万元，灾情等级为中等。乌兰铜普：位于乌兰县铜普镇查汗河村查汗郭勒上游，2020 年 8 月 29 日发生灾害，融冻泥流淹埋牧户 32 只羊被，毁坏 45 亩草场，直接经济损失 185 万元，灾情等级为中等。

表 5-2　融冻泥流危害对象及损失统计

灾害类型	已发生灾害危害对象				典型灾害点	直接经济损失
融冻泥流	居民点	重要设施（省道、国道、桥梁等）	重要财产（牦牛、羊等）	草场及其他	下拉秀 扎朵 乌兰铜普	14123.66 万元
数量（242 处）	1 处 2 人失踪	5	1	235		

已调查 144 处融冻泥流，主要危害国道、省道、铁路，其次为草场。其中主要对省道、国道、桥梁等重要设施造成破坏的有 125 处，对牦牛、羊等重要财产造成损失的有 1 处，对草场及其他财产设施造成损坏的有 18 处，未发现对居民点造成危害的热融沉陷灾害点，初步估算累计造成经济损失 71125.35 万元（表 5-3）。以刚察县查乎日玛热融沉陷最为典型，位于刚察县哈尔盖镇果洛藏休麻村 1 社查乎日玛地区，先后于 2018 年 5 月，2020 年 6 月发生两次较大规模沉陷，期间也曾不同程度地发生小规模沉陷，累计损坏草场约 31 亩，2018 年 5 月突发沉陷造成牧民 8 头牛死亡，直接经济损失 128 万元。

表 5-3　热融沉陷危害对象及损失统计

灾害类型	已发生灾害危害对象				典型灾害点	直接经济损失
热融沉陷	居民点	重要设施（省道、国道、桥梁等）	重要财产（牦牛、羊等）	草场及其他	刚察县	71125.35 万元
数量（144 处）	0	125	1	18		

第二节　热融地质灾害对微环境的影响

由于多年冻土区植被生长缓慢，发生热融滑塌的地区，有的经过数十年，地表还是裸土，或者仅有稀疏的植被生长，对于生态环境的影响非常显著。可见，热融滑塌破坏地表植被，改变土壤物理结构，并导致其含水率、pH 和有机质含量等发生一系列的变化，进而也会改变土壤微生物群落结构。微生物多样性与冻融作用的温度、速率、强度关系密切（杨思忠和金会军，2008）。冻融作用释放出来的碳形成温室气体导致气温上升，循环往复进行，微生物由休眠转为活动状态、分解加速、新陈代谢加快，使其种群和生物多样性减少（王娇月等，2011）。

本书选取青海省富冰多年冻土最为发育的三江源保护区范围内五道梁至风火山区间三个不同发展阶段的热融滑塌场地，将其作为研究对象。三个热融滑塌的分布情况（图 5-2）。

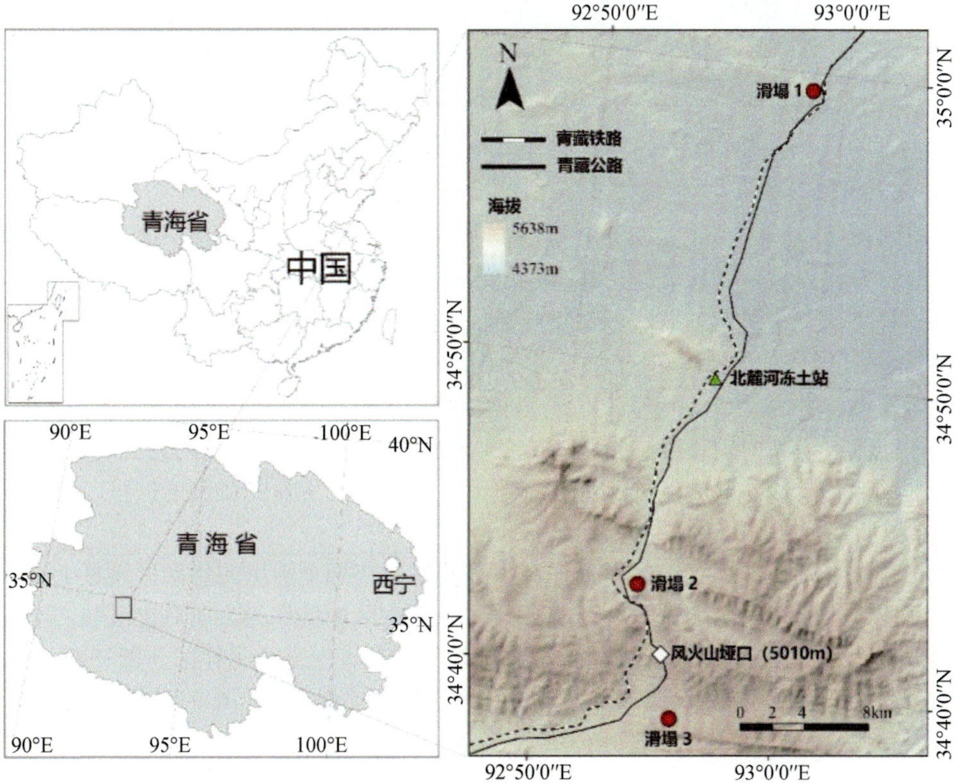

图 5-2　热融滑塌分布示意图

其中，热融滑塌 1 发生于 1992 年，位于北麓河冻土观测站北部，其紧靠青藏公路，坡度 3°～9°，其中轴长度约为 222.8m，中部宽度约为 70m，目前总面积约 20310m^2，目前已基本稳定，其后缘处完全无地下冰出露，其滑塌面区域已重新形成多年冻土活动层。其无人机影像如图 5-3 所示。

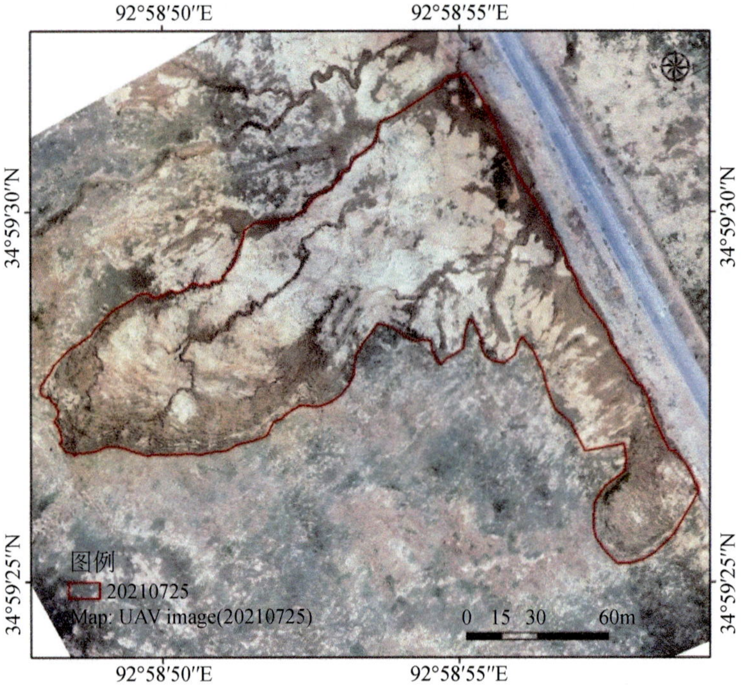

图 5-3　热融滑塌 1 无人机影像

热融滑塌 2 发生于 2015 年，其位于青藏公路和新格拉输油管道之间，风火山垭口北部，坡度约为 6°～11°，其中轴长度约为 380m，中部宽度约为 110m，面积约为 26500m^2，目前仍然处于活跃阶段，其后缘处可见明显地下冰出露，且其后缘仍在扩张。其无人机影像如图 5-4 所示。

热融滑塌 3 发生于 2018 年，其位于风火山垭口南部坡度约为 4°～9°的分级阶地上，其前端有河流流过，其中轴长度约为 151m，中部宽度约为 70m，面积约为 8500m^2，目前仍然处于非常活跃阶段，其端墙处可见大量地下冰出露，且后缘仍在快速扩张。其无人机影像如图 5-5 所示。

土样采集分别在滑塌扰动区和平行对照区开展。在每个滑塌的扰动区设置上、下两个采样区（图 5-6，以热融滑塌 3 为例），SF、SL；SL 区域仅作为土质对比区域，不进行样品仪器分析），同时在毗邻的未扰动对照区设置左、右、上三个采样区（图 5-7，LL、RL 和 US。此三个对照区样品仅选择一处与扰动区土质类比性最为匹配的进行仪器分析）。

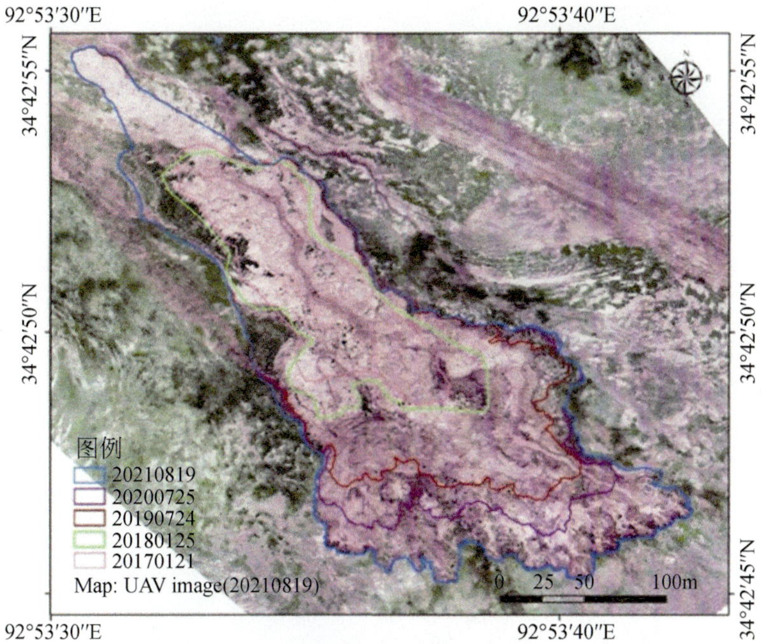

图 5-4 热融滑塌 2 无人机影像

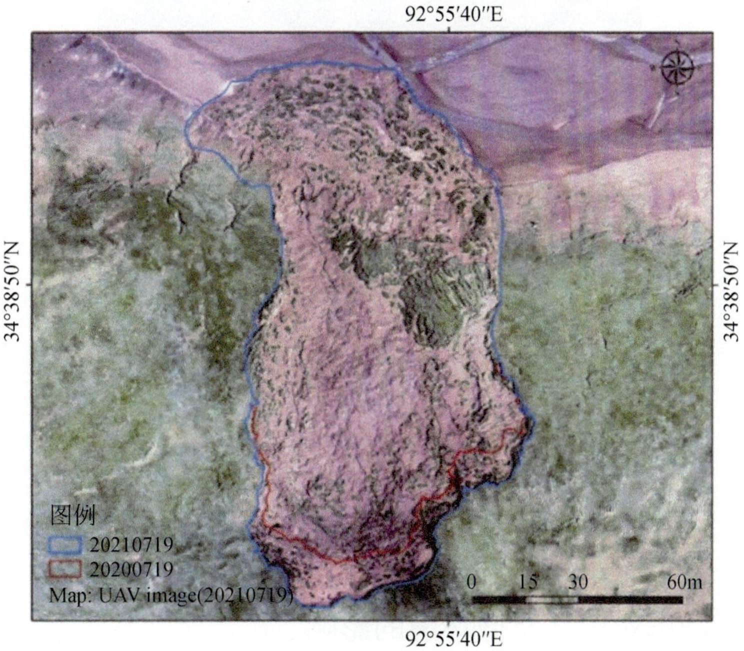

图 5-5 热融滑塌 3 无人机影像

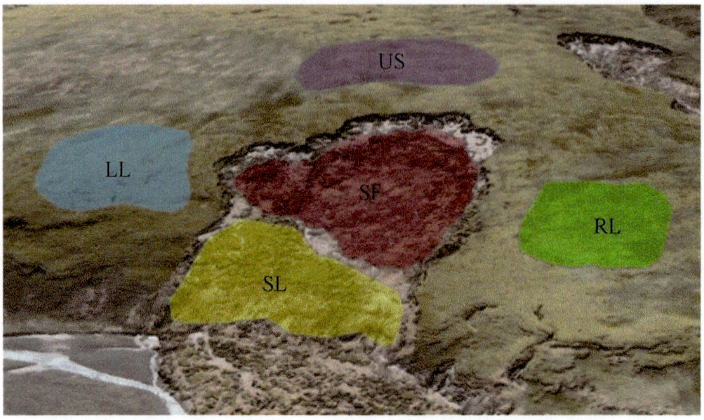

图 5-6 采样区示意图

图 5-7 采样深度示意图

一、热融滑塌对植被及微环境的影响

热融滑塌改变了地表地貌，必然会对区域的水文过程、生态系统演替和重要元素的生物地球化学过程产生一系列的影响，这些过程的显著变化，又将对区域植被特征产生扰动。

热融滑塌也会直接破坏大面积的植被，导致深层土壤暴露，而这又加剧了水土流失。在很多热融滑塌地区，表层富含有机质的土壤发生了严重的侵蚀，与周围未发生滑塌的地区形成强烈的对比。此外，由于多年冻土区植被生长缓慢，发生热融滑塌的地区，有的经过数十年，地表还是裸土，或者仅有稀疏的植被生长，对于生态环境的影响非常显著。可见，热融滑塌破坏地表植被，改变土壤物理结构，并导致其含水率、pH 和有机质含量等发生一系列的变化，进而也会改变土壤微生物群落结构，从而影响到土壤中各种元素的循环。为研究热融滑塌对植被的扰动特征，本研究在热融滑塌区域开展了相关调查。

（一）调查对象和调查方法

本书研究涉及的 3 个热融滑塌中，仅在热融滑塌 3 的扰动区内发育有成群落的植被（图 5-3～图 5-5）。因此，本研究尝试在热融滑塌 3 区域开展植被调查，探究热融滑塌对植被的影响。热融滑塌 3 的坡向为北坡，坡度 2°～4°。滑塌范围自坡中延续至坡脚，露出土壤基质，土壤基质上部偶见滑塌后形成的块状草皮，滑塌底部有小河。采用样方调查（50cm×50cm 样方）获得滑塌周围植被信息，包括植被类型、丰度、总植被盖度、土壤结构和生物量。在滑塌周围自上而下 5 个位置进行调查，每个位置随机设置 3 组样方（图 5-8）。地上生物量取自随机排列的小样方，大小为 15cm×15cm，地下生物量由直径为 7cm 的根钻获取。

图 5-8　热融滑塌 3 周围植被调查样方位置示意图

（二）热融滑塌 3 区域植被概况

滑塌区域生态系统类型为高寒草原，植物多样性较好，植物种超过 10 种。在滑塌正上方 40～50m 处，坡度为 2.4°，植被覆盖度为 68%，地表裸露度超过 20%。地表有较大的凹陷和凸起，凸起上有裂隙（下方滑塌引起，很可能进一步向该区域扩展，在调查期间也观测到了正在发生的滑塌），宽 10cm 左右，深度最深可达 40cm，该位置地表较为干燥。再往上 100m 处为草原与荒漠草原的过渡区域。在滑塌中部两侧 3～8m 处，地表平坦，几乎无裸地，表层土壤为黏土。植被覆盖度超过 85%，植被生长形成较厚的草毡层，不易透水，较难下挖。而在滑塌下部，坡脚位置，坡度超过 10°。植被生长稀疏，植被盖度仅为 22.8%，以青藏苔草（Carex moorcroftii）为优势种。该位置地表湿润，但无积水。表层土壤以壤土为主，含较多砾石，地表裸露度很高，超过 70%，其下方为河谷。河谷中含有大量冲积砾石，无植被生长。

表 5-4　滑塌不同位置植被概况

位置	表层土壤	优势种	植被盖度/%	坡度/（°）
*3 滑塌上方	黏土	矮嵩草	68.5	2.45
*2 滑塌左侧	黏土	矮嵩草	85	3.56
*4 滑塌右侧	黏土	矮嵩草	82.3	3
*1 滑塌底部	壤土，多砾石	青藏苔草	22.8	12
*5 滑塌内部	亚黏土	矮嵩草	81.8	1.5

* 与图 5-8 中的位置相匹配。

滑塌范围自坡中延续至坡脚。在滑塌正中央，偶见滑塌造成的卷曲和凸起的块状草皮。这些块状草皮植被覆盖度 80%左右，呈块状分散排列，中间露出土壤内部结构，深约 1m。通过裂隙可观察植物根系分布情况，80%的植物根系分布在 0～15cm 的深度。滑塌后裸露的土壤为亚黏土，无植被生长，表层有上方地下冰融化后的水流汇集。

（三）群落结构和植被演替

高寒植物群落的分布是对微环境变化的长期适应过程，包括对土壤温度、pH、养分有效性、CO_2 排放和微地形变化的适应（Sturm et al.，2001）。该热融滑塌是气候变暖加速富冰多年冻土退化而形成的，这改变了地表微环境和生态结构。在滑塌上方，物种多样性也较大，群落均匀度较高，该位置植被容易受到外界环境的影响。滑塌底部的物种多样性和均匀度最低，这是因为生态系统类型接近高寒荒漠，主要为青藏苔草。而在滑塌内部处于相对稳定状态的植被，生态优势度最高。滑塌发生后，优势种（矮嵩草）的地位相比其余位置有所下降，物种丰富度增多（表 5-5）。

表 5-5　滑塌周围物种多样性指数的差异

位置	丰富度	物种多样性	生态优势度	均匀度指数	生物量/（kg/m²）		
					A	B	C
滑塌底部	6	0.272	0.481	0.049	0.12	19.88	9.91
滑塌中部	11	0.7445	0.4115	0.113	0.05	38.33	4.09
滑塌上方	12	0.765	0.347	0.121	0.10	17.35	1.46
滑塌内部	14	0.701	0.335	0.107	0.09	40.96	7.89

生物量：A：地上部分；B：地下 0～10cm；C：地下 10～20cm。指标计算方法来自李丽丽（2018）

（四）生物量

滑塌周围植被生物量有着较大差异。如表 5-5 所示，尽管滑塌底部植被稀疏，但优势种为植株较高，冠幅较大的青藏苔草，其地上生物量反而是最高的。生物量受到气候条件、土壤性质，含水量和养分的共同作用。相较而言，以矮嵩草为优势种的区域，地上生物量较小，地下生物量较高。地下部分的生物量集中在 0～10cm 的深度内，以滑塌上部生物量最小，滑塌内部生物量最多。在土壤 10～30cm 的深度范围内，滑塌底部和内部的生物量明显高于其他位置。滑塌后土壤结构，水分状况和养分的变化强迫植被朝着深根、多物种的方向演替。

（五）区域微环境

滑塌后的区域活动层发生剧烈的物理扰动，地表植被成片位移或埋葬，土壤有机层被剥离。滑塌后边坡结构失稳，导致在滑塌上方形成了较长且深的裂隙并伴随着巨大的凸起［图 5-9（a）］，这些裂隙促进了地表和土壤内部的排水，使得滑塌上方地表相当干燥，植被生长较差，有时会看到块儿状裸地。相较而言，滑塌两侧的土层开裂较小且浅，易形成积水坑，植被长势良好［图 5-9（b）］。在滑塌端墙，暴露出大体积的地下冰［图 5-9（c）］。融化的地下冰产生向坡底的径流，进一步冲蚀了滑塌后裸露的在外的土层，形成泥流［图 5-9（d）］。相比未发生滑塌的植被，发生滑塌后的植被基本丧失了其原有的水土保持功能。在滑塌内部，产生了截然相反的环境，在隆起的区域，土块之间存在裂隙，形成明显的暖干环境；而未出现裂隙低洼区域，地下冰继续融化，呈现冷湿环境。这种反复扰动导致了这一区域具有更宽的生态位和更丰富的植物种（表 5-5），在一些滑塌后的稳定生长的草皮中甚至发现了线嵩草这种喜湿物种，而这一物种，通常多分布于高寒沼泽草甸。

（a）滑塌上方；（b）滑塌左侧；（c）端墙；（d）滑塌滑动面

图 5-9　滑塌周围环境

二、热融滑塌对土壤有机质和元素的影响

热融滑塌是一种典型的热融地质灾害，是由于多年冻土退化或地下冰融化形成的特殊地貌过程，也是多年冻土退化的最显著的一种表现形式。其发育导致地表破碎化，创造了复杂而多变的微地形，改变了土壤的温度、水文条件及氧化还原电位。此外，热融滑塌的形成使得植被类型、土壤碳、氮储量及化学组分和土壤微生物群落发生了巨大的变化，并导致土壤中包括碳、氮在内的多种元素的游离产生和释放。因此，热融滑塌在生态过程和冻土区元素循环中发挥着重要影响，是评估多年冻土区元素循环与外环境关系（例如碳循环和气候变化关系）不确定性的关键环节之一。

热融滑塌通过剧烈扰动地层、释放曾经封存在多年冻土中的有机质和其他元素，这无疑会对生态环境造成影响。热融滑塌所导致的有机质和其他元素的释放过程，会随着热融滑塌的发展而产生变化。总的来说，碳氮等有机质关联元素，在热融滑塌发生后会大量输出，但随着热融滑塌逐步稳定，这些元素又会慢慢恢复到未扰动区的含量水平。土壤中可溶性钾元素和可溶性铁元素的含量似乎并不受到热融滑塌的影响，这可能是因为可溶性钾、铁元素在地层中的含量较为均质，也可能是因为土壤中可溶性钾、铁元素在受到热融滑塌扰动后可以较快恢复。与热融滑塌与土壤中可溶性钾元素的相互关系不同的是，热融滑塌会让土壤中的可溶性镁、可溶性钙增加。这可能是因为热融滑塌的发生，在对地层造成极大的扰动后，会使得大量曾赋存在低温遮蔽环境中的土壤暴露到空气和日晒下，也使得大量原本储藏在矿物中的不溶镁、钙元素在风化作用下快速转化为可溶性的镁元素和钙元素，导致年龄较小的热融滑塌扰动区土壤中的可溶性镁、钙含量显著增高。尽管土壤中的总磷含量会在热融滑塌形成后呈现增加现象，但其原因或许与可溶性钾元素和可溶性铁元素的情况并不一样，这很可能与深层土壤总磷含量高于浅层土壤，以及植被对磷元素的利用有关。

（一）氮

土壤中氮元素绝大多数为有机质的结合形态，主要分布在浅层土壤中。无机形态的氮元素一般占全氮的 1%～5%。土壤中氮元素的消长，主要决定于生物积累和分解作用的相对强弱，以及气候、植被、人为影响等因素，其中，特别是水分和热力条件，对土壤氮元素的含量有显著的影响。

分析结果显示，随着滑塌年龄的增加，扰动区与非扰动区的氮含量的差异显著减少；此外，扰动区与非扰动区的氮含量在浅层土壤中的差异性要大于在深层土壤中的差异性（图 5-10～图 5-12）。在热融滑塌 1 中，在 0～220cm 深度范围内，即多年冻土活动层，各个深度上扰动区与非扰动区的氮含量差异没有统计学意义上差异（表 5-6）。这代表在滑塌形成约 30 年后，该区域已完全稳定下来，在滑塌扰动区域已重新形成了新的多年冻土活动层，且土壤中氮元素含量已经恢复到与非扰动区非常接近的水平（图 5-10）。

对热融滑塌 2 来说，在 0～90cm 深度范围内各深度上，扰动区与非扰动区的氮含量差异具有统计学意义上差异（表 5-6）。在相同深度上，扰动区的氮含量要比非扰动区低 22%～56%（图 5-11）。而对热融滑塌 3 来说，这一差异更加显著。在 0～130cm 深度范围内各深

度上，扰动区的氮含量要比非扰动区低 55%～266%（图 5-12）。

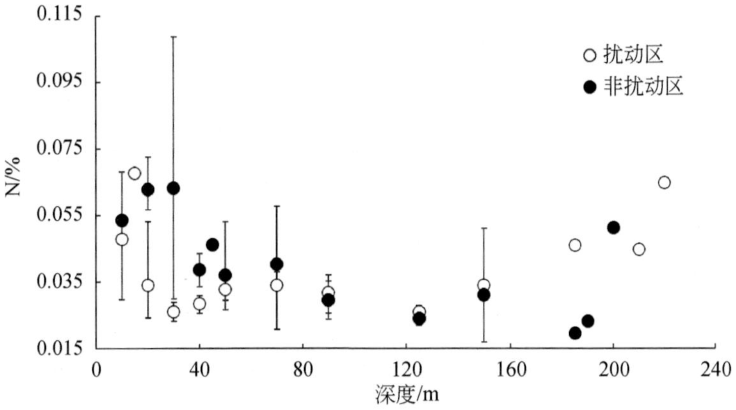

图 5-10　热融滑塌 1 扰动区和非扰动区土壤氮含量对比

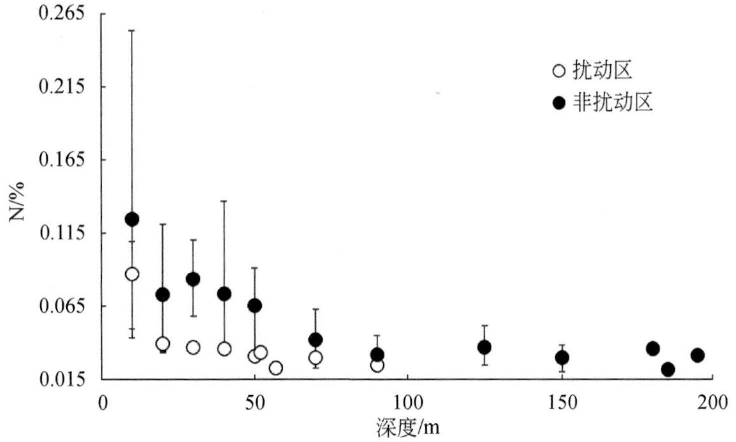

图 5-11　热融滑塌 2 扰动区和非扰动区土壤氮含量对比

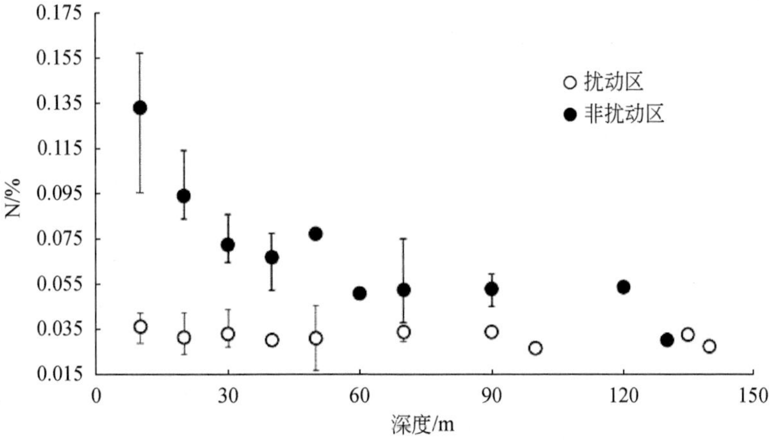

图 5-12　热融滑塌 3 扰动区和非扰动区土壤氮含量对比

表 5-6 各热融滑塌扰动区与非扰动区土壤氮含量差异性（CI=95%）

滑塌编号	F-F crit	P-0.05	显著性
1	＜0	＞0	不显著
2	＞0	＜0	显著
3	＞0	＜0	显著

从三个不同发展阶段热融滑塌的氮含量的测试结果来看，在滑塌形成初期，由于活动层被剥离，由原多年冻土层转化形成的新的活动层会经历剧烈的氮流失。在热融滑塌逐步稳定的过程中，氮元素将逐渐在重新形成的活动层中积累，并逐步达到热融滑塌扰动前的水平。

从扰动区与非扰动区氮含量在不同深度上的差异来看，浅层土壤的氮含量流失情况相对较深的土壤要更显著。这是因为浅层土壤是植被根系及凋落物的主要赋存深度范围，这一深度范围内的土壤氮含量要显著高于更深的土壤，当热融滑塌发生并剥离浅层土壤时，将造成巨大的氮元素输出。以热融滑塌 3 为例，按其发生初期的面积约为 $6200m^2$，活动层厚度约为 1.4m，此处土壤干密度平均值为 1.22g/ml，未扰动区活动层平均氮含量 0.069%估算，该热融滑塌所影响到的土壤氮含量约为 7.3×10^6g。这些受影响的土壤氮，部分会随滑塌物质留在原区域，部分会进入大气，部分会进入水环境，必然将对生态环境产生影响。

（二）总碳

土壤碳以两种形式存在：无机形态和有机形态。土壤无机碳由矿物形式的碳组成，碳酸盐矿物是土壤无机碳的主要形式。土壤有机碳作为土壤有机物存在，它包括作为新鲜植物残留物的相对可被生物利用的碳，以及来自植物残留物的腐殖质和木炭中相对惰性的碳。土壤中的碳释放，通常会以甲烷和二氧化碳等温室气体的形式进入大气，并进一步加剧温室效应。

土壤总碳的分析结果与总氮类似，也是随着滑塌年龄的增加，扰动区与非扰动区的总碳含量的显著性差异减少；此外，扰动区与非扰动区的总碳含量在浅层土壤中的差异性要大于在深层土壤中的差异性（图 5-13～图 5-15）。

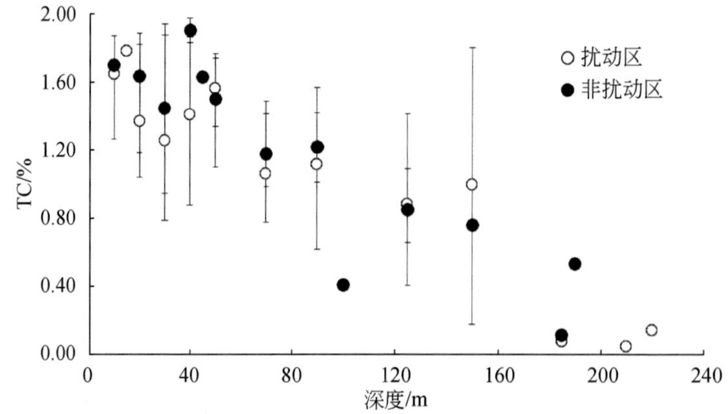

图 5-13 热融滑塌 1 扰动区和非扰动区土壤总碳含量对比

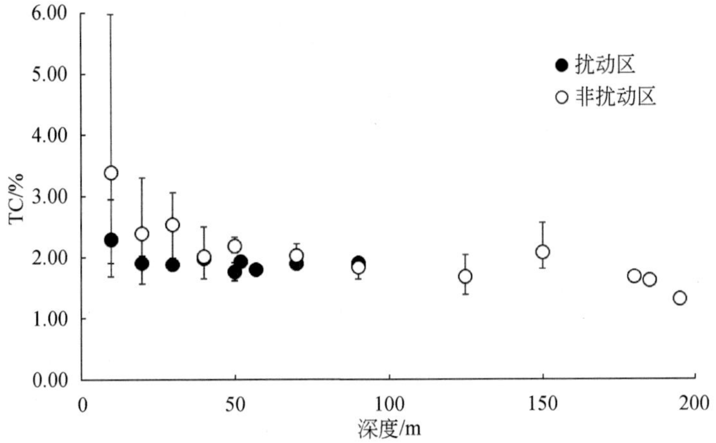

图 5-14 热融滑塌 2 扰动区和非扰动区土壤总碳含量对比

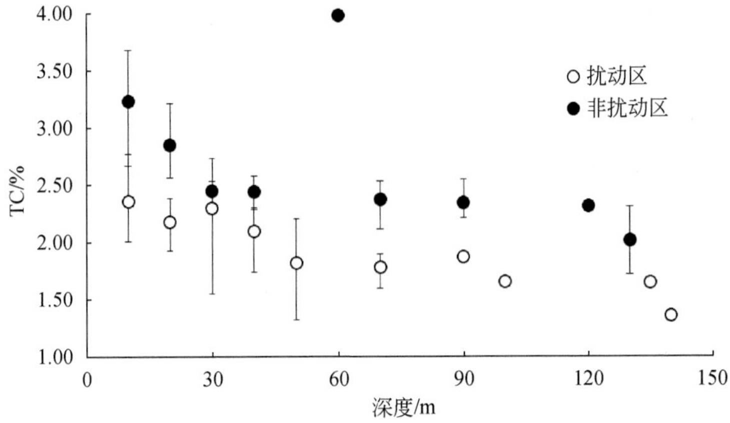

图 5-15 热融滑塌 3 扰动区和非扰动区土壤总碳含量对比

在热融滑塌 1 中，在 0～220cm 深度范围内，即多年冻土活动层，各个深度上扰动区与非扰动区的总碳含量差异没有统计学意义上差异(表 5-7)。这意味在滑塌形成约 30 年后，该区域已完全稳定下来，在滑塌扰动区域已重新形成了新的多年冻土活动层，且土壤中总碳含量已经恢复到与非扰动区基本接近的水平（图 5-13）。对于热融滑塌 2 和热融滑塌 3 这两个仍在发展的滑塌来说，扰动区与非扰动区的总碳含量具有显著的统计学意义差异(表 5-7)。对热融滑塌 2 来说，在 0～90cm 深度范围内各深度上，扰动区的总碳含量要比非扰动区低 10%～47%（图 5-14）。而对热融滑塌 3 来说，在 0～130cm 深度范围内各深度上，扰动区的总碳含量要比非扰动区低 7%～45%（图 5-15）。对比氮元素的分析结果，可以看到，热融滑塌对土壤中总碳的扰动趋势类似，但融滑塌 2 和热融滑塌 3 尽管年龄差异显著，但其扰动区与非扰动区的总碳含量的差异性却相当接近。这表明总碳的输出与恢复途径或许与氮元素不同。以热融滑塌 3 为例，按其发生初期的面积约为 6200m^2，活动层厚度约为 1.4m，此处土壤干密度平均值为 1.22g/ml，未扰动区活动层平均总碳含量 2.6%估算，该热融滑塌所影响到的土壤总碳含量约为 2.75×10^{8}g。

表 5-7　各热融滑塌扰动区与非扰动区土壤总碳含量差异性（CI=95%）

滑塌编号	F-F crit	P-0.05	显著性
1	＜0	＞0	不显著
2	＞0	＜0	显著
3	＞0	＜0	显著

（三）有机碳

土壤有机碳是土壤碳库的重要组成部分。土壤有机碳主要分布于浅层土壤中。一些主要的热带土壤，如变性土、铁铝土和淋溶土，其浅表层 1m 深度范围内的有机碳含量，分别占地表以下 2m 深度范围总有机碳含量的 53%、69%和 82%。

随着滑塌年龄的增加，扰动区与非扰动区的土壤有机碳的显著性差异减少；扰动区与非扰动区的有机碳含量在浅层土壤中的差异性要大于在深层土壤中的差异性（图 5-16～图 5-18）。

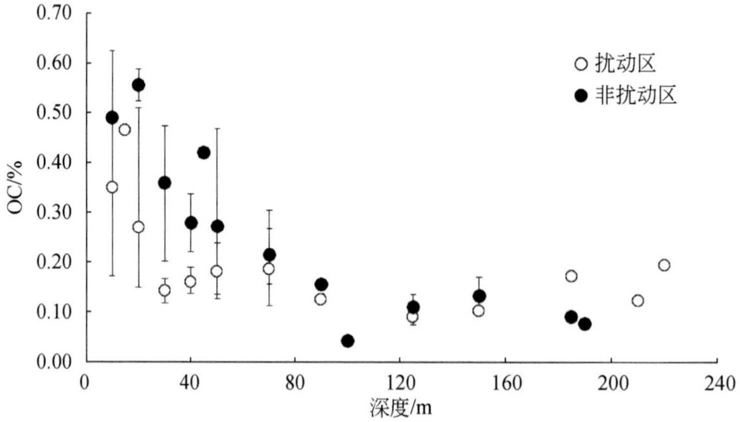

图 5-16　热融滑塌 1 扰动区和非扰动区土壤有机碳含量对比

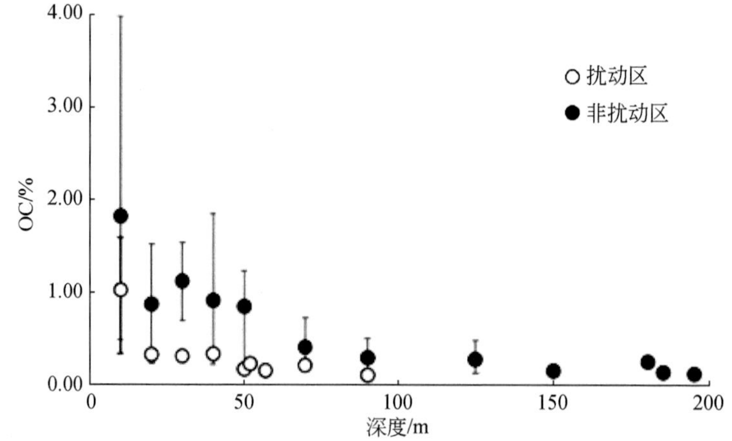

图 5-17　热融滑塌 2 扰动区和非扰动区土壤有机碳含量对比

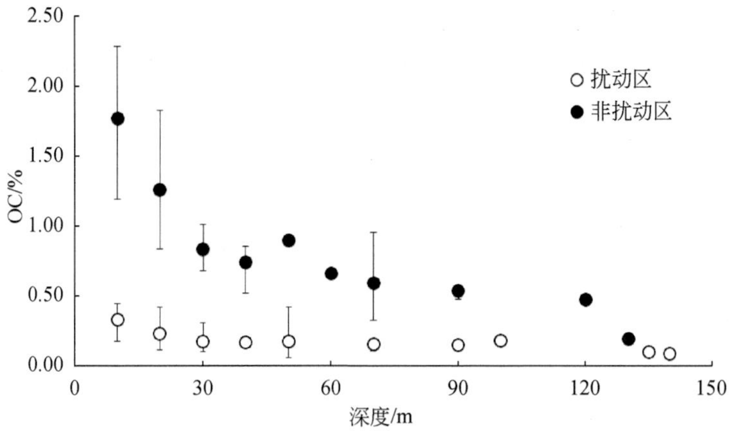

图 5-18　热融滑塌 3 扰动区和非扰动区土壤有机碳含量对比

在热融滑塌 1 中，在 0～220cm 深度范围各个深度上，扰动区与非扰动区的有机碳含量差异没有统计学意义上差异（表 5-8）。这意味在该扰动区域已重新形成了新的多年冻土活动层，且土壤中有机碳含量已经恢复到与非扰动区基本接近的水平（图 5-16）。但值得注意的是，在热融滑塌 1 区域，无论是扰动区还是非扰动区，其有机碳含量与其他两个滑塌相比，整体是偏低的。这或许是因为热融滑塌 1 区域的为退化高寒草原，其有机碳沉降速率相对要比以高寒草甸为主的其他两个滑塌区域低。

对于热融滑塌 2 和热融滑塌 3 这两个仍在发展的滑塌来说，扰动区与非扰动区的有机碳含量具有显著的统计学意义差异（表 5-8）。对热融滑塌 2 来说，在 0～90cm 深度范围内各深度上，扰动区的有机碳含量要比非扰动区低 43%～79%（图 5-17）。而对热融滑塌 3 来说，在 0～130cm 深度范围内各深度上，扰动区的有机碳含量要比非扰动区低 268%～457%（图 5-18）。以热融滑塌 3 为例，按其发生初期的面积约为 6200m^2，活动层厚度约为 1.4m，此处土壤干密度平均值为 1.22g/ml，未扰动区活动层平均有机碳含量 0.85%估算，该热融滑塌所影响到的土壤有机碳含量约为 9.0×10^7g。多年冻土退化所导致的有机碳的输出路径，通常为向大气中排放和向水环境中排放为主。这两种途径之间的相互比例，还需进一步研究明确。

表 5-8　各热融滑塌扰动区与非扰动区土壤有机碳含量差异性（CI=95%）

滑塌编号	F-F crit	P-0.05	显著性
1	＜0	＞0	不显著
2	＞0	＜0	显著
3	＞0	＜0	显著

（四）可溶性钾

钾是土壤中植物生长必需的元素之一。土壤中的钾，主要以无机形态存在。按其对植物的有效程度，可以划分为可溶性钾、缓效性钾和相对无效钾三种。它们之间存在着动态平衡，调节着土壤中钾对植物的供应。

土壤可溶性钾含量的分析结果显示，三个热融滑塌的扰动区与非扰动区的钾含量在统计学意义上并没有显著差异（表 5-9），不随热融滑塌年龄的差异而改变，三个热融滑塌土壤可溶性钾含量的差异只见于其含量的绝对值（图 5-19～图 5-21）。其中，热融滑塌 1 周边土壤中的可溶性钾含量最高，热融滑塌 2 次之，热融滑塌 3 最低。

表 5-9　各热融滑塌扰动区与非扰动区土壤可溶性钾含量差异性（CI=95%）

滑塌编号	F-F crit	P-0.05	显著性
1	＜0	＞0	不显著
2	＜0	＞0	不显著
3	＜0	＞0	不显著

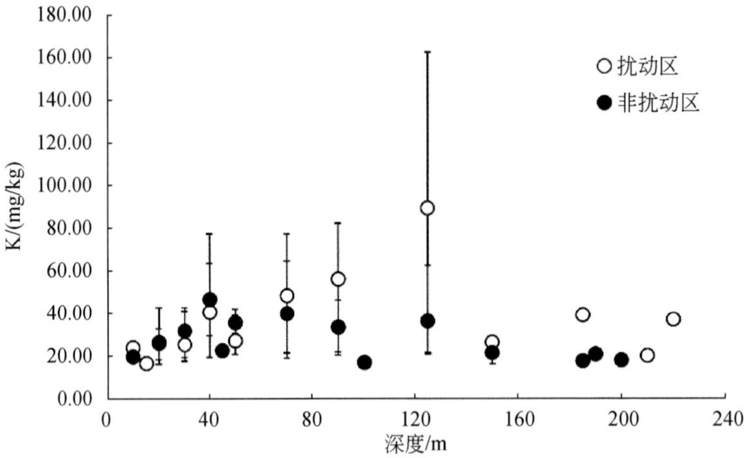

图 5-19　热融滑塌 1 扰动区和非扰动区土壤可溶性钾含量对比

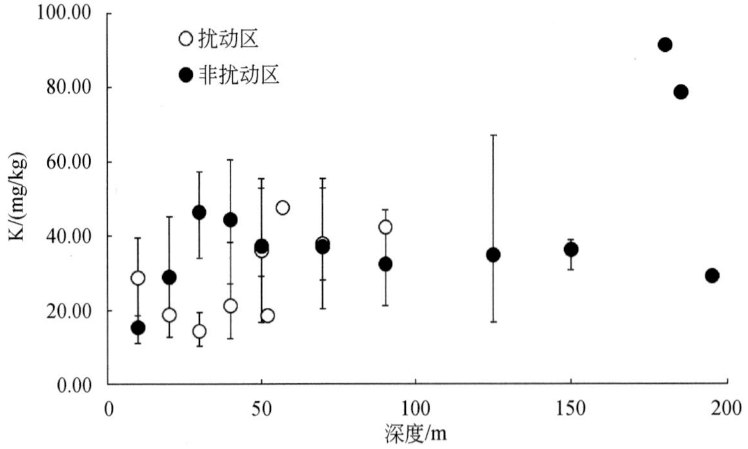

图 5-20　热融滑塌 2 扰动区和非扰动区土壤可溶性钾含量对比

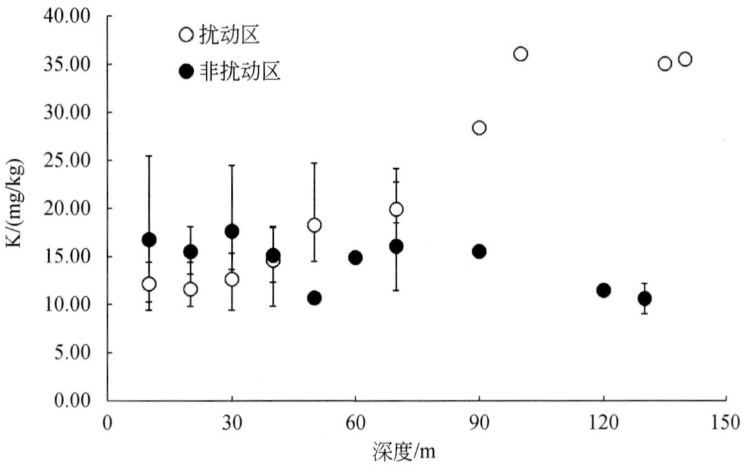

图 5-21　热融滑塌 3 扰动区和非扰动区土壤可溶性钾含量对比

可以认为多年冻土中，无论是在活动层还是在多年冻土层内，土壤可溶性钾含量都相对比较均质，因此热融滑塌的发生，并不会造成扰动区与非扰动区土壤可溶性钾含量在统计学意义上形成显著差异，各个热融滑塌区土壤可溶性钾含量的差异，仅与局地土壤特性有关。也有可能在热融滑塌发生后，的确对土壤可溶性钾含量造成了显著影响，可能导致大量的土壤可溶性钾流失。但土壤可溶性钾含量或许可以在很短时间内恢复到扰动前的含量水平。因此在滑塌发生一段时间之后，并不能通过土壤分析发现扰动区与非扰动区土壤可溶性钾含量在统计学意义上的显著差异。

以热融滑塌 3 为例，按其发生初期的面积约为 $6200m^2$，活动层厚度约为 1.4m，此处土壤干密度平均值为 1.22g/ml，未扰动区活动层平均钾含量 15.1mg/kg 估算，该热融滑塌所影响到的土壤可溶性钾含量约为 1.59×10^5g。钾作为可溶性元素，其从退化冻土中的输出路径，通常经流水向水环境中排放为主。排放到水环境的钾含量与存留在土壤滑塌物中的钾含量的相互比例，目前还没有相关研究数据，需要开展进一步的研究。

（五）可溶性镁

土壤中的镁元素含量在温度较高地区的风化程度较高，可溶性镁比较容易流失，导致镁含量减少；而在严寒干燥不容易发生淋溶现象的地区，土壤中的镁元素含量较高。随着气候条件变化，我国土壤中的可溶性镁元素含量自北向南依次降低。有效态镁不仅能反映土壤的供镁能力还可以衡量土壤中镁元素的丰缺程度，同时也是土壤肥力的重要指标之一。其中土壤 pH 在 5.5 以下时，大多数土壤中的交换镁含量较低，pH 在 6.0～8.0 范围时，土壤表面的负电荷密度提高，镁离子分解成羟基离子，增加土壤对镁的吸附作用，土壤中的镁主要是以交换态存在的，即可以被植物直接吸收利用又可减少其随水淋失的风险，提高土壤镁有效性。

土壤中可溶性镁含量的分析结果显示，随着滑塌年龄的增加，扰动区与非扰动区的土壤可溶性镁含量的显著性差异减少（表 5-10）。与可溶性钾元素不同的是，热融滑塌的扰动，会增加土壤中的可溶性镁含量。可能是因为热融滑塌发生后，对地层造成极大的扰动，使得大量曾赋存在低温遮蔽环境中的土壤暴露到空气和日晒下，也使得大量原本储藏在矿物中的不溶镁元素在风化作用下快速转化为可溶性的镁元素，导致年龄较小的热融滑塌扰动区土壤中的可溶性镁含量显著增高。在热融滑塌 3 中，滑塌发生三年后，扰动区活动层土壤中可溶性镁含量，要比未扰动区高 40%～65%。随着时间发展，这些增加的可溶性镁元素在雨雪融水和冻土融水的冲刷带动下，又逐渐流失，使得年龄较大的热融滑塌扰动区土壤中的可溶性镁含量又逐步降低，恢复到与未扰动区接近的水平（图 5-22～图 5-24）。

表 5-10　各热融滑塌扰动区与非扰动区土壤可溶性镁含量差异性（CI=95%）

滑塌编号	F-F crit	P-0.05	显著性
1	＜0	＞0	不显著
2	＜0	＞0	不显著
3	＞0	＜0	显著

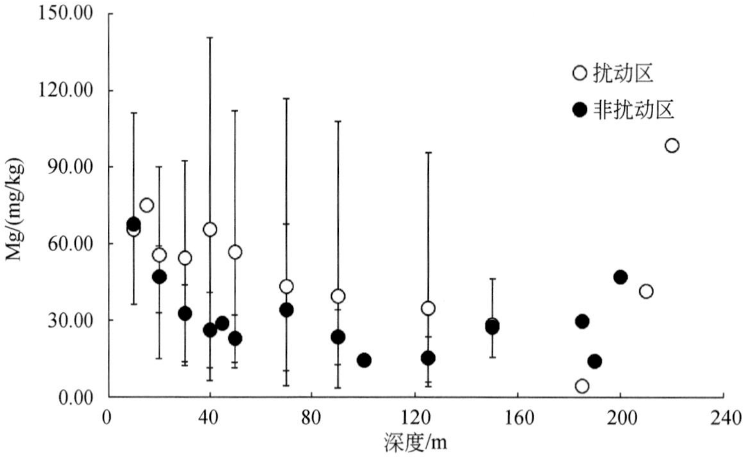

图 5-22　热融滑塌 1 扰动区和非扰动区土壤可溶性镁含量对比

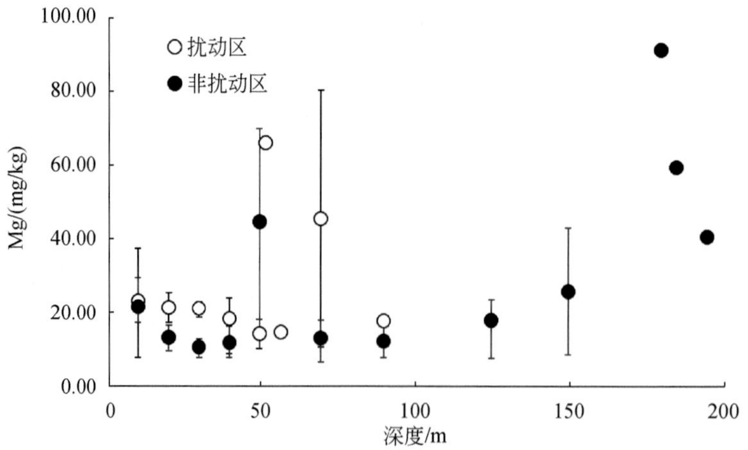

图 5-23　热融滑塌 2 扰动区和非扰动区土壤可溶性镁含量对比

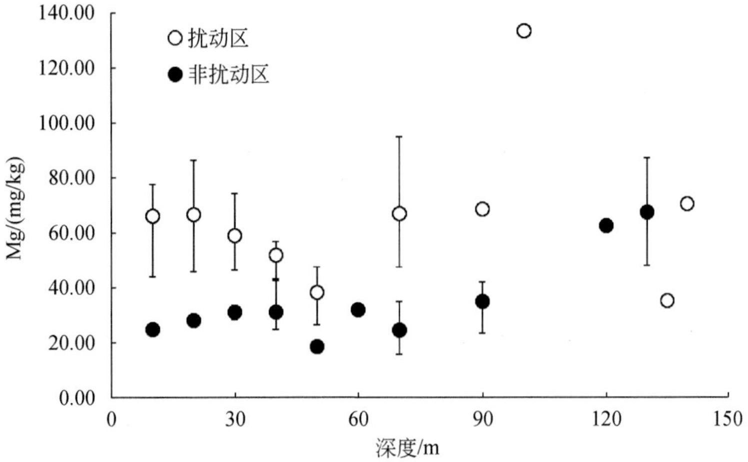

图 5-24　热融滑塌 3 扰动区和非扰动区土壤可溶性镁含量对比

以热融滑塌 3 为例，按其发生 3 年后的 2021 年面积约为 8500m^2，新形成的活动层平均厚度约为 1.4m，此处土壤干密度平均值为 1.22g/ml，扰动区活动层平均可溶性镁含量比未扰动区高 30mg/kg 估算，该热融滑塌新增加的土壤可溶性镁含量约为 4.36×10^5g。这部分可溶性镁可能是从地层中的非可溶性镁化合物中经风化作用而析出的，并很可能随后经流水作用逐步进入水环境，对镁元素收支平衡产生影响。

（六）可溶性钙

地壳中平均含钙 3.25%，按含量列于第 5 位。土壤钙含量主要受地球化学作用的影响与成土过程、母质有关。土壤中的钙可分为四种形态，即有机态钙（占全钙的 0.1%～1%），矿物态钙（占全钙的 40%～90%），代换态钙（占全钙的 20%～30%）和水溶性钙。其中有机态钙主要来源于土壤中的动植物残体和有机肥料，只有在分解后才可以被植物吸收利用；矿物态钙是土壤钙的主要来源，是土壤钙的主要存在形式。水溶性钙含量一般在每千克几毫克到几百毫克之间，对植物的有效性最高，是植物可直接利用的有效态钙，代换态钙能被溶液中的交换性离子代换下来，可与水溶态钙保持着动态平衡。钙是植物必需的重要营养元素之一。钙能稳定细胞壁的结构，是细胞膜的重要组成部分，具有稳定细胞膜的作用；对液泡内阴阳离子的平衡有重要贡献，具有渗透调节作用；缺钙会影响纺锤丝的形成，钙离子还能提高作物叶片的叶绿素和蛋白质含量，同时钙也是 ·种重要的信号分子，在植物生长发育和应对环境胁迫中处于中心调控地位。

土壤中可溶性钙含量的分析结果，热融滑塌的扰动，会增加土壤中的可溶性钙含量（图 5-25～图 5-27）。其原因可能也与可溶性镁含量的增加原因类似：当热融滑塌发生后，由于地层受到极大的扰动，使得大量曾赋存在低温遮蔽环境中的土壤暴露到空气和日晒下，也使得大量原本储藏在矿物中的不溶钙元素在风化作用下快速转化为可溶性的钙元素，从而导致热融滑塌扰动区土壤中的可溶性钙含量显著增高。

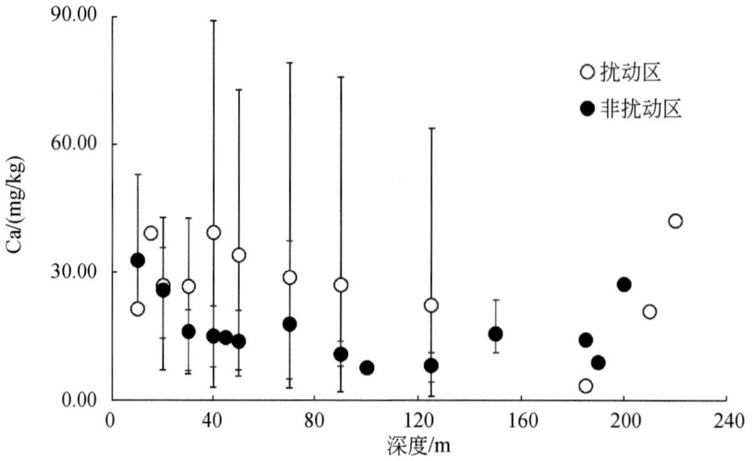

图 5-25 热融滑塌 1 扰动区和非扰动区土壤可溶性钙含量对比

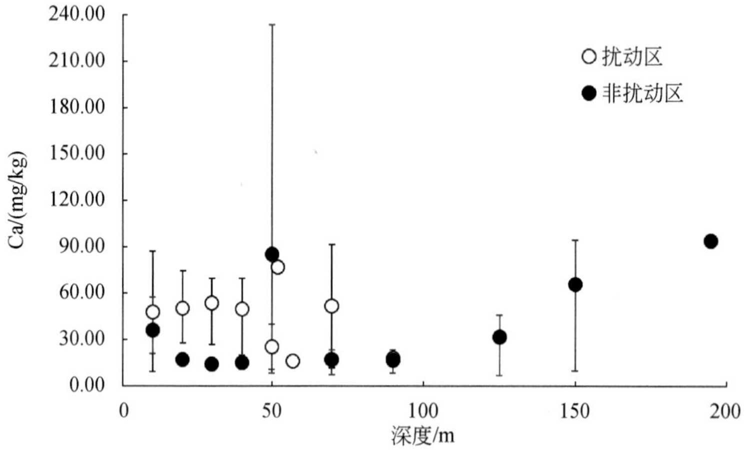

图 5-26 热融滑塌 2 扰动区和非扰动区土壤可溶性钙含量对比

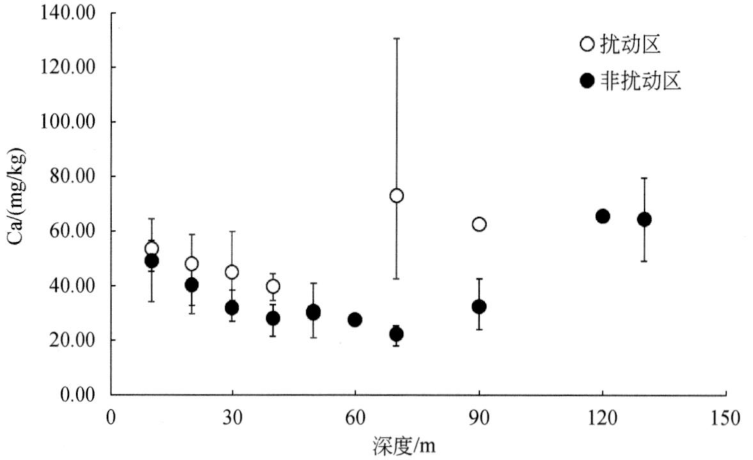

图 5-27 热融滑塌 3 扰动区和非扰动区土壤可溶性钙含量对比

热融滑塌年龄的差异，并不影响热融滑塌扰动区与非扰动区可溶性钙含量差异显著性，所有三个热融滑塌区域，扰动区与非扰动区可溶性钙含量均呈现统计学意义上的显著性差异（表 5-11）。在热融滑塌 1 中，扰动区活动层土壤中可溶性钙含量，要比未扰动区高 4%～6%；在热融滑塌 2 中，扰动区活动层土壤中可溶性钙含量，要比未扰动区高 7%～268%；而在热融滑塌 3 中，扰动区活动层土壤中可溶性钙含量，要比未扰动区高 1%～69%。也就是说，即使在热融滑塌形成 30 年且早已稳定之后，扰动区土壤中的可溶性钙含量，依然比非扰动区中的可溶性钙含量高，这和可溶性镁的情况形成了鲜明对比。这必然是因为土壤中由于风化作用导致的可溶性钙，其在流水作用下输出的速率要比可溶性镁慢得多。青藏高原土壤中的钙、镁元素，最常见的化合物形式是硫酸镁、硫酸钙、碳酸镁和碳酸钙。在相同条件下，硫酸镁（33.7g/100ml，1atm，30℃）和碳酸镁（3.9×10^{-2}g/100ml，1atm，30℃）的溶解度要比硫酸钙（0.255g/100ml，1atm，30℃）和碳酸钙（7.75×10^{-4}g/100ml，1atm，30℃）高很多，这将导致土壤中可溶性钙流失的速度要远远慢于可溶性镁流失的速度，也将导致在热融滑塌形成多年之后，扰动区土壤中的可溶性钙含量依然比非扰动区中的可溶性钙含量高。

表 5-11　各热融滑塌扰动区与非扰动区土壤可溶性钙含量差异性（CI=95%）

滑塌编号	F-F crit	P-0.05	显著性
1	＞0	＜0	显著
2	＞0	＜0	显著
3	＞0	＜0	显著

以热融滑塌 3 为例，按其发生三年后的 2021 年面积约为 8500 m^2，新形成的活动层平均厚度约为 1.4m，此处土壤干密度平均值为 1.22g/ml，扰动区活动层平均可溶性钙含量比未扰动区高 179mg/kg 估算，该热融滑塌新增加的土壤可溶性钙含量约为 2.6×10^6g。这部分可溶性钙从地层中的非可溶性钙化合物中经风化作用而析出的，并很可能随后经流水作用逐步进入水环境，对钙元素收支平衡产生影响。

（七）可溶性铁

铁是土壤中最基本的金属元素，是植物生长的必需营养元素，土壤铁元素在土壤中的含量及分布可以反映出土壤对植物营养元素的供给情况，直接影响植物的生长发育。虽然铁在植物中有较少的含量，但其对植物的生理行为发挥着极其重要的作用。在高寒地区，风化和淋溶作用较弱，人类影响作用比较小，主要是成土母质的类型，从根本上决定了大部分土壤铁元素的含量。

土壤可溶性铁含量的分析结果显示，三个热融滑塌的扰动区与非扰动区的铁含量在统计学意义上并没有显著差异（表 5-12），不随热融滑塌年龄的差异而改变，三个热融滑塌土壤可溶性铁含量的差异只见于其含量的绝对值（图 5-28～图 5-30）。其中，热融滑塌 1 周边土壤中的可溶性铁含量相对最高，热融滑塌 2 较低，热融滑塌 3 相对最低。尽管这一情况也是与热融滑塌年龄呈现正相关关系，但正如可溶性钾的情况一样，由于扰动区与非扰动区的情况皆是如此，因此土壤可溶性铁含量与热融滑塌年龄之间并无因果关系。

表 5-12　各热融滑塌扰动区与非扰动区土壤可溶性铁含量差异性（CI=95%）

滑塌编号	F-F crit	P-0.05	显著性
1	＜0	＞0	不显著
2	＜0	＞0	不显著
3	＜0	＞0	不显著

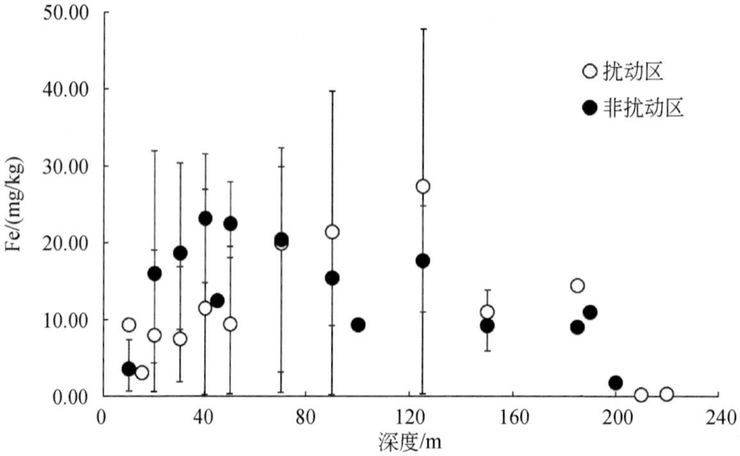

图 5-28　热融滑塌 1 扰动区和非扰动区土壤可溶性铁含量对比

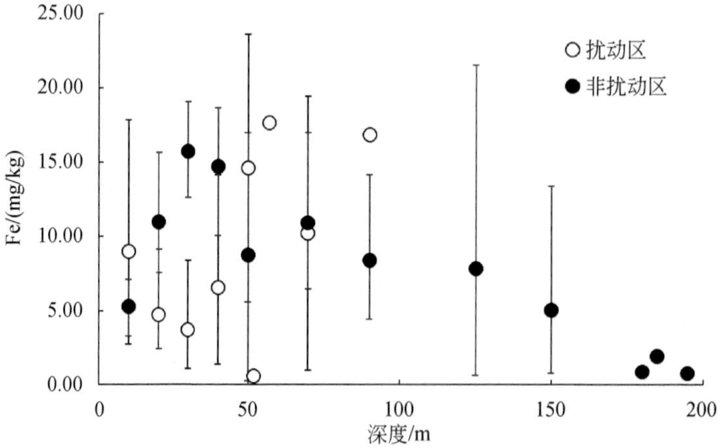

图 5-29　热融滑塌 2 扰动区和非扰动区土壤可溶性铁含量对比

可以认为多年冻土中，无论是在活动层还是在多年冻土层内，土壤可溶性铁含量都相对比较平均，因此热融滑塌的发生，并不会造成扰动区与非扰动区土壤可溶性铁含量在统计学意义上形成显著差异，各个热融滑塌区土壤可溶性铁含量的差异，仅与局地土壤特性有关。也有可能在热融滑塌发生后，的确对土壤可溶性铁含量造成了显著影响，可能导致大量的土壤可溶性铁流失。但土壤可溶性铁含量或许可以在很短时间内恢复到扰动前的含量水平。因此在滑塌发生一段时间之后，并不能通过土壤分析发现扰动区与非扰动区土壤可溶性铁含量在统计学意义上的显著差异。

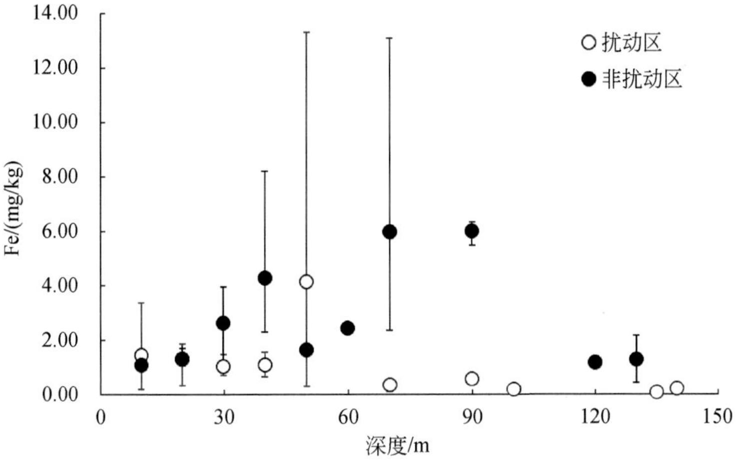

图 5-30 热融滑塌 3 扰动区和非扰动区土壤可溶性铁含量对比

以热融滑塌 3 为例，其发生初期的面积约为 6200m^2，活动层厚度约为 1.4m，此处土壤干密度平均值为 1.22g/ml，未扰动区活动层平均铁含量 3.11mg/kg 估算，该热融滑塌所影响到的土壤可溶性铁含量约为 3.29×10^{4}g。从图 5-28～图 5-30 来看，热融滑塌应该还是导致了一定程度的铁元素的流失，并且流失的铁元素在较长时间内也没有完全恢复到扰动前的含量水平。由于铁的溶解度相对钙要高，其从退化冻土中的输出路径，通常经流水向水环境中排放为主，并对环境中的铁元素平衡产生影响。

（八）总磷

磷是土壤中对植被至关重要的元素之一。土壤总磷含量是指土壤中各种形态磷素的总和。土壤中磷可以分为有机磷和无机磷两大类。矿质土壤以无机磷为主，有机磷约占全磷的 20%～50%。土壤总磷含量的高低，受土壤母质、成土作用和耕作施肥的影响很大。一般而言，基性火成岩的风化母质的总磷含量多于酸性火成岩的风化母质。

土壤中总磷含量的分析结果显示，随着热融滑塌年龄的增加，扰动区与非扰动区的土壤总磷含量的显著性差异减少（表 5-13）；此外，热融滑塌的扰动，会增加土壤中的总磷含量。这可能是因为，热融滑塌发生后，在扰动区会形成的新的地表，是曾经的较深的地层。从分析结果来看，在这三个热融滑塌区域，非扰动区域，土壤中总磷的含量是随着地层深度的增加，而逐渐增加的。这意味着新形成的近地表层的总磷含量必然要比曾经的近地表层总磷含量高。随着时间发展，在扰动区新形成地表会逐渐生长出植被，随着植被的生长，土壤中植物根系深度范围内的磷元素会逐步转移进入植物根系，导致土壤中的总磷含量逐步减少，也会使得土壤中的总磷含量逐步恢复到非扰动区域的水平（图 5-31～图 5-33）。在热融滑塌 3 中，滑塌发生三年后，扰动区活动层土壤中总磷含量，要比未扰动区高 5%～26%。

表 5-13　各热融滑塌扰动区与非扰动区土壤总磷含量差异性（CI=95%）

滑塌编号	F-F crit	P-0.05	显著性
1	<0	>0	不显著
2	<0	>0	不显著
3	>0	<0	显著

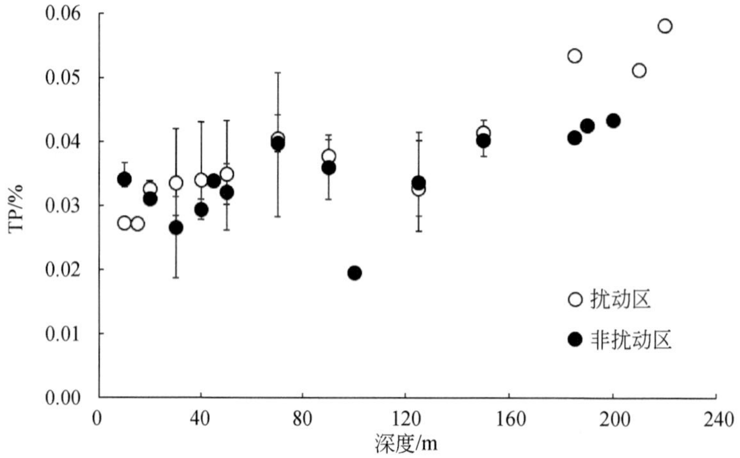

图 5-31　热融滑塌 1 扰动区和非扰动区土壤总磷含量对比

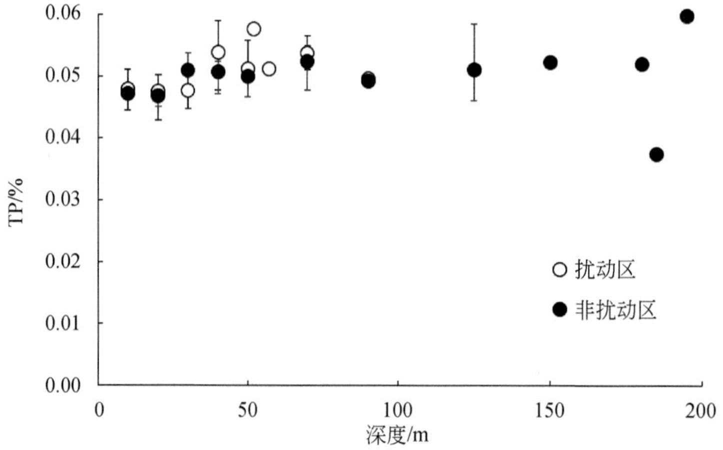

图 5-32　热融滑塌 2 扰动区和非扰动区土壤总磷含量对比

以热融滑塌 3 为例，按其发生三年后的 2021 年面积约为 8500m^2，新形成的活动层平均厚度约为 1.4m，此处土壤干密度平均值为 1.22g/ml，扰动区活动层平均总磷含量比未扰动区高 0.006%估算，该热融滑塌新形成的活动层的土壤总磷含量大约比非扰动区高 8.71×10^5g。这部分增加的磷，会随着时间进展而逐步转移到植物圈内。

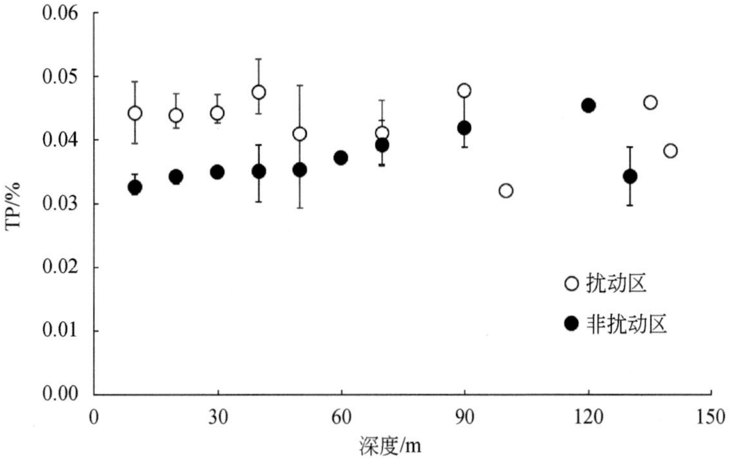

图 5-33　热融滑塌 3 扰动区和非扰动区土壤总磷含量对比

第三节　多年冻土区生态环境脆弱性评价

生态环境脆弱性是指生态系统在不同时空尺度上对外界干扰的反应以及恢复状况，它是生态系统的固有属性在干扰情况下的表现（雷波等，2013）。区域生态环境脆弱性评价不仅可以从宏观上了解区域的脆弱性现状和分布特征，而且便于合理配置土地资源和保护脆弱生态环境（雷波等，2013）。青藏高原多年冻土区沼泽草甸、湿地发育，热融湖塘、冻土沼泽、冻胀丘作用强烈，导致冻结层上水水位下降，地表水域范围缩减，引起草甸干涸，低位沼泽及湿地发展为裸地，湿地、沼泽草甸面积萎缩、逐年退化（邵继等，2020）。冻融地质作用使土壤层结构破坏，粗颗粒土向上移动，导致土壤和植被退化，进而加剧土壤荒漠化，生态水位下降，短根系植物死亡，表层土水分减少。另外过度放牧也会导致土壤和植被退化、土壤荒漠化形成，同时土壤和植被退化使其固碳能力下降，当地下有机碳固定量达到饱和时，由碳库变为碳源往外释放产生裂缝，逐步发展形成黑土滩，在雨水冲刷作用下不断发展形成滑塌、泥流等，均会引起土壤和植被退化，进而造成土地荒漠化（陈英玉等，2008）。开展青海省多年冻土区生态环境脆弱性评价，可为深入贯彻落实习近平生态文明思想、履行好青海生态责任、筑牢国家生态安全屏障、确保生态安全提供科学依据。

主成分分析法能够设法将原来的指标重新组合成一组新的互相无关的较少的综合指标，尽可能多地反映原来指标的信息，并且能够客观地确定评价指标的权重，从而避免主观随意性（钟晓娟等，2011）。本文选取能准确反映生态脆弱性且容易获取的评价因子，采用 ArcGIS 主成分分析进行生态环境脆弱性评价。

一、评价模型构建

（一）指标体系建立

根据田亚平对中国生态脆弱性文献的统计分析，青藏高原地区选取的生态脆弱性指标

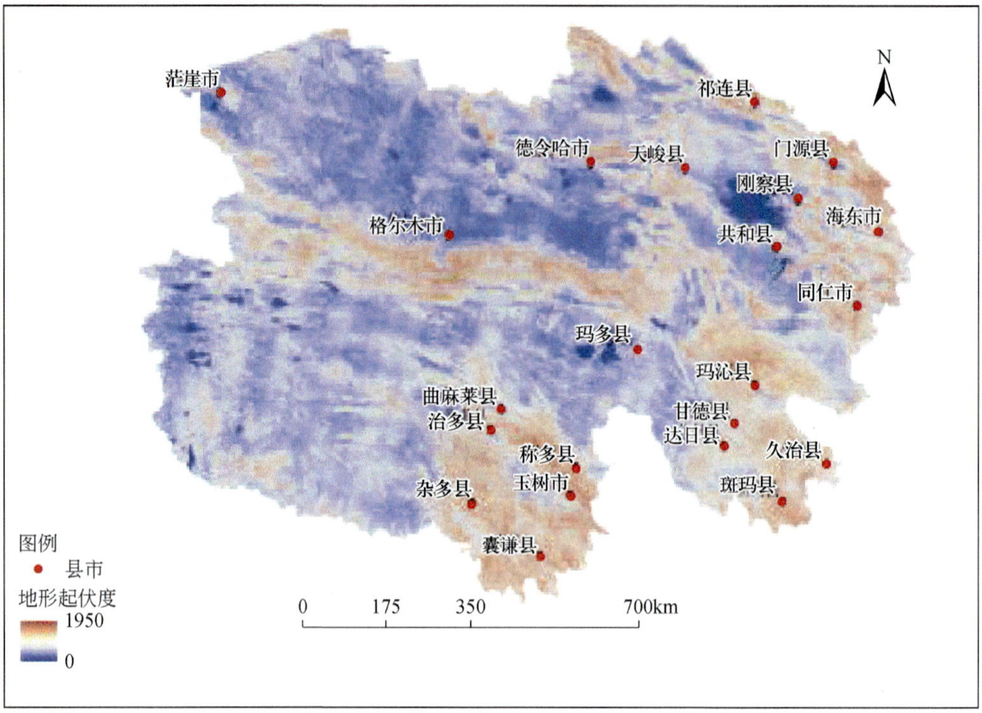

图 5-34　地形起伏度

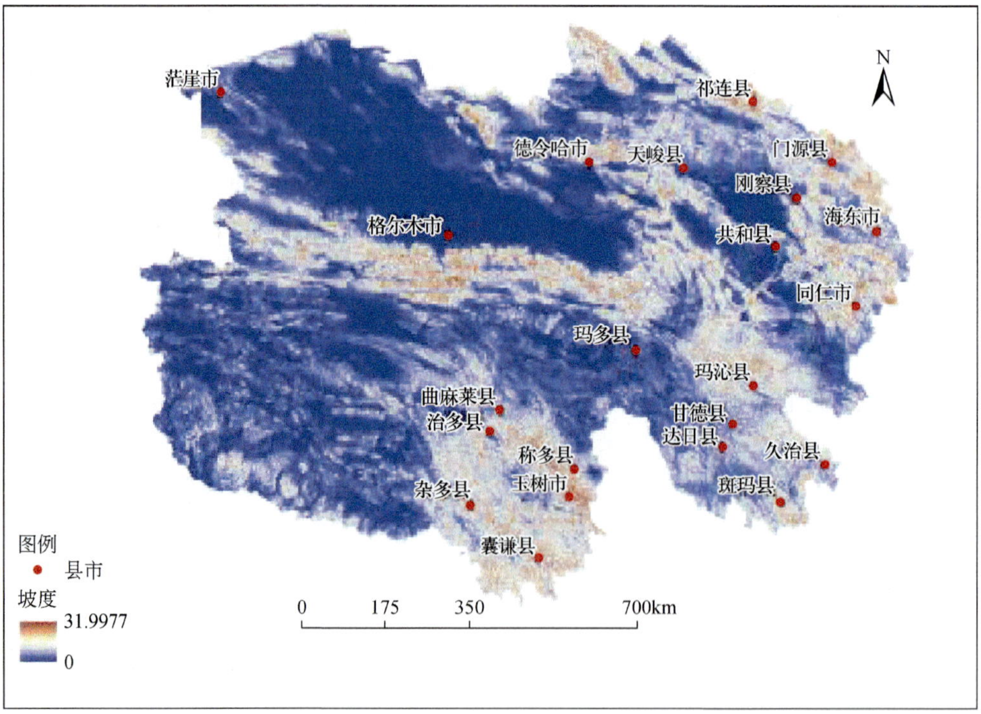

图5-35　坡度

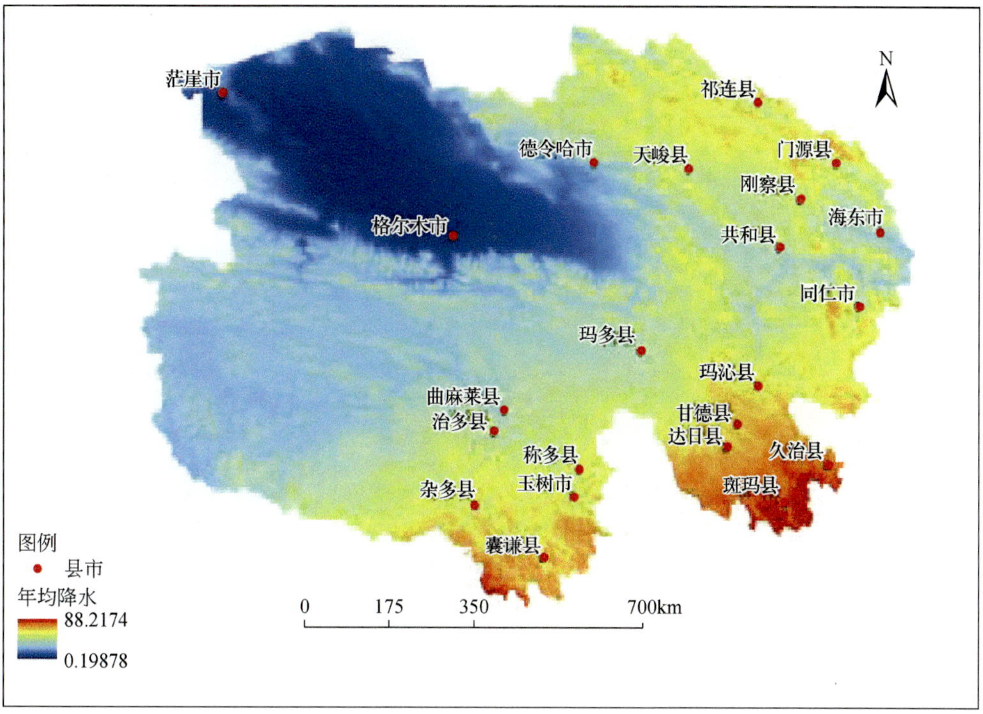

图 5-36 年均降水量

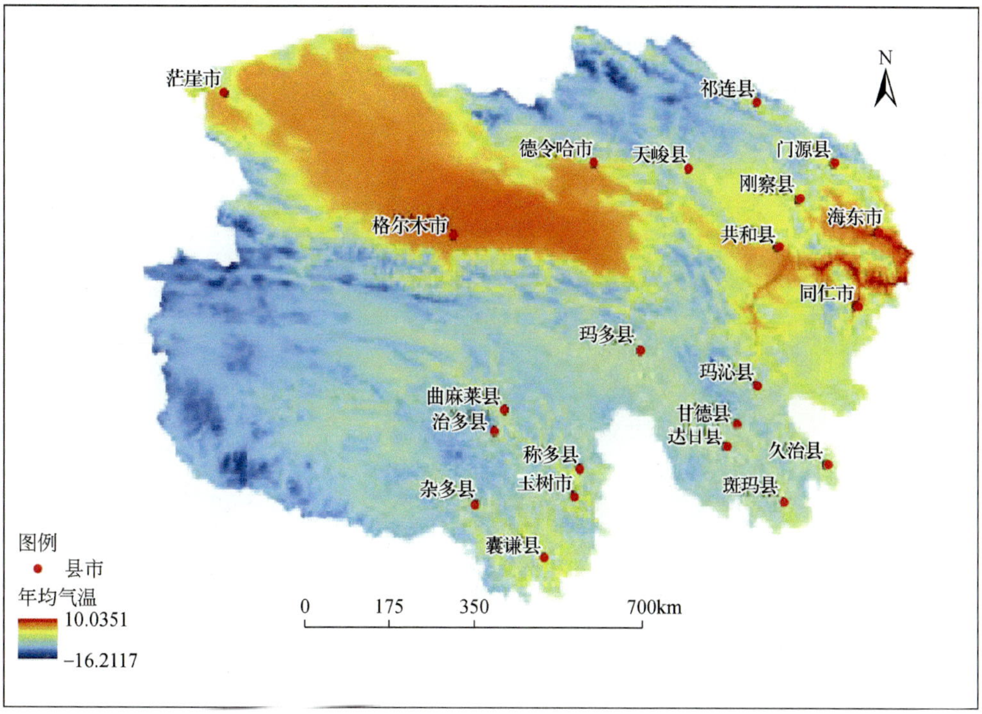

图 5-37 年平均气温

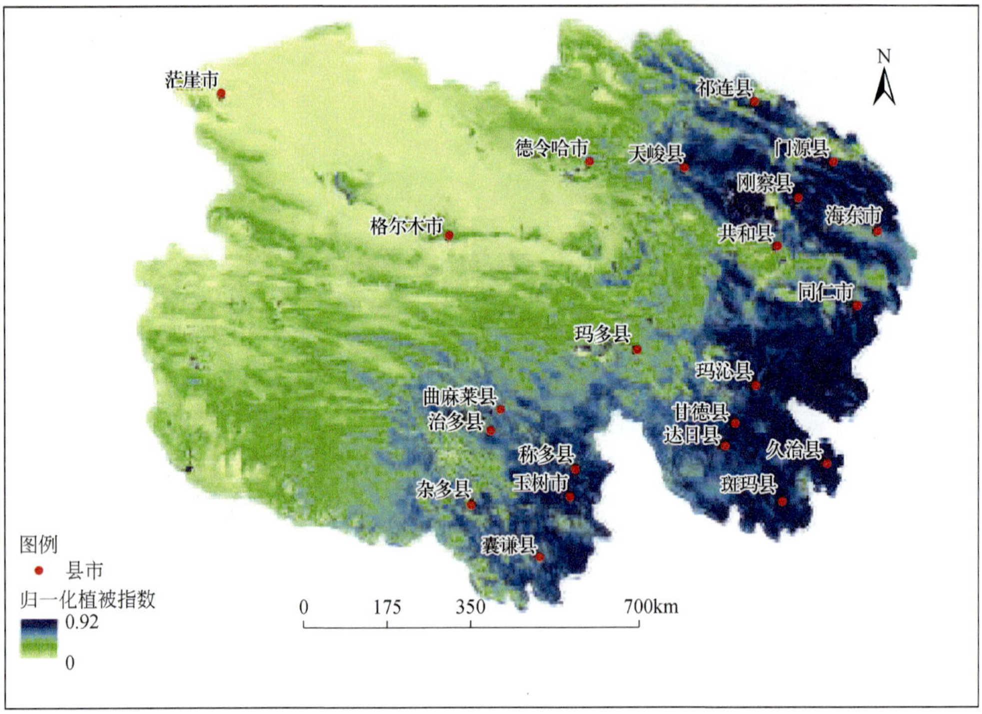

图 5-38 归一化植被指数

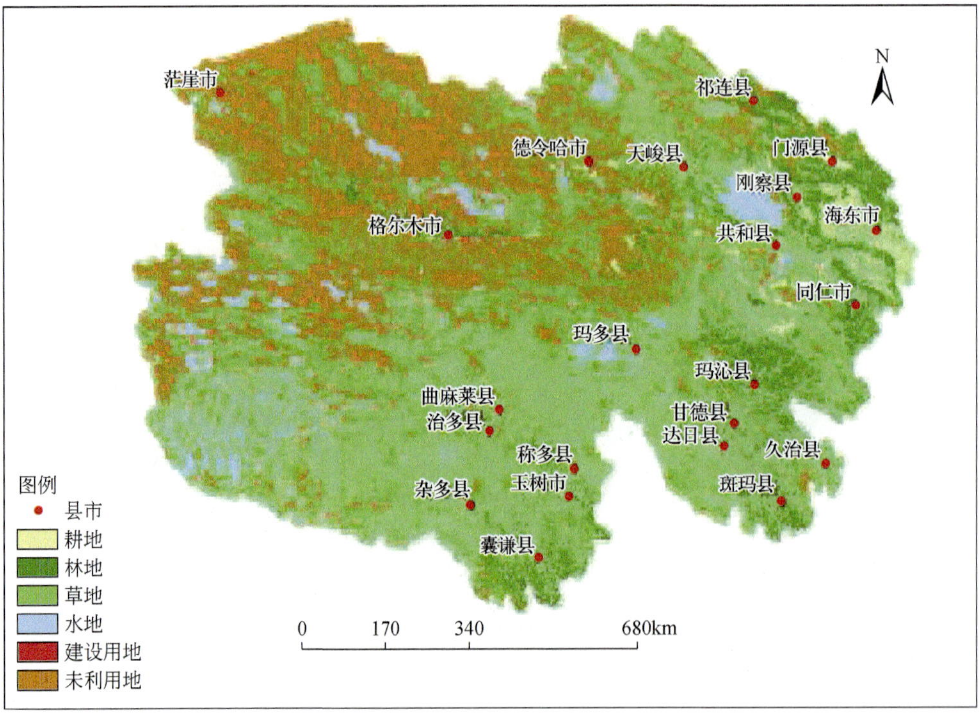

图 5-39 用地类型

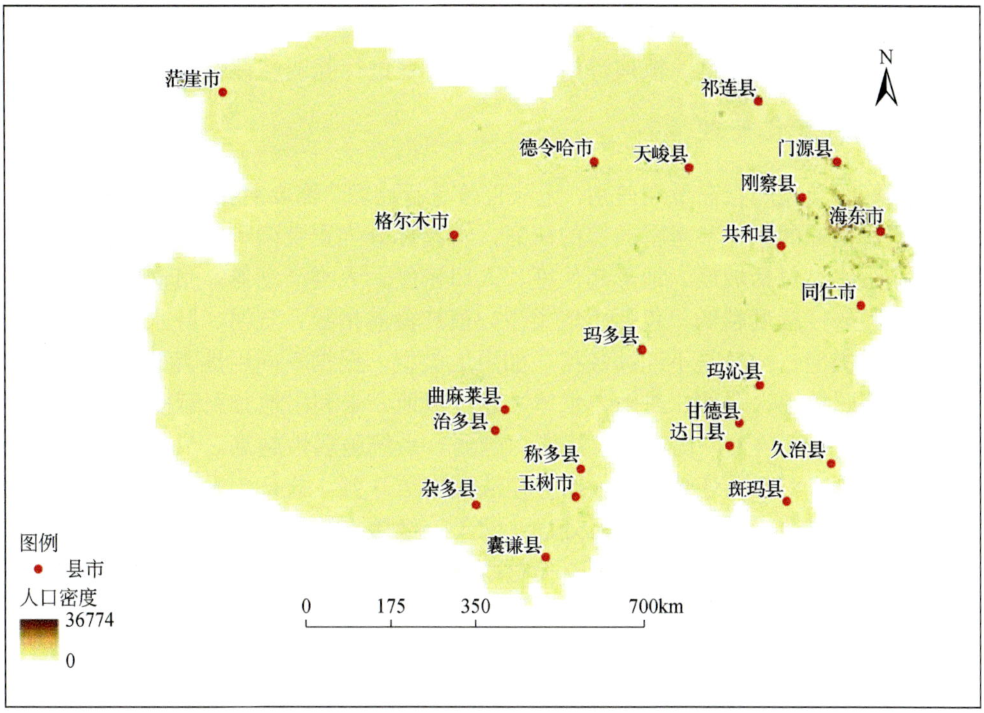

图 5-40　人口密度

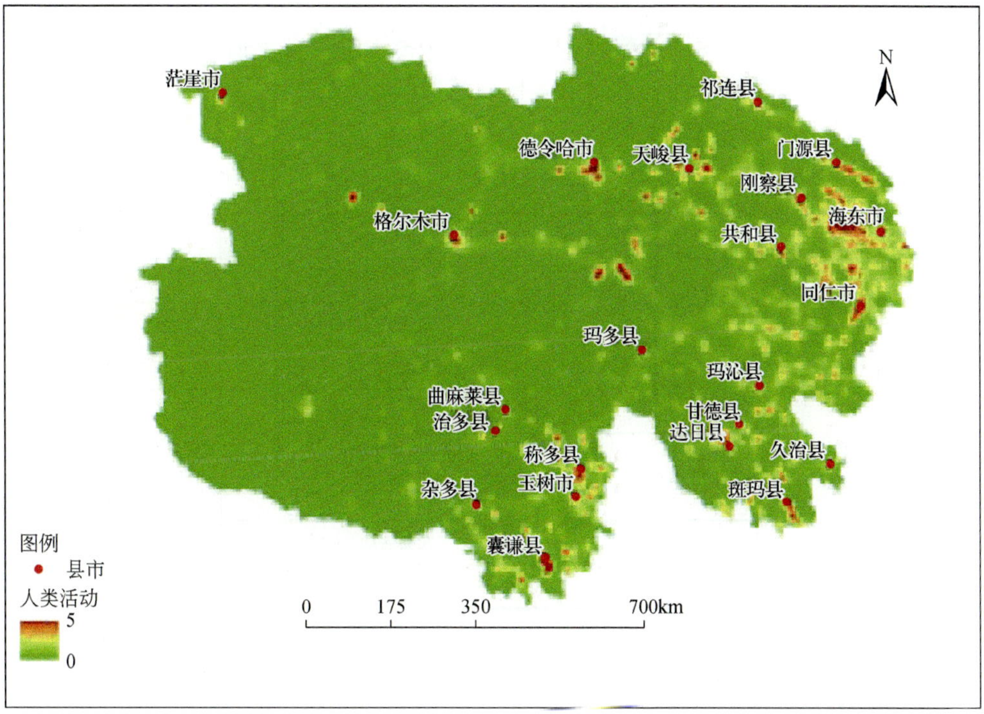

图 5-41　人类活动

采用率在 60%以上（田亚平和常昊，2012）为年平均气温、年平均降水量、地表起伏度、坡度、人口密度、用地类型、植被等指标因素对流域进行脆弱性评价。

（二）指标量化处理

由于指标因素之间存在量纲差别，无法直接进行比较，需要对指标因素进行量化处理。本书对于评价指标的量化参考雷波等的研究，将指标分为正负两种指标，正向指标值与环境脆弱性成正比，包括坡度、地形起伏度、人口密度、人类活动等，负向指标表示指标值越大，生态脆弱性程度越低，包括用地类型、植被覆盖指数、气温、降水。评价指标体系中有两种数据类型：一种是不连续数据，如用地类型。根据不同用地类型对生态系统稳定性的贡献，按照林地、草地、耕地、水体、建设用地、未利用地分别赋值为 0、0.2、0.4、0.6、0.8、1.0，数值越大，说明抗干扰能力越弱，系统脆弱性越高。另一种是连续数据，如植被覆盖指数。对于不连续数据根据等差法赋值至 0 到 1 之间，分值越大，生态脆弱性程度越高，将其量化后按照正向指标处理。对于连续数据采用极值法对数据进行归一化处理，将不同量纲、不同取值范围的所有指标统一到（0，1）之间。用极差标准化法对指标因素进行标准化处理，用公式：

$$\text{正向指标：}\quad X_i' = \left(X_i - X_{i\min}\right) / \left(\left(X_{i\max} - X_{i\min}\right)\right.$$

$$\text{负向指标：}\quad X_i' = \left(X_{i\max} - X_i\right) / \left(\left(X_{i\max} - X_{i\min}\right)\right.$$

（三）权重确定

采用层次分析方法确定因子权重，初始权重参考于伯华（于伯华和吕昌河，2011）等在青藏高原高寒区生态脆弱性评价的值。根据结构层次，建立因子之间的相对重要性关系矩阵，计算获得参评指标的综合权重。

表 5-14 评价指标体系及权重

一级指标	二级指标	三级指标	综合权重
生态环境脆弱性	地形 0.089	地形起伏度 0.25	0.022
		坡度 0.75	0.067
	气候 0.423	年均气温 0.326	0.138
		年均降水 0.674	0.285
	植被 0.152	植被覆盖指数 0.328	0.05
		用地类型 0.672	0.102
	社会 0.336	人类活动 0.646	0.217
		人口密度 0.354	0.119

二、生态环境脆弱性分析

南太平洋应用地学委员会 （SOPAC） 和联合国环境规划署 （UNEP）提出了自然环

境脆弱性指数 EVI（陈萍和陈晓玲，2010），利用该指数计算生态环境脆弱性指数。脆弱性评价指数定义为 n 个因素加权和，根据前文中求得的权重值，进行生态环境脆弱性赋值和分级。

$$EVI=\sum_{i=1}^{n}P_iW_i\text{，}i=1\text{，}\cdots\text{，}n$$

式中，EVI 为生态环境脆弱性指数，P_i 为主成分，W_i 为对应权重。

将各影响因子及其权重按照公式输入 ARCGIS 栅格计算中的计算叠加，得到青海省生态环境脆弱性指数 EVI 空间分布图。

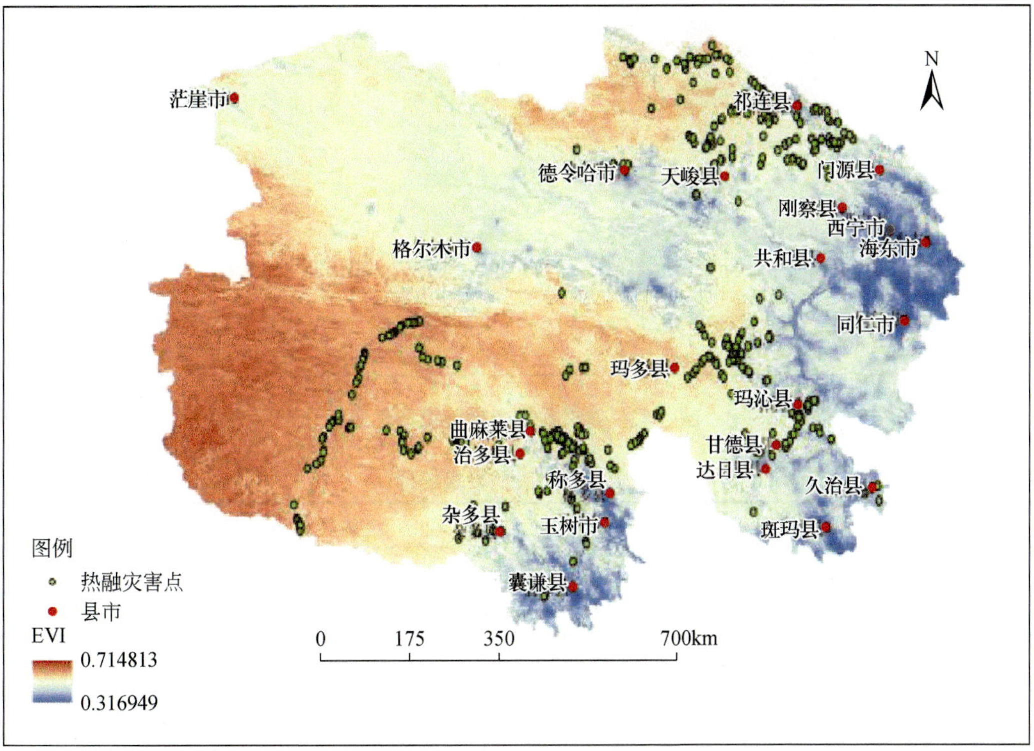

图 5-42　青海省生态环境脆弱性指数 EVI

全区脆弱度差异较大，最低值为 0.31，最高值为 0.71，平均值 0.36。为更好地表述高寒生态系统脆弱性的空间分布，在 ARCGIS 中利用自然间断点分级法，将脆弱度的大小分成五个等级：微度、轻度、中度、重度和极度（如图 5-43）；然后根据空间分布划分不同等级的脆弱区。

（一）微度、轻度脆弱类型区

轻、微度脆弱类型的面积为 $17.9\times10^4km^2$，占区域总面积的 25.8%，主要分布在青南高原、祁连山南麓、柴达木盆地北缘、青海省东部，这些区域降水丰沛，年均降水在 30mm 以上，水源能够得到补给，植被覆盖指数在 0.5 以上，水土不易流失，因此 EVI 指数较低。

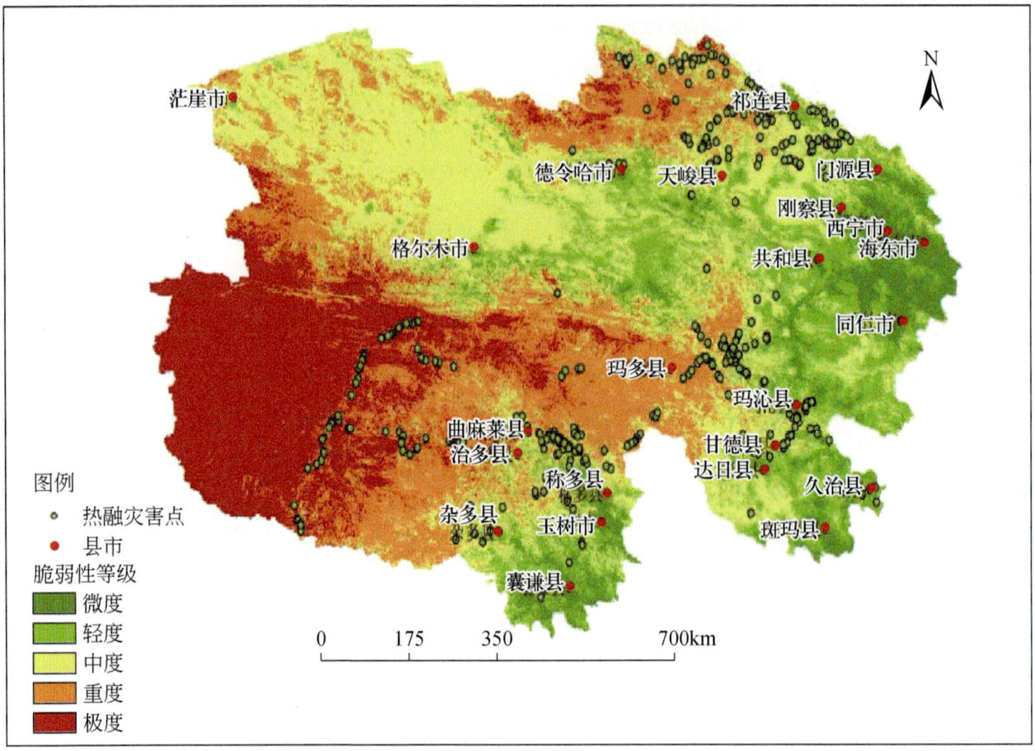

图 5-43 青海省生态环境脆弱性等级

表 5-15 脆弱等级统计

等级	脆弱度	比例/%	面积/万 km²
微度	0.32～0.53	6.5	4.498
轻度	0.53～0.57	19.3	13.418
中度	0.57～0.6	30.4	21.174
重度	0.6～0.64	26.2	18.273
极度	0.64～0.71	17.7	12.296

（二）中度、重度脆弱类型区

中度脆弱类型的面积较大，为 $56.6\times10^4\text{km}^2$，占区域总面积的 39.4%，主要分布在柴达木盆地、共和盆地、海东地区、青南高原，与微度、轻度脆弱类型区接壤。该地区气候较为干燥，尤其柴达木盆地降水相对较少，其他区域人类活动开始增多，零星分布的植被极其容易受到扰动。

（三）极度脆弱区

重度、极度脆弱类型的面积占比最大，为 $12.96\times10^4\text{km}^2$，占区域总面积的 17.7%，主要分布在祁连山西段、可可西里、黄河源附近，该地区降水稀少，年均降水量低于 10mm。

低温缺水的气候条件形成了以荒漠为主的高寒草地、草甸为主植被稀缺，植被指数低于 0.5。该区地广人稀，人类活动对生态环境变化的影响不够明显，基本保持原有生态状况，但是由于生态系统结构简单，易受人类活动和气候变化等因素的影响，造成短时间内不可逆转的退化，且恢复困难。

第四节　热融地质与生态环境脆弱性

利用 ArcGIS 软件提取青海省各类热融地质灾害点的脆弱性等级得到表 5-16。受调查路线及调查数量限制，在统计的 518 个灾害点中，脆弱性微度、极度的灾害点仅占 6.5%，说明极少数热融地质灾害发生在生态环境脆弱性微度、极度的地方；中度、重度脆弱性的灾害点占总灾害点的比重最高，达到了 73.7%，说明已查明的青海省各类热融地质灾害基本在生态环境脆弱的地方发生，加强这两类地区监测。由于是静态的生态环境脆弱性评价，应建立完善的生态环境脆弱性监测机制，对生态环境的演变、发展趋势进行进一步深入的探讨研究。

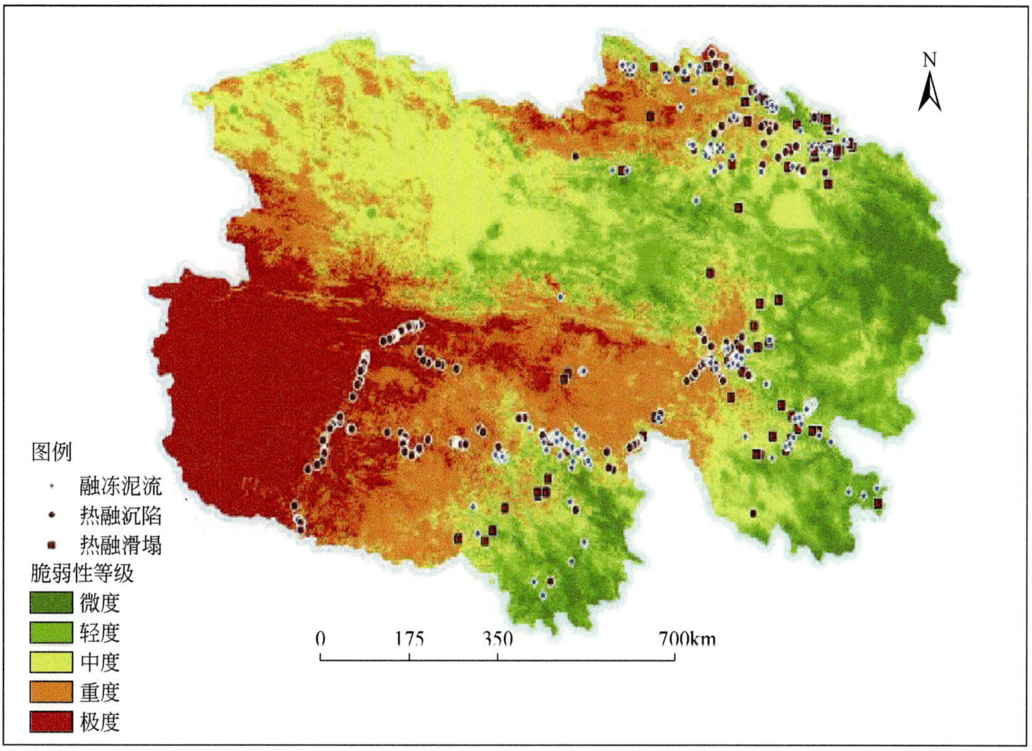

图 5-44　各类热融地质灾害及其脆弱性分布

表 5-16　热融地质灾害点脆弱性统计

	热融滑塌/处	融冻泥流/处	热融沉陷/处	灾种脆弱性总计/处
微度	2（1.4%）	9（3.8%）	0（0%）	11（2.1%）

续表

	热融滑塌/处	融冻泥流/处	热融沉陷/处	灾种脆弱性总计/处
轻度	34（23.8%）	62（26.4%）	6（4.3%）	102（19.7%）
中度	85（59.4%）	117（49.8%）	27（19.3%）	229（44.2%）
重度	21（14.7%）	46（19.6%）	86（61.4%）	153（29.5%）
极度	1（0.7%）	1（0.4%）	21（15%）	23（4.4%）
合计	143	235	140	518

注：（ ）内为竖向占比。

第五节　本 章 小 结

青海省多年冻土区热融地质灾害对生态环境的影响主要表现在土壤、植被结构的完整性遭到破坏，危害草场，威胁青藏公路、青藏铁路、建筑等工程设施，人类生命及财产遭受损失。各类灾害共造成 5 处居民点受威胁，138 处基础设施受影响，累计造成经济损失 9.2 亿元。研究分析五道梁至风火山区间三个不同发展阶段的热融滑塌场地的植被、区域微环境及土壤有机质，热融滑塌通过剧烈扰动地层、释放曾经封存在多年冻土中的有机质和其他元素，这无疑会对生态环境造成影响。碳氮等有机质关联元素，在热融滑塌发生后会大量输出，但随着热融滑塌逐步稳定，这些元素又会慢慢恢复到未扰动区的含量水平。土壤中可溶性钾元素和可溶性铁元素的含量似乎并不受到热融滑塌的影响，这可能是因为可溶性钾、铁元素在地层中的含量较为平均，也可能是因为土壤中可溶性钾、铁元素在受到热融滑塌扰动后可以较快恢复。与热融滑塌与土壤中可溶性钾元素的相互关系不同的是，热融滑塌会让土壤中的可溶性镁、可溶性钙增加。这可能是因为热融滑塌的发生，在对地层造成极大的扰动后，会使得大量曾赋存在低温遮蔽环境中的土壤暴露到空气和日晒下，也使得大量原本储藏在矿物中的不溶镁、钙元素在风化作用下快速转化为可溶性的镁元素和钙元素，导致年龄较小的热融滑塌扰动区土壤中的可溶性镁、钙含量显著增高。尽管土壤中的总磷含量会在热融滑塌形成后呈现增加现象，但其原因或许与可溶性钾元素和可溶性铁元素的情况并不一样，这很可能与深层土壤总磷含量高于浅层土壤，以及植被对磷元素的利用有关。

此外，热融滑塌对植被会造成较为显著的影响。滑塌区域原生态系统类型为高寒草原，地表较为干燥，植物以矮嵩草为主。滑塌导致地下冰裸露冰融化，增加了滑塌内部地表水分，容易发生持续性的水土流失，不利于低洼区域的植被生长，但在一定程度上促进了滑塌稳定区域的植被生长，这反映在了植物的总生物量的增加及物种丰富度的提高上。另一方面，滑塌导致上方土体失稳变形，促进排水，可能朝着不利于植被生长的方向演替。

对全省青海省进行生态环境脆弱性评价，并提取热融地质灾害点相应脆弱性等级。全省轻、微度脆弱类型的面积为 $17.9\times10^4km^2$，占区域总面积的 25.8%，主要分布在青南高原、祁连山南麓、柴达木盆地北缘、青海省东部。中度脆弱类型的面积较大，为 $56.6\times10^4km^2$，占区域总面积的 39.4%，主要分布在柴达木盆地、共和盆地、海东地区、青南高原，与微度、轻度脆弱类型区接壤。重度、极度脆弱类型的面积占比最大，为 $12.96\times10^4km^2$，占区域总面积的 17.7%，主要分布在祁连山西段、可可西里、黄河源附近，该地区降水稀少，年均降水量低于 10mm。青海省 73.7%的热融地质灾害点发生在中度、重度脆弱性地区，建议加强该地区热融地质灾害的动态监测。

参 考 文 献

波波夫等. 1985. 工程地质图编制法. 北京: 地质出版社.

陈萍, 陈晓玲. 2010. 全球环境变化下人–环境耦合系统的脆弱性研究综述. 地理科学进展, 29(4): 454-462.

陈英玉, 王永贵, 周向阳. 2008. 黄河源区荒漠化现状及其驱动力研究. 青海大学学报(自然科学版), (4): 71-76, 80.

高明, 李向全, 侯新伟, 等. 2015. 大通河源区冻融作用及其生态环境效应. 山地学报, 33(2): 141-147.

顾娟, 李新, 黄春林. 2010. 基于时序 MODIS NDVI 的黑河流域土地覆盖分类研究. 地球科学进展, 25(03): 317-326.

郭鹏飞, 王健, 边纯玉. 1995. 青藏高原多年冻土概论. 青海地质, (2): 58-69.

雷波, 焦峰, 王志杰, 等. 2013. 延河流域生态环境脆弱性评价及其特征分析. 西北林学院学报, 28(3): 161-167.

李丽丽. 2018. 黑河上游多年冻土区微环境与植被相关性研究. 甘肃: 兰州大学.

吕灿宾. 2014. 青藏高原植被覆盖变化的节律及驱动因子分析. 北京：中国地质大学.

罗京, 牛富俊, 林战举, 等. 2022. 青藏高原多年冻土区热融滑塌发育特征及规律. 冰川冻土, 44(1): 96-105.

秦大河, 周波涛, 效存德. 2014. 冰冻圈变化及其对中国气候的影响. 气象学报, 72(5): 869-879.

邵继, 李文明, 刘会文, 等, 2020. 泽曲河源区冻融地质作用及其生态环境地质效应. 青海大学学报, 38(5): 92-99.

石维栋, 等. 2006. 黄河源区冻融地质作用及其生态环境地质特征. 高原地震, (2): 第 60-62 页.

田亚平, 常昊. 2012. 中国生态脆弱性研究进展的文献计量分析. 地理学报, 67(11): 1515-1525.

王娇月, 宋长春, 王宪伟, 等. 2011. 冻融作用对土壤有机碳库及微生物的影响研究进展. 冰川冻土, 33(2): 442-452.

吴青柏, 刘永智, 施斌, 等. 2002. 青藏公路多年冻土区冻土工程研究新进展. 工程地质学报, (1): 55-61.

吴青柏, 刘永智, 童长江, 等. 2000. 寒区冻土环境与工程环境间的相互作用. 工程地质学报, (3): 281-287.

晏长根, 王婷, 贾海梁, 等. 2019. 冻融过程中未冻水含量对非饱和粉土抗剪强度的影响. 岩石力学与工程学报, 38(6): 1252-1260.

杨思忠, 金会军. 2008. 冻融作用对冻土区微生物生理和生态的影响. 生态学报, (10): 5065-5074.

于伯华, 吕昌河. 2011. 青藏高原高寒区生态脆弱性评价. 地理研究, 30(12): 2289-2295.

张森琦, 王永贵, 朱桦, 曹文炳, 等. 2003. 黄河源区水环境变化及其生态环境地质效应. 水文地质工程地质, (3): 11-14.

章金钊, 武敬民, 李祝龙. 1999. 高原多年冻土地区公路修筑技术研究的回顾与展望. 冰川冻土, (2): 187-191.

钟晓娟, 孙保平, 赵岩, 等. 2011. 基于主成分分析的云南省生态脆弱性评价. 生态环境学报, 20(1): 109-113.

周幼吾, 郭东信, 程国栋等. 2000. 中国冻土. 北京: 科学出版社.

Ballantyne B. 1990. Geochemistry of Sulphurets area, British Columbia. Geological Survey of Canada, Minerals Colloquium. 1990.

Charles H, Antoni G Lewkowicz. 2000. An analysis of the stability of thawing slopes, Ellesmere Island, Nunavut, Canada. Canadian Geotechnical Journal, 37(2): 449-462.

Sturm M., Racine C., Tape K. 2001. Increasing shrub abundance in the Arctic. Nature 411, 546–547.